기초 · 전자회로실험

박건호 · 박영철 공저

도서출판 상 학 당

欲爲大者 當爲人役

크고자 하거든 남을 섬기라

머리말

지금 세계는 정보화 시대를 맞이하여 그 핵심에 있는 정보기술 분야의 발전 정도가 국가의 경쟁력을 좌우할 것으로 판단된다. 따라서 이러한 현실을 고려할 때 정보기술 분야의 핵심 분야인 전기·전자·통신 공학에 관한 기술을 축적해야만 한다.

이를 위해서 이 책은 그 동안의 강의 경험을 토대로 하여 전기·전자·통신 공학 분야에서 필수적으로 학습해야 할 회로이론 및 전자회로 과목을 보다 효율적으로 쉽게 학습하는 데 필요한 기본적인 내용을 엄선하여 전기·전자·통신 공학을 처음으로 접하게 되는 학생들에게 실험을 통하여 기초 이론을 실증적으로 이해할 수 있도록 하였다.

이 책의 내용은 제 I 편에서는 직류회로 및 교류회로를 해석하는 데 필수적인 기초회로에 관한 실험을 다루었고, 제 II 편에서는 반도체를 기반으로 하는 회로소자들의 특성을 습득할 수 있는 전자회로에 관한 실험을 논하였으며, 특히 각 실험을 실험 목적, 기초 이론, 소요 부품, 실험 방법, 실험 결과, 토의 내용 등의 순서로 구분하여 체계적으로 구성하였다. 이론 시간과의 진도 차이를 고려하여 이 책만으로도 융통성 있게 실험할 수 있도록 구체적인 해설을 서술하였기 때문에 실험을 행하는 데 다소 도움이 될 것으로 사료된다. 아무쪼록 이 책이 전기·전자·통신 공학을 학습하는 학생들에게 회로이론 및 전자회로의 습득을 위하여 유용하게 쓰이기를 기대하는 바이다.

내용 면에서의 미비한 점에 대해서 선배제현들의 지도편달을 부탁드리고 수정해야 할 부분에 대해서는 지속적으로 보완하여 나갈 것을 약속드린다. 이 책의 집필에 여러모로 도움을 주신 교수님들께 이 지면을 빌려 감사의 말씀을 전하고, 끝으로 도서출판 상학당의 남승우 사장님과 편집부 여러분의 노고에 감사를 드린다.

저자 씀

차 례

제 I 편

기초회로 실험 9

제 I 편

기초회로 실험

실험 1

실험의 기초 지식

실험 목적

실험을 수행하는 데 필요한 예비 지식을 체득하기 위하여 전기·전자·통신 공학에서 사용하는 전기적인 양의 표시 단위, 색 표시 방법을 이용한 저항의 크기를 익히고 실험을 수행하는 데 필수적인 장비의 사용법을 익힌다.

기초 이론

1. 실험을 위한 예비 지식

(1) 실험의 의의와 실험 방법

실험이란 학문적 이론을 실제적으로 증명하거나, 새로운 이론을 만들어 내기 위하여 거쳐야 하는 중요한 과정이다. 이 책은 이미 확립되어 있는 전기회로의 관련 이론을 증명하고 응용력을 향상시키는 데 목적이 있으므로 학생들은 실험을 들어가기에 앞서 실험 목적을 확실히 알고, 실험 방법에 대한 충분한 이해가 있어야만 실험 효과를 최대로 얻을 수 있을 것이다.

실험 방법에 있어 가장 문제가 되는 것은 각종 계측기의 사용 방법과 회로의 구성이다. 대부분의 전기·전자·통신 분야에 사용되는 계측기들은 해당 실험 과제에만 적합하도록 만들어진 것이 아니고 여러 가지 목적에 사용하도록 복잡한 기능을 가지고 있다. 따라서 동일한 목적으로 만들어진 계측기라고 하더라도 제조업체에 따라서는 사용 방법이나 외형이 크게 다를 수 있다. 그러므로 차분하게 계측기의 기본 원리와 각 스위치의 용도를 정확히 익혀 계측기를 다루는 데 익숙해지도록 하여야 한다.

또한 이 책에서 이용되는 실험의 회로들은 비교적 간단한 것들이지만 전원을 여러 개 사용하는 경우에는 접지 문제 등에 세심한 주의를 기울여야 한다.

(2) 실험조의 편성

모든 일을 혼자서 할 수 없는 것과 마찬가지로 실험 역시 혼자의 힘만으로 완전하게 수행할 수 없다. 또한 실험은 목적이 동일하여도 사람에 따라 다르게 수행될 수 있다. 그러나 여러 사람이 함께 수행하면 좀 더 나은 방법을 찾을 수 있다. 즉, 실험은 여러 사람이 함께 참여함으로써 항상 쉽고 새로운 방법이 찾아지는 것이므로 쉬운 것이라도 여러 사람이 참여할 수 있도록 하는 것이 바람직하다.

따라서 이 책의 실험을 수행하는데는 3～5명 정도가 한 조를 이루게 되는데, 여러 사람이 수행하는 실험은 작은 일이라도 서로 분담함으로써 쉽게 처리할 수 있으며, 항상 함께 관찰하고 연구하여야만 실험을 능률적으로 수행할 수 있고 좋은 결과를 얻을 수 있는 것이다.

실험조에 몇 명이 편성되든지 구경만 하는 사람은 없도록 하여야 하며, 실험이 완료된 후에는 조원들끼리 실험 결과에 대하여 토의를 하는 것이 바람직하다.

(3) 실험 보고서

실험 보고서는 예비 보고서와 결과 보고서로 나눌 수 있는데, 예비 보고서는 수행할 실험에 대한 관련 이론과 실험 방법 등을 이해하기 위한 것으로 단순히 교재를 복사하지 않도록 하여야 한다. 또한 결과 보고서는 측정된 데이터를 기록하고, 실험 결과를 토대로 이론에 대한 증명이나 문제점을 제시하고 나아가서 실험조원들 사이의 토의사항까지 첨부하여야만 가치가 있다.

2. 단위와 기호

일반적으로 전기·전자·통신 공학에서 전기적인 양의 표시 단위는 주로 길이의 미터(meter), 질량의 킬로그램(kilogram), 시간의 초(second)를 기본으로 한 MKS 단위계에 필요한 이차적인 단위를 부가하여 〈표 1-1〉과 같이 사용하고 있다. 또한 숫자의 배수를 나타내는 표준 접두 미터는 〈표 1-2〉와 같다.

〈표 1-1〉 주요 단위 및 기호

파라미터	기호	명칭	단위	파라미터	기호	명칭	단위
전 류	I	ampere	[A]	전 력	P	watt	[W]
전 압	V	volt	[V]	전 하	Q	coulomb	[C]
저 항	R	ohm	[Ω]	정전용량	C	farad	[F]
컨덕턴스	G	mho	[℧], [S]	인덕턴스	L	henry	[H]
에 너 지	W	joule	[J]	주 파 수	f	hertz	[Hz]

〈표 1-2〉 표준 접두 미터

배 수	접두어 명칭	기 호
10^{12}	tera	T
10^{9}	giga	G
10^{6}	mega	M
10^{3}	kilo	k
10^{-2}	centi	c
10^{-3}	milli	m
10^{-6}	micro	μ
10^{-9}	nano	n
10^{-12}	pico	p

3. 저항의 색 표시법

전기회로에서 가장 많이 사용되는 소자 가운데 하나인 저항의 크기를 나타내는 데는 색 표시(color code) 방법을 사용하고 있다. 색 표시는 원래 미국의 EIA(Electronic Industrial Association)에서 고안한 것인데 매우 편리하기 때문에 세계적으로 사용하게 되었다.

고정저항의 크기를 색띠로 나타내는 방법을 [그림 1-1]과 〈표 1-3〉에 나타내었으며, 4개의 색띠를 갖는 저항은 ±5% 이상의 오차를 갖는 일반 용도의 저항이며, 5개의 색띠를 갖는 저항은 ±2% 이하의 오차를 갖는 정밀저항이다.

또한 저항의 물리적인 크기는 [그림 1-2]와 같이 그 저항이 열 형태로 소모할 수 있는 전력량과 관계가 있다. 즉 저항에 전류가 흐르면 열이 발생한다. 단위시간당 소모되는 열의 양은 와트([Watt])로 측정되며, 각 저항은 그 자체의 정격전력을 가진다. 이 정격전력은 저항을 연속적으로 안전하게 다룰 수 있는 최대 전력이며, 저항의 물리적인 크기가 클수록 더 많은 열을 소모할 수 있다.

(1) 첫째 자릿수
(2) 둘째 자릿수
(3) 배수
(4) 오차
- 금색 : ±5 [%]
- 은색 : ±10 [%]
- 무색 : ±20 [%]

(1) 첫째 자릿수
(2) 둘째 자릿수
(3) 셋째 자릿수
(4) 배수
(5) 오차
- 적색 : ±2 [%]
- 갈색 : ±1 [%]
- 녹색 : ±0.5 [%]
- 청색 : ±0.25 [%]
- 보라색 : ±0.1 [%]

일반저항 : $(1)(2)\times10^{(3)}\pm(4)$
정밀저항 : $(1)(2)(3)\times10^{(4)}\pm(5)$

[그림 1-1] 일반저항 및 정밀저항의 색 표시 방법

〈표 1-3〉 색 표시가 나타내는 숫자 및 배수

색 표시	표시값	배수	표현(의미)
black(흑색)	0	10^0	1
brown(갈색)	1	10^1	10
red(적색)	2	10^2	100
orange(등색)	3	10^3	1k
yellow(황색)	4	10^4	10k
green(녹색)	5	10^5	100k
blue(청색)	6	10^6	1M
violet(자색)	7	10^7	10M
gray(회색)	8	10^8	100M
white(백색)	9	10^9	1G
gold(금색)		10^{-1}	1/10
silver(은색)		10^{-2}	1/100

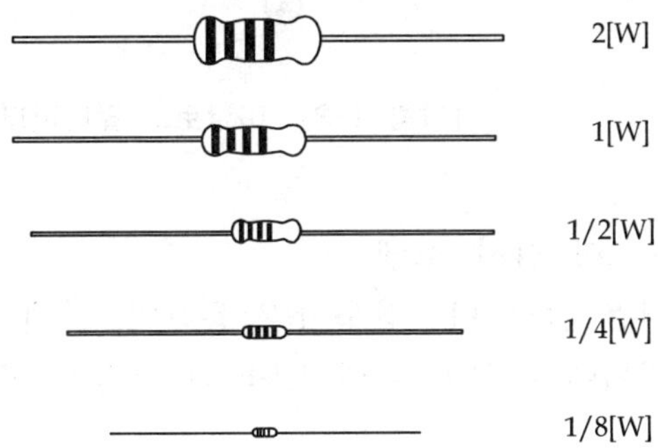

[그림 1-2] 저항의 정격전력

4. 실험장비의 사용법

(1) 아날로그 멀티미터

아날로그 멀티미터(analog multimeter)는 이 책의 실험을 수행하면서 전압, 전류 및 저항을 측정하는 고감도의 계측기로서 이의 전면부를 [그림

1-3]에 나타내었으며, 각 스위치 및 단자의 용도는 다음과 같다. 디지털 멀티미터에 대한 것은 부록을 참조하기 바란다.

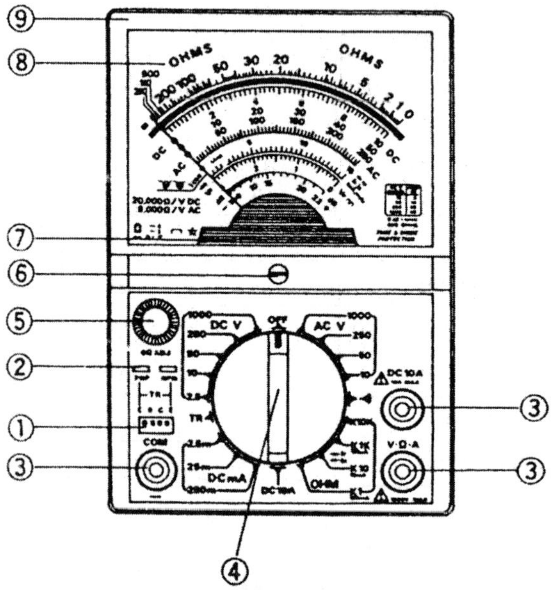

[그림 1-3] 아날로그 멀티미터

① 트랜지스터 검사 소켓

트랜지스터를 검사하는 경우에 사용하며, 이때 소켓에 표시된 각 극성의 정확한 위치에 시험할 트랜지스터의 극성을 맞추어 삽입하여야 한다.

② 트랜지스터 판정 지시 장치

적색 및 녹색의 램프로 되어 있으며, 적색이 켜지면 사용이 가능한 PNP 트랜지스터이고, 녹색이 켜지면 사용이 가능한 NPN 트랜지스터이다. 두 개의 램프가 점멸하면 측정하는 트랜지스터의 극성 사이가 단선된 고장상태를 나타내며, 모두 점멸하지 않으면 컬렉터-이미터 사이가 단락된 고장상태를 나타낸다.

③ 입력단자

전압, 전류 및 저항 측정 시 리드선을 삽입하는 단자이다.

④ **레인지 선택 스위치**

측정 항목 및 범위를 선택하는 스위치이다.

⑤ **'0' 오옴 조정기**

저항 측정기로 사용할 때 바늘이 '0'점에 정확히 오도록 조정하는 단자이다.

⑥ **바늘 '0'점 조정기**

측정하기 전에 반드시 바늘이 왼쪽 '0'점에 있는지 확인하고 필요 시 조정하는 단자이다.

⑦ **내자형 가동 코일형 미터**

⑧ **눈금판**

⑨ **케이스**

(2) 실험용 기판

실험용 기판(breadboard)은 이 책에서 다룰 많은 실험들을 편리하게 수행할 수 있도록 설계되어 있다. 전원은 물론이고 여러 가지 부품들은 모두 기판 위에서 직접 연결할 수 있다.

[그림 1-4]는 만능 실험용 기판 소켓(universal breadboarding socket)으로 알려진 일반적인 실험용 기판의 구조를 위에서 본 것이다. 이 실험용 기판에는 두 줄의 길고 좁은 홈의 위와 아래로 전기적으로 연결된 5개의 단자가 64줄로 2세트 식 상하 두 단이 있으며, 기판의 위와 아래 그리고 가운데에는 전기적으로 연결된 25개의 단자가 좌우로 2줄씩 모두 12줄이 있다.

여기서 전기적으로 연결된 5개의 단자들 가운데 좁은 홈의 바로 위와 아래의 단자들에는 [그림 1-4]의 아랫부분에 나타낸 바와 같이 디지털 회로실험에 사용되는 집적회로(IC : Integrated Circuit)를 편리하게 배치시킬 수 있다.

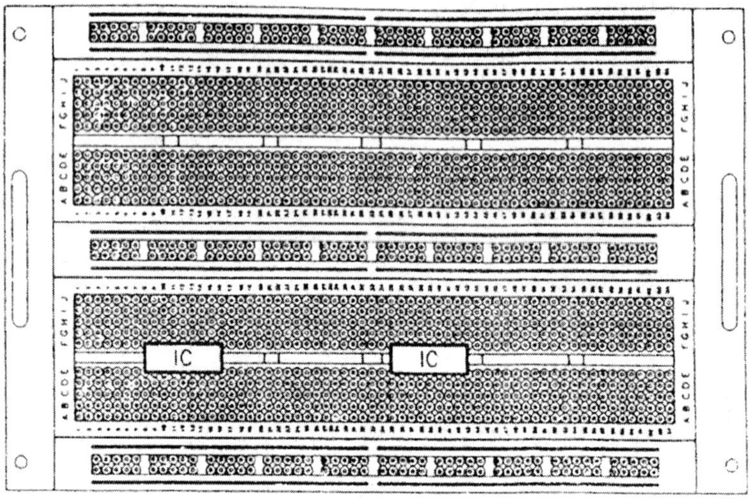

[그림 1-4] 실험용 기판

(3) 직류 전원 공급기

직류 전원 공급기(DC power supply)는 아날로그 계측기가 구비된 정전압, 정전류를 연속적으로 가변시킬 수 있는 직류 안정화 전원이며, 전면부([그림 1-5])의 각 스위치 및 단자의 용도는 다음과 같다.

① 전원 스위치
ON하였을 때 전원이 공급된다.

② 전류조절 단자
정전류 시 출력전류의 양을 조절하는 적색의 노브이다.

③ 전압조절 단자
정전압 시 출력전압의 크기를 조절하는 녹색의 노브이다.

④ 음극(−) 출력 단자

⑤ 양극(+) 출력 단자

⑥ GND 단자
접지 단자로 어스에 접지하여 사용한다.

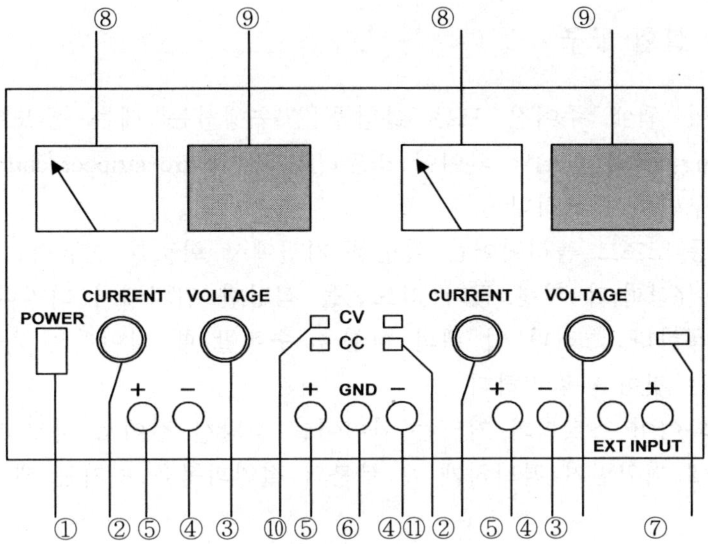

[그림 1-5] 직류 전원 공급기

⑦ **INT EXT** 스위치

내부 및 외부의 전압을 측정하는 스위치이다.

⑧ 전류계

출력되는 전류의 양을 나타낸다.

⑨ 전압계

출력되는 전압의 크기를 나타낸다.

⑩ **CV LED**

녹색의 발광 다이오드(LED : Light Emitting Diode)로서 정전압을 표시하며, 항상 녹색으로 발광된다.

⑪ **CC LED**

적색의 발광 다이오드로서 정전류를 표시하며, 적색으로 발광되면 공급되는 전류의 양이 충분하지 않은 것을 나타내므로 발광되지 않도록 ②번 노브를 조절하여야 한다.

(4) 실험 공구

이 책에 주어진 모든 실험들을 수행하는 데는 롱-노즈드 플라이어(long-nosed plier)와 와이어 스트리퍼/커터(wire stripper/cutter) 등 두 가지 공구만이 필요하다.

롱-노즈드 플라이어는 실험용 기판에서 회로를 연결하는 데 사용할 와이어(점퍼)와 저항 등의 리드선을 적당한 위치에서 펴거나 구부리는 데 사용한다. 그러나 이 책의 실험을 수행할 때 와이어는 가급적 사용하지 않는 것이 바람직하다.

와이어 스트리퍼/커터는 와이어를 적당한 길이로 자르고, 와이어를 기판에 끼워넣기 편리하게 끝 부분의 절연피복을 벗기는 데 사용한다.

소요 부품

품 목	정 격	소요량
저 항	임의의 정격	10개

실험 방법

① 실험 결과 보고서의 〈표 1〉 및 〈표 2〉를 완성한다.

② 임의의 저항 10개에 대하여 색 표시에 의한 저항값을 계산하여 〈표 3〉에 기록한다.

실험결과보고서

실험일자	년 월 일( )
제출일자	년 월 일( )
실험제목	실험의 기초 지식
담당교수	

학 과	
조편성	
학 번	
성 명	

〈표 1〉 실험 ①

10[kΩ]	[Ω]	10[V]	[mV]
1[MΩ]	[MΩ]	1[mV]	[μV]
100[Ω]	[kΩ]	100[μV]	[mV]
1000[Ω]	[MΩ]	1000[μV]	[V]
100[μA]	[mA]	1[kHz]	[Hz]
10[mA]	[μA]	10[MHz]	[kHz]
1[A]	[mA]	100[kHz]	[MHz]
1000[μA]	[A]	10000[Hz]	[MHz]

〈표 2〉 실험 ②

	첫번째 색띠	두번째 색띠	세번째 색띠	네번째 색띠	저항값	오차
1	갈색	회색	갈색	은색		
2	등색	흑색	갈색	금색		
3	회색	적색	갈색	은색		
4	갈색	녹색	적색	금색		
5	황색	자색	적색	은색		
6	적색	자색	등색	금색		
7	갈색	흑색	황색	은색		
8	적색	적색	녹색	금색		
9	청색	회색	등색	무색		
10	녹색	자색	갈색	무색		

〈표 3〉 실험 ②

	첫번째 색띠	두번째 색띠	세번째 색띠	네번째 색띠	저항값	오차
1						
2						
3						
4						
5						
6						
7						
8						
9						
10						

토 의 내 용

실험 2

저항, 전압 및 전류의 측정

실험 목적

저항(resistance), 전압(voltage) 및 전류(current) 등을 측정하는 방법을 익힌다.

기초 이론

많은 전기적 실험에서 저항, 전압 및 전류를 측정하여야 한다. 저항은 전기회로에서 전류의 흐름을 방해하며, 어떤 전기회로에 흐르는 전류의 양은 그 전기회로 내의 저항의 크기에 따라 달라진다. 여기서 저항, 전압 및 전류를 측정할 수 있는 계측기를 VOM(Volt-Ohm-Milliammeter) 또는 멀티미터(multimeter)라고 하는데 아날로그형과 디지털형이 있으며, 측정하고자 하는 항목은 레인지 선택 스위치를 이용하여 선택할 수 있다.

아날로그 멀티미터를 사용하여 전기회로 내의 저항, 전압 및 전류를 측정하는 방법을 알아보자. 디지털 멀티미터의 사용법은 부록을 참고하기 바란다.

1. 저항측정

멀티미터로 저항을 측정하기 위해서는 레인지 선택 스위치를 저항측정 레인지에 둔다. 여기서 멀티미터에서 사용되는 테스트 리드선(test lead)은 일반적으로 적색(red)과 흑색(black)이며, 이러한 색깔은 어느 리드선이 멀티미터의 양(+) 또는 음(−)의 극성인가를 확인하는 데 도움을 준다. 이것은 직류값을 측정할 때 매우 중요하며, 적색은 양(+)의 극성을 흑색은 음(−)의 극성을 나타낸다.

이제 적색 리드선은 멀티미터의 V, Ω, A의 잭에 끼우고, 흑색 리드선은 −잭(COM)에 끼운다. 이 두 리드선을 서로 접촉(단락)시켜 바늘이 저항 눈금선의 0에 정확히 오도록 '0' 오옴 조정기를 조정한다.

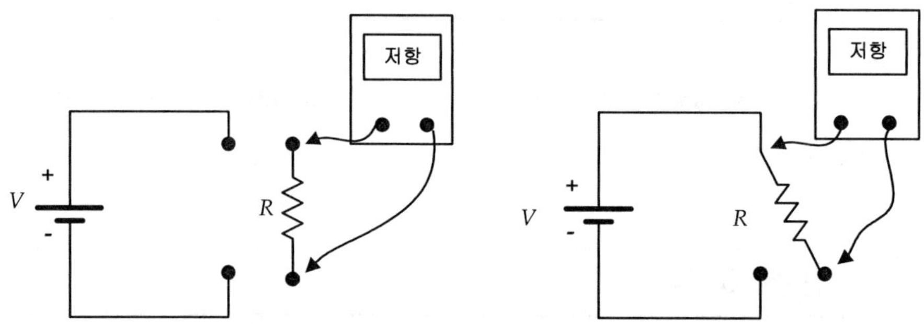

[그림 2-1] 저항측정

이제 멀티미터로 저항을 측정하려면 극성에 관계없이 저항의 양단에 리드선을 접속시켜 저항값을 읽으면 되는데, 이때 선택된 저항 레인지에 표시된 수치만큼 지시값을 곱하여 읽어야 한다.

만일 전기회로상의 저항을 측정하는 경우에는 [그림 2-1]과 같이 저항을 회로에서 완전히 분리하거나 저항의 한쪽을 회로에서 분리하여 측정하여야 한다. 이는 저항의 양쪽이 모두 회로에 연결된 상태로 측정하는 경우 저항에 연결된 주변 회로로 인하여 저항값이 다르게 측정될 수 있기 때문이다.

2. 전압측정

멀티미터로 직류전압을 측정하기 위해서는 레인지 선택 스위치를 전압측정 레인지에 둔다. 적색 리드선은 멀티미터의 V, Ω, A의 잭에 끼우고, 흑색 리드선은 －잭(COM)에 끼운다.

이제 전기회로의 특정 단자나 소자의 전압을 측정하려면 [그림 2-2]와 같이 회로가 완전히 연결된 상태에서 멀티미터를 측정하려는 단자나 소자에 그대로 병렬로 접속하여 측정하며, 눈금판의 흑색 직류 전용 눈금선의 지시값을 읽는다. 여기서 10, 50, 250 레인지를 선택한 경우에는 눈금판의 해당 눈금을 직접 읽고, 2.5 레인지에서는 250의 눈금선을 100으로 나누어 읽고, 1000 레인지에서는 10의 눈금선에 100을 곱하여 읽는다.

측정치가 0 이상으로 양(＋)인 경우에는 실제의 전압 극성과 리드선이 나타내는 극성이 동일한 것이며, 측정치가 0 이하로 음(－)인 경우에 실제 전압의 극성은 리드선이 나타내는 극성과 반대이다. 즉 적색의 리드선이 접속된 단자가 음(－)의 극성이며, 흑색의 리드선이 연결된 단자가 양(＋)의 극성이다.

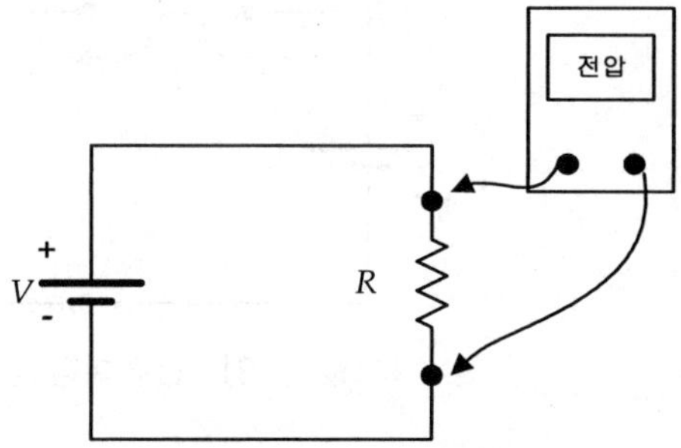

[그림 2-2] 전압측정

또한 멀티미터를 전압계로 사용하는 경우에 병렬로 연결된 전압계를 통하여 전류가 누설되지 않을수록 정확한 전압값을 측정할 수 있으므로 전압계의 내부저항은 가급적 큰 것이 바람직하다.

3. 전류측정

멀티미터로 직류전류를 측정하기 위해서는 레인지 선택 스위치를 전류측정 레인지에 둔다. 적색 리드선은 멀티미터의 V, Ω, A의 잭에 끼우고, 흑색 리드선은 －잭(COM)에 끼운다.

만일 10[A] 범위의 전류를 측정하려는 경우에는 적색 리드선을 10[A] 잭에 끼우면 되는데, 이 책의 실험에서 측정되는 전류의 양은 대부분 [mA]의 범위이므로 적색 리드선을 V, Ω, A의 잭에 끼우는 것으로 충분하다. 이제 전기회로에서 특정한 경로의 전류를 측정하려면 [그림 2-3]과 같이 전류를 측정하려는 경로를 끊고(개방하고) 멀티미터의 두 리드선을 끊어진 단자에 직렬로 접속함으로써 전류가 흐를 수 있도록 폐회로를 구성하여 측정한다. 전류는 양(＋)의 단자에서 음(－)의 단자의 방향으로 흐른다.

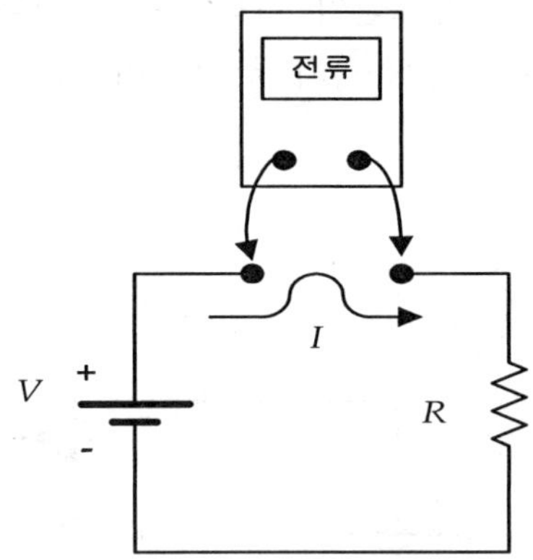

[그림 2-3] 전류측정

따라서 측정치가 양(＋)인 경우에는 실제의 전류가 흐르는 방향과 리드선이 나타내는 방향이 동일한 것이며, 측정치가 음(－)인 경우에는 실제 전류의 방향과 리드선이 나타내는 방향이 반대이다. 즉 실제의 전류는 흑색 리드선에서 적색 리드선 방향으로 흐른다. 또한 멀티미터를 전류계로 사용하는 경우에 직렬로 연결된 전류계로 인하여 실제 흐르는 전류량이 변하지 않아야 하므로 전류계의 내부저항은 가급적 작은 것이 바람직하다. 여기서 아날로그 멀티미터를 이용하여 직류전압 또는 전류를 측정하는 경우에 실제로 음의 값을 측정할 수는 없으며, 이때에는 바늘이 반대 방향으로 움직이므로 리드선의 위치를 바꾸어 측정한다.

소요 부품

품　　목	정　　　격	소요량
저　항	100[Ω] 470[Ω] 680[Ω] 820[Ω] 1[kΩ] 1.5[kΩ] 2.2[kΩ] 3.3[kΩ] 5.6[kΩ] 6.2[kΩ]	각 1개

실험 방법

① 저항의 측정치 및 색 표시 방법에 의한 이론치를 〈표 1〉에 기록한다.

② 〈표 1〉의 저항들을 이용하여 [그림 2-4]의 회로를 구성하고 아래의 내용을 〈표 2〉에 기록한다.

- 전압 V_1, V_2, V_3의 측정치
- 전류 I_1, I_2, I_3의 측정치

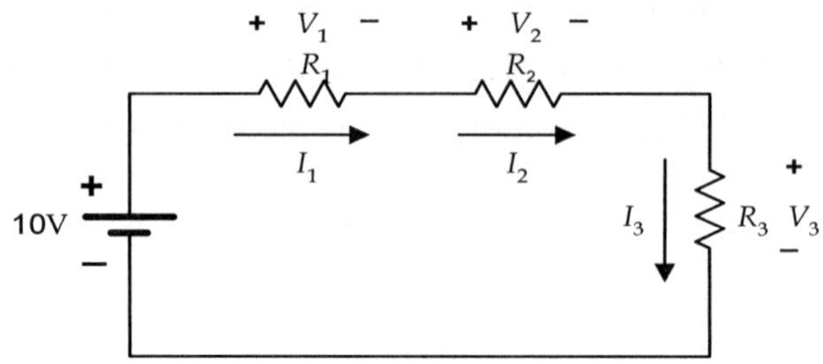

[그림 2-4] 회로도

③ 〈표 1〉의 저항들을 이용하여 [그림 2-5]의 회로를 구성하고 아래의 내용을 〈표 3〉에 기록한다.

- 전압 V_4, V_5, V_6의 측정치
- 전류 I_4, I_5, I_6의 측정치

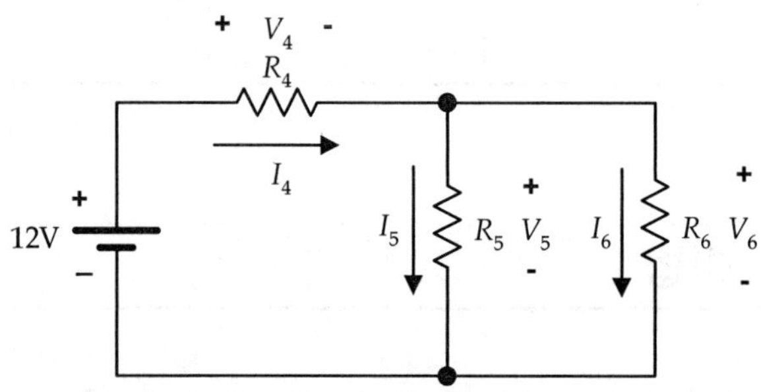

[그림 2-5] 회로도

④ 〈표 1〉의 저항들을 이용하여 [그림 2-6]의 회로를 구성하고 아래의 내용을 〈표 4〉에 기록한다.

- 전압 V_7, V_8, V_9, V_{10}의 측정치
- 전류 I_7, I_8, I_9, I_{10}의 측정치

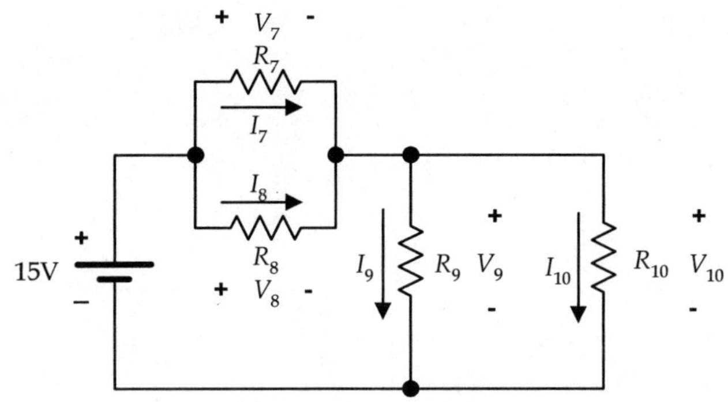

[그림 2-6] 회로도

⑤ 〈표 1〉의 저항들을 이용하여 [그림 2-7]의 회로를 구성하고 아래의 내용을 〈표 5〉에 기록한다.

- 전압 $V_1, V_2, V_3, V_4, V_5, V_6, V_7, V_8, V_9, V_{10}$의 측정치
- 전류 $I_1, I_2, I_3, I_4, I_5, I_6, I_7, I_8, I_9, I_{10}$의 측정치

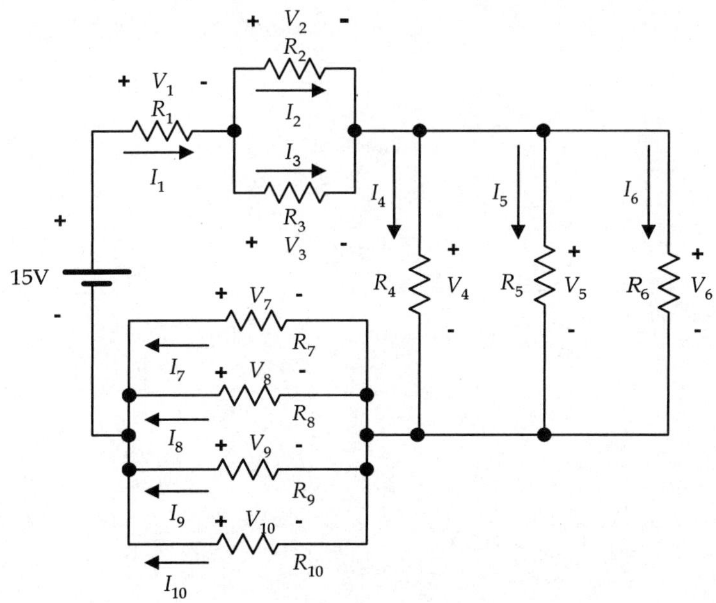

[그림 2-7] 회로도

실 험 결 과 보 고 서

실 험 일 자	년 월 일 ( )
제 출 일 자	년 월 일 ( )
실 험 제 목	저항, 전압 및 전류의 측정
담 당 교 수	

학 과	
조 편 성	
학 번	
성 명	

〈표 1〉 실험 ①

저 항	측정치	이론치	오차율
R_1			
R_2			
R_3			
R_4			
R_5			
R_6			
R_7			
R_8			
R_9			
R_{10}			

〈표 2〉 실험 ②

전압	측정치	전류	측정치
V_1		I_1	
V_2		I_2	
V_3		I_3	

〈표 3〉 실험 ③

전압	측정치	전류	측정치
V_4		I_4	
V_5		I_5	
V_6		I_6	

〈표 4〉 실험 ④

전압	측정치	전류	측정치
V_7		I_7	
V_8		I_8	
V_9		I_9	
V_{10}		I_{10}	

〈표 5〉 실험 ⑤

전압	측정치	전류	측정치
V_1		I_1	
V_2		I_2	
V_3		I_3	
V_4		I_4	
V_5		I_5	
V_6		I_6	
V_7		I_7	
V_8		I_8	
V_9		I_9	
V_{10}		I_{10}	

토 의 내 용

실험 3

오옴의 법칙

실험 목적

저항값과 전압값을 아는 경우에 전류값을 알 수 있는 오옴의 법칙 (Ohm's law)을 이해하고 실험을 통해 확인한다. 그리고, 저항의 직렬회로와 병렬회로에서 합성저항을 구하는 방법을 익힌다. 또한, 저항의 직렬, 병렬 및 직·병렬회로에서 각 저항에 걸리는 전압과 전류를 측정하고 계산에 의한 이론치와 비교·검토한다.

기초 이론

1. 오옴의 법칙

오옴의 법칙은 전기회로에서의 전압, 전류, 저항 사이의 관계를 나타내는 것으로 도체 내를 흐르는 전류는 그 도체에 가해진 전압에 비례하고 도체가 가진 저항에 반비례한다는 것이다. 즉 [그림 3-1]에서 전압, 전류, 저항 사이에 다음과 같은 관계가 성립한다.

$$I=\frac{V}{R} \qquad V=IR \qquad R=\frac{V}{I} \tag{3-1}$$

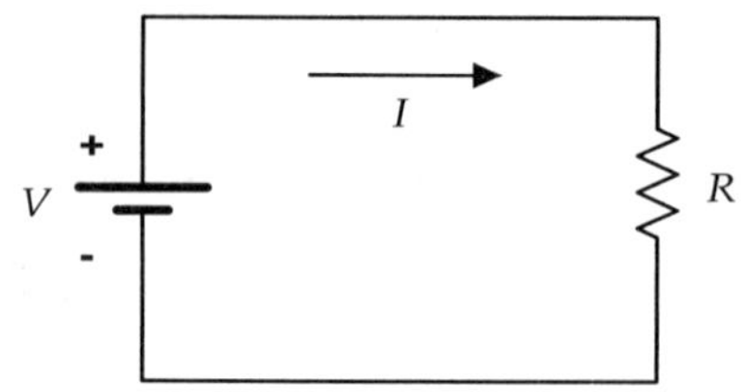

[그림 3-1] 오옴의 법칙

오옴의 법칙은 모든 전기회로에 적용이 되는 기본 법칙으로 회로의 전체나 일부분 모두에 적용되는 법칙이다.

또한 전원으로부터 전류가 흐를 수 있는 경로를 회로로 구성하는데, 구성 방법에 따라 직렬회로, 병렬회로, 직 · 병렬회로 등으로 나눌 수 있다.

2. 직렬회로

[그림 3-2]와 같은 회로를 직렬회로라고 하며, 직렬회로의 중요한 특성은 다음과 같다.

- 직렬회로의 각 경로에는 동일한 전류가 흐른다.
- 직렬회로의 합성저항은 각 저항의 합과 같다.

$$R_T = R_1 + R_2 + R_3 + \cdots + R_N \tag{3-2}$$

- 회로가 어느 한 점에서 끊어지면 전류는 흐르지 않는다.

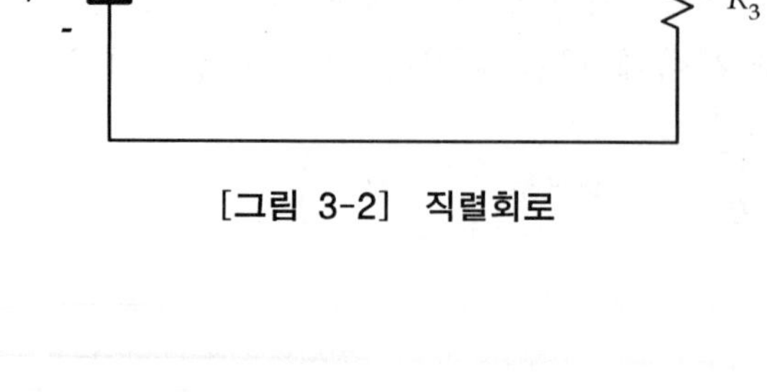

[그림 3-2] 직렬회로

3. 병렬회로

[그림 3-3]과 같은 회로를 병렬회로라고 하며, 병렬회로의 중요한 특성은 다음과 같다.

- 병렬회로의 각 양단 사이의 전압은 동일하다.
- 병렬회로의 합성저항은 다음과 같다.

$$\frac{1}{R_T}=\frac{1}{R_1}+\frac{1}{R_2}+\frac{1}{R_3}+\cdots+\frac{1}{R_N} \tag{3-3}$$

- 병렬로 연결된 경로 가운데 어느 하나가 끊어져도 다른 경로를 통해 전류는 계속 흐른다. 만일 두 개의 저항이 병렬로 연결된 경우에 합성저항은 식 (3-3)으로부터

$$R_T=\frac{R_1R_2}{R_1+R_2} \tag{3-4}$$

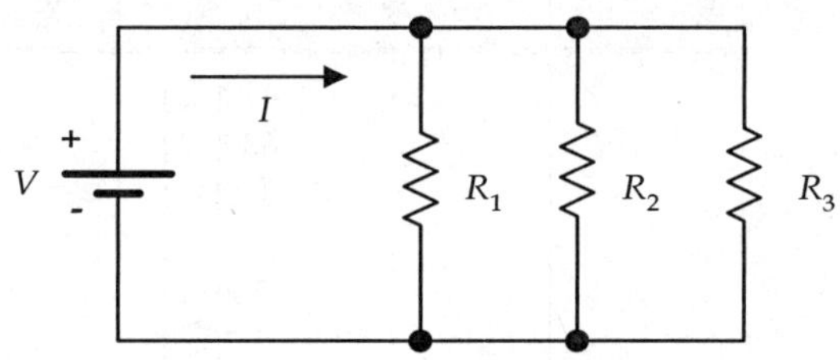

[그림 3-3] 병렬회로

4. 직 · 병렬회로

[그림 3-4]와 같이 직렬회로와 병렬회로가 혼합된 회로를 직 · 병렬회로라고 하며, 이러한 회로의 문제는 다음과 같이 해결할 수 있다.

- 회로의 합성저항을 구하기 위하여 회로를 직렬 부분과 병렬 부분으로 나누어 결합한다.
- 회로에 흐르는 총전류를 구한다.

• 회로의 각 단자 사이의 전압을 구한다.
• 회로의 각 저항을 통하여 흐르는 전류를 구한다.

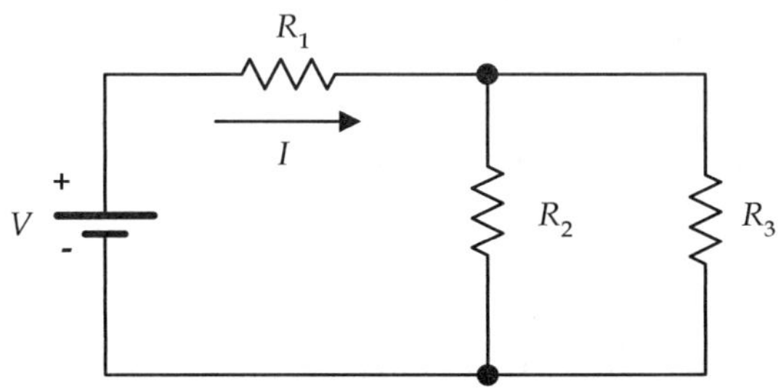

[그림 3-4] 직 · 병렬회로

소요 부품

품 목	정 격	소요량
저 항	470[Ω] 680[Ω] 820[Ω] 1[kΩ] 2.2[kΩ] 3.3[kΩ]	각 1개

실험 방법

① 저항의 측정치 및 색 표시 방법에 의한 이론치를 〈표 1〉에 기록한다.
② 〈표 1〉에 기록된 저항들을 이용하여 [그림 3-2]의 회로를 구성하고 아래의 내용을 〈표 2〉에 기록한다. 단, V=5[V]로 인가한다.
• 합성저항의 측정치 및 이론치
• 회로 전류 I의 측정치 및 이론치

- 각 저항에 걸리는 전압 V의 측정치 및 이론치

③ 〈표 1〉에 기록된 저항들을 이용하여 [그림 3-3]의 회로를 구성하고 아래의 내용을 〈표 3〉에 기록한다. 단, V=10[V]로 인가한다.

- 합성저항의 측정치 및 이론치
- 회로전류 I의 측정치 및 이론치
- 각 저항에 걸리는 전압의 측정치 및 이론치
- 각 저항에 흐르는 전류의 측정치 및 이론치

④ 〈표 1〉에 기록된 저항들을 이용하여 [그림 3-4]의 회로를 구성하고 아래의 내용을 〈표 4〉에 기록한다. 단, V=15[V]로 인가한다.

- 합성저항의 측정치 및 이론치
- 회로전류 I의 측정치 및 이론치
- 각 저항에 걸리는 전압의 측정치 및 이론치
- 각 저항에 흐르는 전류의 측정치 및 이론치

⑤ 〈표 1〉에 기록된 저항들을 이용하여 [그림 3-5]의 회로를 구성하고 아래의 내용을 〈표 5〉에 기록한다.

- 합성저항의 측정치 및 이론치
- 회로전류 I의 측정치 및 이론치
- 각 저항에 걸리는 전압의 측정치 및 이론치
- 각 저항에 흐르는 전류의 측정치 및 이론치

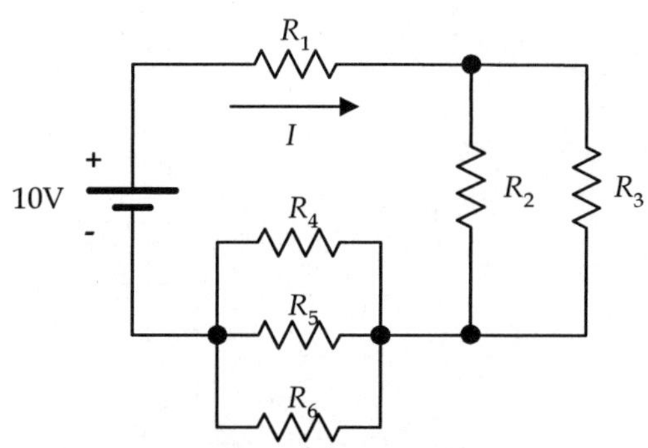

[그림 3-5] 회로도(Ⅰ)

⑥ 〈표 1〉에 기록된 저항들을 이용하여 [그림 3-6]의 회로를 구성하고 아래의 내용을 〈표 6〉에 기록한다.

- 합성저항의 측정치 및 이론치
- 회로전류 I의 측정치 및 이론치
- 각 저항에 걸리는 전압의 측정치 및 이론치
- 각 저항에 흐르는 전류의 측정치 및 이론치

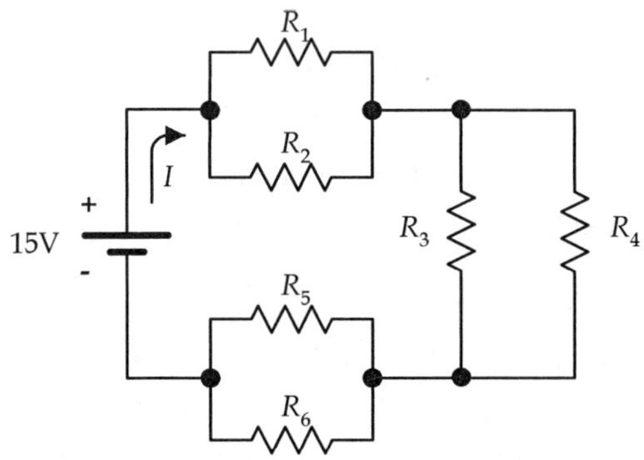

[그림 3-6] **회로도**(II)

실 험 결 과 보 고 서

실 험 일 자	년 월 일 ( )
제 출 일 자	년 월 일 ( )
실 험 제 목	오옴의 법칙
담 당 교 수	

학 과	
조 편 성	
학 번	
성 명	

〈표 1〉 실험 ①

저 항	측정치	이론치	오차율
R_1			
R_2			
R_3			
R_4			
R_5			
R_6			

〈표 2〉 실험 ②

구 분		측정치	이론치	오차율
합성저항(R_T)				
회로전류(I)				
전압	V_1			
	V_2			
	V_3			

〈표 3〉 실험 ③

구 분		측정치	이론치	오차율
합성저항(R_T)				
회로전류(I)				
전압	V_1			
	V_2			
	V_3			
전류	I_1			
	I_2			
	I_3			

〈표 4〉 실험 ④

구 분		측정치	이론치	오차율
합성저항(R_T)				
회로전류(I)				
전압	V_1			
	V_2			
	V_3			
전류	I_1			
	I_2			
	I_3			

〈표 5〉 실험 ⑤

구 분		측정치	이론치	오차율
합성저항(R_T)				
회로전류(I)				
전압	V_1			
	V_2			
	V_3			
	V_4			
	V_5			
	V_6			
전류	I_1			
	I_2			
	I_3			
	I_4			
	I_5			
	I_6			

〈표 6〉 실험 ⑥

구 분		측정치	이론치	오차율
합성저항(R_T)				
회로전류(I)				
전압	V_1			
	V_2			
	V_3			
	V_4			
	V_5			
	V_6			
전류	I_1			
	I_2			
	I_3			
	I_4			
	I_5			
	I_6			

토 의 내 용

실험 4

전압 및 전류의 분배법칙

실험 목적

직렬회로에서 적용되는 전압의 분배법칙과 병렬회로에서 적용되는 전류의 분배법칙을 이해하고 실험을 통해 확인한다.

기초 이론

1. 전압분배의 법칙

[그림 4-1]의 직렬회로에서 각 저항을 흐르는 전류 I는 동일하다. 따라서 각 저항에 걸리는 전압은 오옴의 법칙에 의하여

$$V_1 = IR_1 \qquad V_2 = IR_2 \qquad V_3 = IR_3 \tag{4-1}$$

이므로 직렬연결된 각 저항에 걸리는 전압은 저항에 크기에 비례하여 분배됨을 알 수 있다.

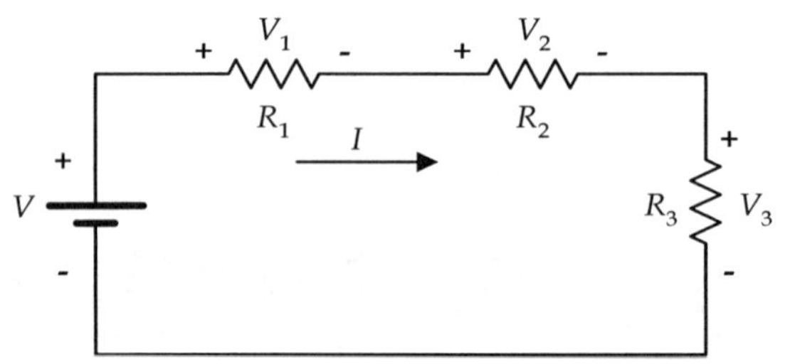

[그림 4-1] 직렬회로

2. 전류분배의 법칙

[그림 4-2]의 병렬회로에서 각 저항에 걸리는 전압 V는 동일하다. 따라서 각 저항에 흐르는 전류는 오옴의 법칙에 의하여

$$I_1 = \frac{V}{R_1} \qquad I_2 = \frac{V}{R_2} \qquad I_3 = \frac{V}{R_3} \tag{4-2}$$

이므로 병렬연결된 각 저항에 흐르는 전류는 저항의 크기에 반비례하여 분배(분류)됨을 알 수 있다.

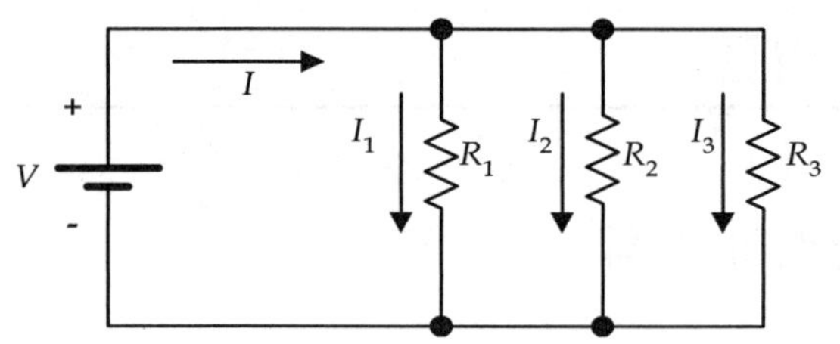

[그림 4-2] 병렬회로

소요 부품

품 목	정 격	소요량
저 항	220[Ω] 510[Ω] 820[Ω] 1[kΩ] 1.5[kΩ] 3.3[kΩ]	각 1개

실험 방법

① 저항의 측정치 및 색 표시 방법에 의한 이론치를 〈표 1〉에 기록한다.

② 〈표 1〉에 기록된 저항들을 이용하여 [그림 4-1]의 회로를 구성하고 아래의 내용을 〈표 2〉에 기록한다. 단, $V=10$[V]이다.

- 각 저항에 걸리는 전압 V_1, V_2, V_3의 측정치 및 이론치
- 회로전류 I의 측정치 및 이론치

③ 〈표 1〉에 기록된 저항들을 이용하여 [그림 4-2]의 회로를 구성하고 아래의 내용을 〈표 3〉에 기록한다. 단, $V=10$[V]이다.

- 각 저항에 흐르는 전류 I_1, I_2, I_3의 측정치 및 이론치
- 회로전류 I의 측정치 및 이론치

④ 〈표 1〉에 기록된 저항들을 이용하여 [그림 4-3]의 회로를 구성하고 아래의 내용을 〈표 4〉에 기록한다.

- 각 저항에 걸리는 전압 $V_1, V_2, V_3, V_4, V_5, V_6$의 측정치 및 이론치
- 각 저항에 흐르는 전류 $I_1, I_2, I_3, I_4, I_5, I_6$의 측정치 및 이론치

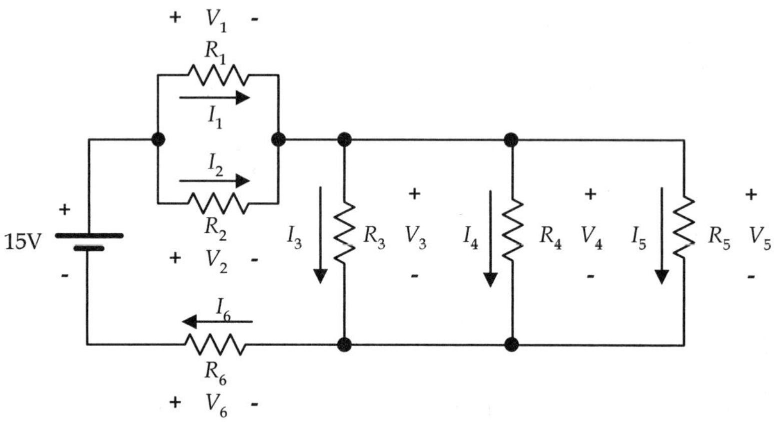

[그림 4-3] **회로도**(I)

⑤ 〈표 1〉에 기록된 저항들을 이용하여 [그림 4-4]의 회로를 구성하고 아래의 내용을 〈표 5〉에 기록한다.

- 각 저항에 걸리는 전압 $V_1, V_2, V_3, V_4, V_5, V_6$의 측정치 및 이론치
- 각 저항에 흐르는 전류 $I_1, I_2, I_3, I_4, I_5, I_6$의 측정치 및 이론치

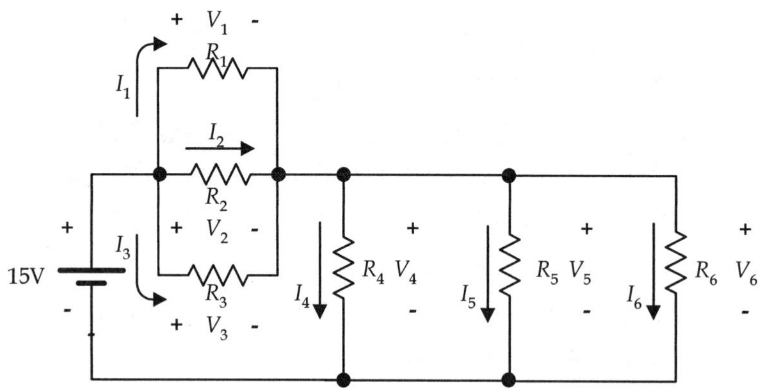

[그림 4-4] **회로도**(II)

⑥ 〈표 1〉에 기록된 저항들을 이용하여 [그림 4-5]의 회로를 구성하고 아래의 내용을 〈표 6〉에 기록한다.

- 각 저항에 걸리는 전압 $V_1, V_2, V_3, V_4, V_5, V_6$의 측정치 및 이론치

• 각 저항에 흐르는 전류 $I_1, I_2, I_3, I_4, I_5, I_6$의 측정치 및 이론치

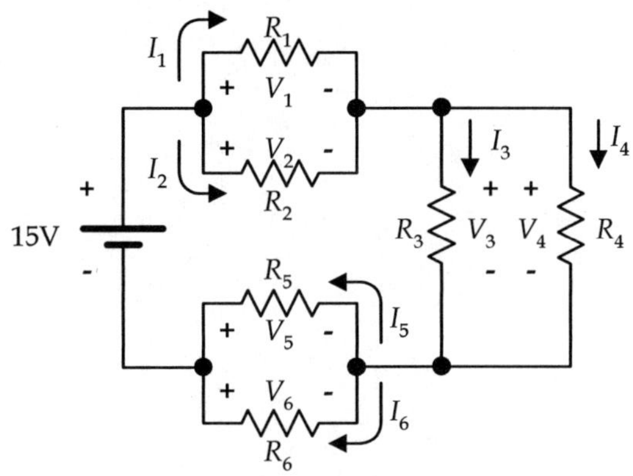

[그림 4-5] **회로도**(III)

실 험 결 과 보 고 서

실 험 일 자	년 월 일 ( )
제 출 일 자	년 월 일 ( )
실 험 제 목	전압 및 전류의 분배법칙
담 당 교 수	

학 과	
조 편 성	
학 번	
성 명	

〈표 1〉 실험 ①

저 항	측정치	이론치	오차율
R_1			
R_2			
R_3			
R_4			
R_5			
R_6			

〈표 2〉 실험 ②

구 분		측정치	이론치	오차율
저항에 걸리는 전압	V_1			
	V_2			
	V_3			
회로전류(I)				

〈표 3〉 실험 ③

구 분		측정치	이론치	오차율
저항에 흐르는 전류	I_1			
	I_2			
	I_3			
회로전류(I)				

〈표 4〉 실험 ④

구 분		측정치	이론치	오차율
전압	V_1			
	V_2			
	V_3			
	V_4			
	V_5			
	V_6			
전류	I_1			
	I_2			
	I_3			
	I_4			
	I_5			
	I_6			

〈표 5〉 실험 ⑤

구 분		측정치	이론치	오차율
전압	V_1			
	V_2			
	V_3			
	V_4			
	V_5			
	V_6			
전류	I_1			
	I_2			
	I_3			
	I_4			
	I_5			
	I_6			

〈표 6〉 실험 ⑥

구 분		측정치	이론치	오차율
전압	V_1			
	V_2			
	V_3			
	V_4			
	V_5			
	V_6			
전류	I_1			
	I_2			
	I_3			
	I_4			
	I_5			
	I_6			

토 의 내 용

실험 5

키르히호프의 전압법칙

실험 목적

키르히호프의 전압법칙(Kirchihoff's voltage law)을 실험을 통해 이해하고 응용할 수 있는 능력을 키운다.

기초 이론

키르히호프의 법칙은 전압법칙과 전류법칙으로 구분되며, 전압법칙은 [그림 5-1]과 같은 폐회로에서 회로에 공급된 전압과 회로 내의 각 소자에 걸리는 전압의 합은 동일하다는 것이며, 이를 식으로 나타내면 다음과 같다.

$$V_S = V_1 + V_2 + V_3 \qquad V_S = \sum_{j=1}^{n} V_j \tag{5-1}$$

이는 '임의의 폐회로에서 전류가 흐르는 방향으로 전압원과 각 단자에 걸리는 전압을 대수적으로 합한 것은 0이다'라는 것과 동일한 것이다. 따라서 식 (5-1)은 다음과 같이도 나타낼 수 있다.

$$V_1 + V_2 + V_3 - V_S = 0 \qquad \sum_{j=1}^{n} V_j = 0 \tag{5-2}$$

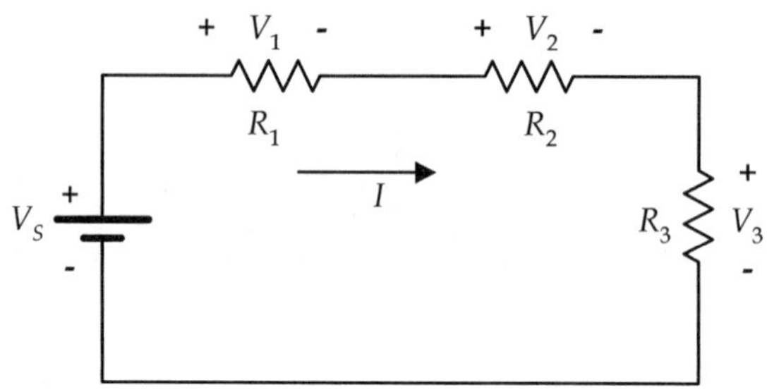

[그림 5-1] 키르히호프 전압법칙

소요 부품

품 목	정 격	소요량
저 항	220[Ω] 470[Ω] 820[Ω] 1[kΩ] 1.5[kΩ] 2.2[kΩ] 3.3[kΩ]	각 1개

실험 방법

① 저항의 측정치 및 색 표시 방법에 의한 이론치를 〈표 1〉에 기록한다.

② 〈표 1〉의 저항을 이용하여 [그림 5-2]의 회로를 구성하고 아래의 내용을 〈표 2〉에 기록한다.

- 각 단자전압 V_1, V_2, V_3의 측정치 및 이론치
- 합성전압 $V_1 + V_2 + V_3$

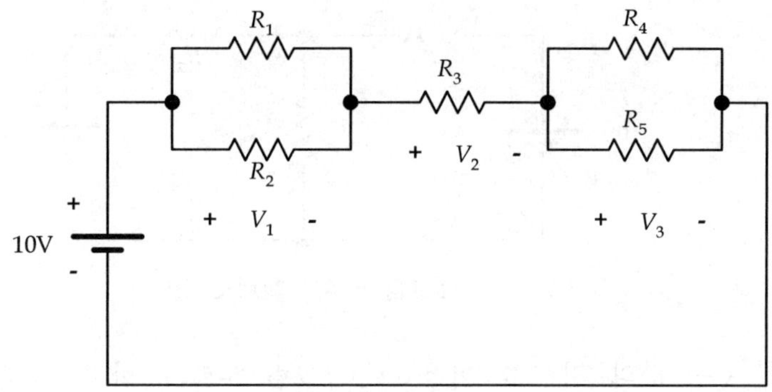

[그림 5-2] 회로도(Ⅰ)

③ 〈표 1〉의 저항을 이용하여 [그림 5-3]의 회로를 구성하고 아래의 내용을 〈표 3〉에 기록한다.

- 각 단자전압 V_1, V_2, V_3의 측정치 및 이론치
- 합성전압 $V_1+V_2+V_3$

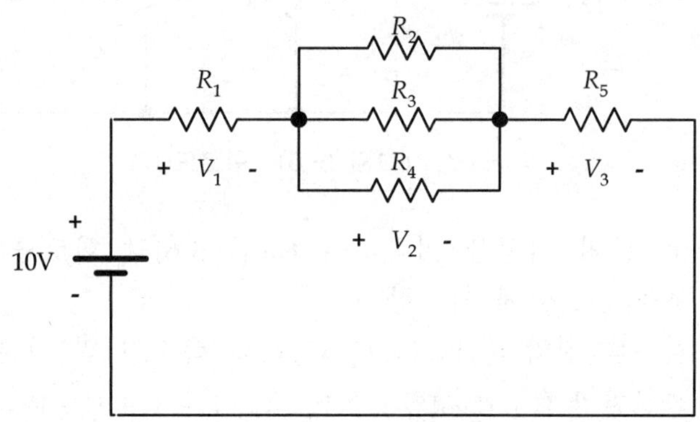

[그림 5-3] 회로도(Ⅱ)

④ 〈표 1〉의 저항을 이용하여 [그림 5-4]의 회로를 구성하고 아래의 내용을 〈표 4〉에 기록한다.

- 각 단자전압 V_1, V_2, V_3의 측정치 및 이론치
- 합성전압 $V_1+V_2+V_3$

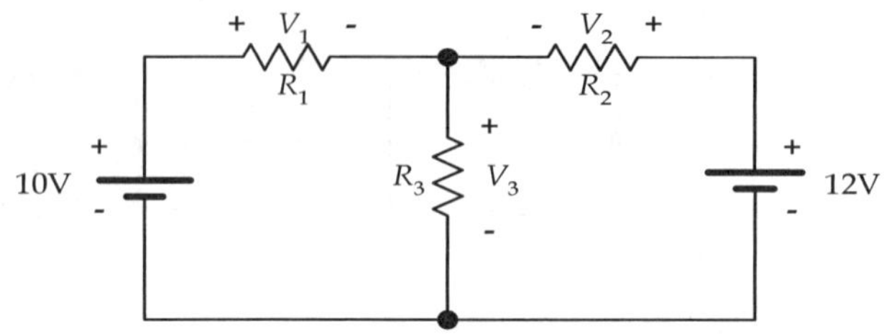

[그림 5-4] **회로도**(Ⅲ)

⑤ 〈표 1〉의 저항을 이용하여 [그림 5-5]의 회로를 구성하고 아래의 내용을 〈표 5〉에 기록한다.

- 각 단자전압 $V_1, V_2, V_3, V_4, V_5, V_6, V_7$의 측정치 및 이론치
- 합성전압 V_1+V_3, $V_1+V_2+V_7$, V_4+V_6, $V_4+V_5+V_7$

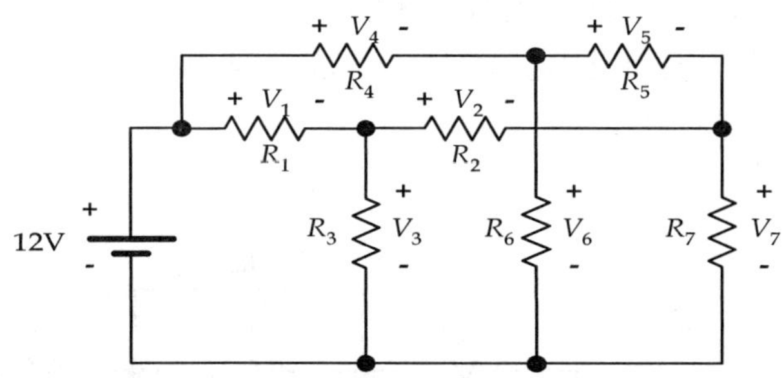

[그림 5-5] **회로도**(Ⅳ)

⑥ 〈표 1〉의 저항을 이용하여 [그림 5-6]의 회로를 구성하고 아래의 내용을 〈표 6〉에 기록한다.

- 각 단자전압 $V_1, V_2, V_3, V_4, V_5, V_6$의 측정치 및 이론치
- 합성전압 $V_1+V_2+V_3$, $V_4+V_5+V_6$, $V_1+V_4+V_5+V_6+V_3$

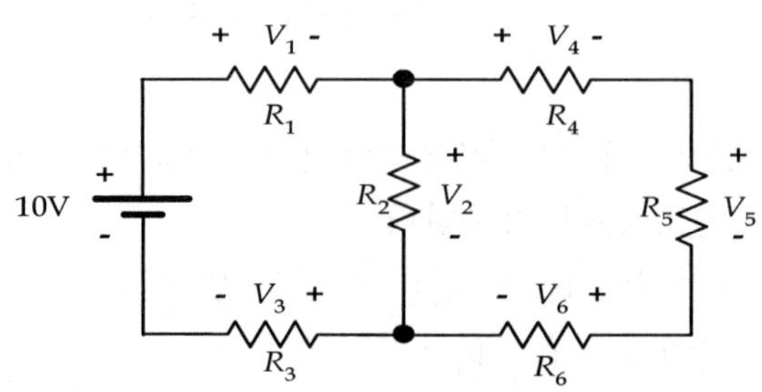

[그림 5-6] **회로도**(Ⅴ)

실험결과보고서

실험일자	년 월 일( )
제출일자	년 월 일( )
실험제목	키르히호프의 전압법칙
담당교수	

학과	
조편성	
학번	
성명	

〈표 1〉 실험 ①

저 항	측정치	이론치	오차율
R_1			
R_2			
R_3			
R_4			
R_5			
R_6			
R_7			

〈표 2〉 실험 ②

전 압	측정치	이론치	오차율
V_1			
V_2			
V_3			
$V_1+V_2+V_3$			

〈표 3〉 실험 ③

전 압	측정치	이론치	오차율
V_1			
V_2			
V_3			
$V_1+V_2+V_3$			

〈표 4〉 실험 ④

전 압	측정치	이론치	오차율
V_1			
V_2			
V_3			
V_1+V_3			
V_2+V_3			

〈표 5〉 실험 ⑤

전 압	측정치
V_1	
V_2	
V_3	
V_4	
V_5	
V_6	
V_7	
V_1+V_3	
$V_1+V_2+V_7$	
V_4+V_6	
$V_4+V_5+V_7$	

〈표 6〉 실험 ⑥

전　압	측정치	이론치	오차율
V_1			
V_2			
V_3			
V_4			
V_5			
V_6			
V_7			
$V_1+V_2+V_3$			
$V_4+V_5+V_6$			
$V_1+V_4+V_5+V_6+V_3$			

토 의 내 용

실험 6

키르히호프의 전류법칙

실험 목적

키르히호프의 전류법칙(Kirchihoff's current law)을 이해하고 실험을 통해 응용할 수 있는 능력을 키운다.

기초 이론

키르히호프의 전류법칙은 [그림 6-1]과 같은 회로에서 임의의 마디(node)를 향하여 유입하는 전류와 마디로부터 유출되는 전류의 양은 동일하다는 것이며, 마디 A에 대하여 이를 식으로 나타내면 다음과 같다.

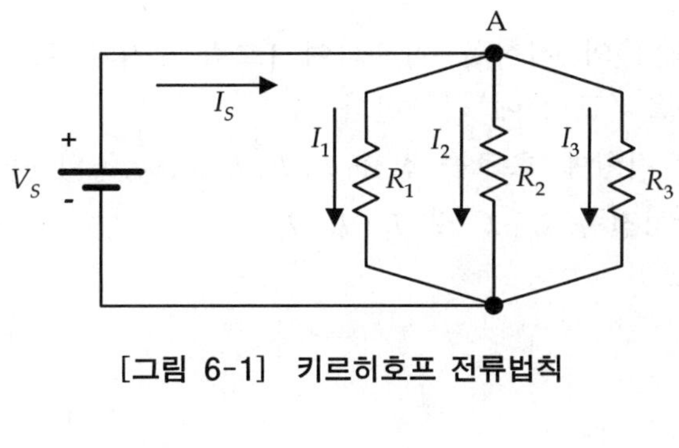

[그림 6-1] 키르히호프 전류법칙

$$I_S = I_1 + I_2 + I_3 \qquad I_S = \sum_{j=1}^{n} I_j \tag{6-1}$$

이는 마디를 중심으로 유입하는 전류를 양(+)으로 하고 유출하는 전류를 음(−)으로 했을 때, 이 전류들을 대수적으로 합한 것이 0이 되는 것과 동일한 것이다. 따라서 식 (6-1)은 다음과 같이도 나타낼 수 있다.

$$I_1 + I_2 + I_3 - I_S = 0 \qquad \sum_{j=1}^{n} I_j = 0 \tag{6-2}$$

소요 부품

품 목	정 격	소요량
저 항	510[Ω] 680[Ω] 1[kΩ] 1.5[kΩ] 2.2[kΩ] 2.7[kΩ] 5.6[kΩ]	각 1개

실험 방법

① 저항의 측정치 및 색 표시 방법에 의한 이론치를 〈표 1〉에 기록한다.

② 〈표 1〉의 저항을 이용하여 [그림 6-2]의 회로를 구성하고 아래의 내용을 〈표 2〉에 기록한다.

- 각 저항에 흐르는 전류 $I_1, I_2, I_3, I_4, I_5, I_6$의 측정치 및 이론치
- 합성전류 I_2+I_3 및 $I_4+I_5+I_6$

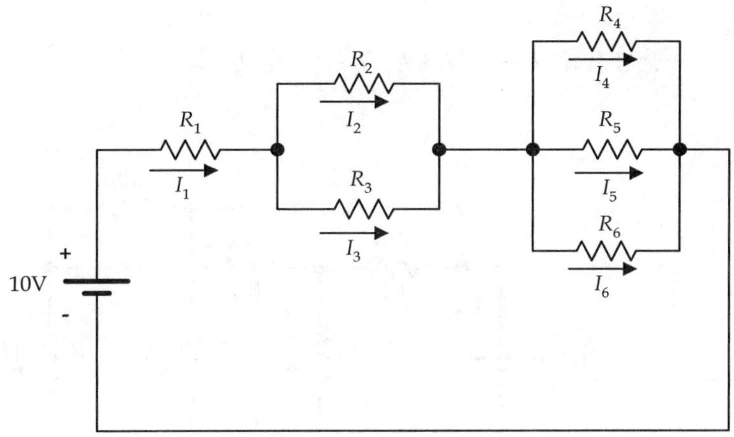

[그림 6-2] 회로도(Ⅰ)

③ 〈표 1〉의 저항을 이용하여 [그림 6-3]의 회로를 구성하고 아래의 내용을 〈표 3〉에 기록한다.

- 각 저항에 흐르는 전류 I_1, I_2, I_3, I_4, I_5, I_6의 측정치
- 합성전류 I_2+I_3, I_4+I_5, I_3+I_4 및 I_5+I_6

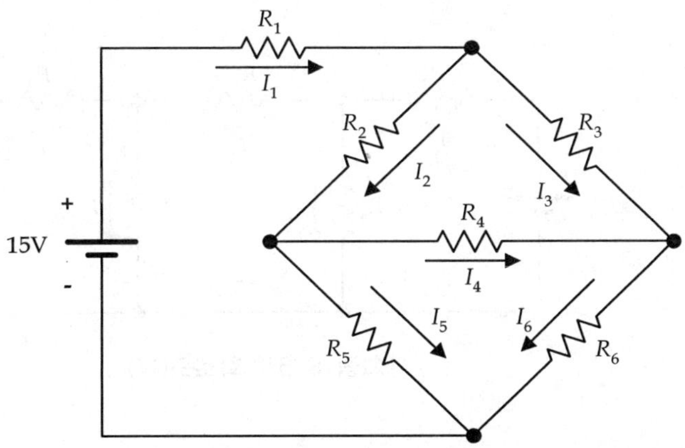

[그림 6-3] 회로도(Ⅱ)

④ 〈표 1〉의 저항을 이용하여 [그림 6-4]의 회로를 구성하고 아래의 내용을 〈표 4〉에 기록한다.

- 회로전류 I 및 각 저항에 흐르는 전류 I_1, I_2, I_3, I_4, I_5, I_6, I_7의 측정

치

- 합성전류 I_1+I_4, I_2+I_3, I_4+I_5 및 I_5+I_7

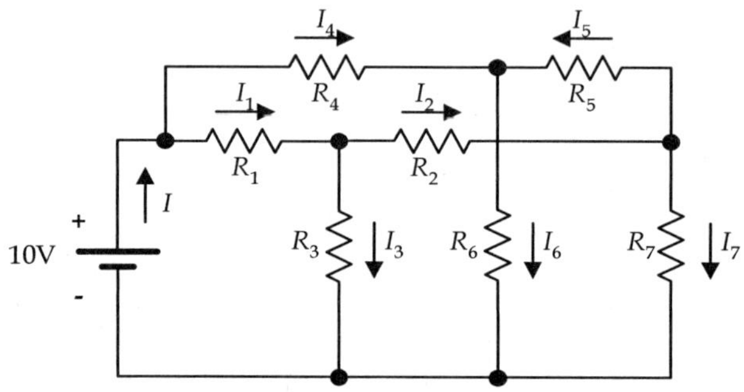

[그림 6-4] **회로도**(Ⅲ)

⑤ 〈표 1〉의 저항을 이용하여 [그림 6-5]의 회로를 구성하고 아래의 내용을 〈표 5〉에 기록한다.

- 각 단자전압 I_1, I_2, I_3, I_4, I_5, I_6의 측정치 및 이론치
- 합성전류 I_2+I_4, I_3+I_5

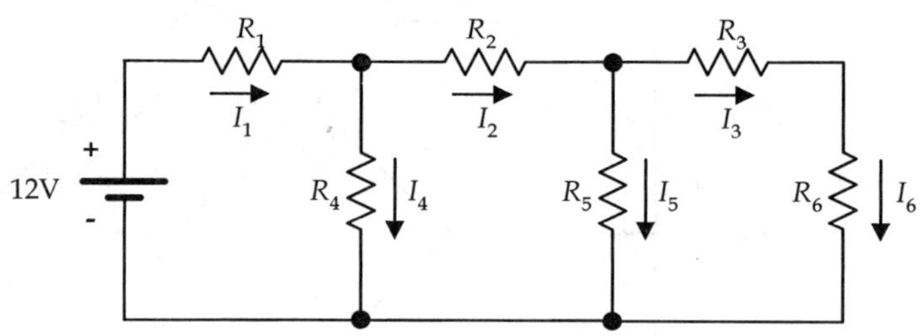

[그림 6-5] **회로도**(Ⅳ)

실 험 결 과 보 고 서

실 험 일 자	년 월 일 ( )
제 출 일 자	년 월 일 ( )
실 험 제 목	키르히호프의 전류법칙
담 당 교 수	

학 과	
조 편 성	
학 번	
성 명	

〈표 1〉 실험 ①

저 항	측정치	이론치	오차율
R_1			
R_2			
R_3			
R_4			
R_5			
R_6			
R_7			

〈표 2〉 실험 ②

전 류	측정치	이론치	오차율
I_1			
I_2			
I_3			
I_4			
I_5			
I_6			
I_2+I_3			
$I_4+I_5+I_6$			

〈표 3〉 실험 ③

전 류	측정치
I_1	
I_2	
I_3	
I_4	
I_5	
I_6	
I_2+I_3	
I_4+I_5	
I_3+I_4	
I_5+I_6	

〈표 4〉 실험 ④

전 류	측정치
I	
I_1	
I_2	
I_3	
I_4	
I_5	
I_6	
I_7	
I_1+I_4	
I_2+I_3	
I_4+I_5	
I_5+I_7	

〈표 5〉 실험 ⑤

전 류	측정치	이론치	오차율
I_1			
I_2			
I_3			
I_4			
I_5			
I_6			
I_2+I_4			
I_3+I_5			

토 의 내 용

실험 7

중첩의 정리

실험 목적

중첩의 정리(theorem of superposition)를 실험을 통해 이해하고 응용할 수 있는 능력을 키운다.

기초 이론

여러 개의 전원을 포함하는 회로에서 각 단자에 걸리는 전압과 각 경로를 흐르는 전류는 각 전원이 단독으로 존재한다고 가정하였을 경우에 각 단자에 걸리는 전압과 각 경로를 흐르는 전류를 모두 대수적으로 합한 것과 동일하다.

즉 [그림 7-1]의 회로에서

$$V_1 = V_1' + V_1'' \qquad V_2 = V_2' + V_2'' \qquad V_3 = V_3' + V_3'' \tag{7-1}$$

$$I_1 = I_1' + I_1'' \qquad I_2 = I_2' + I_2'' \qquad I_3 = I_3' + I_3'' \tag{7-2}$$

가 성립한다. 여기서 전압과 전류를 합하는 경우에 더하여지는 전압의 극성과 전류의 방향을 고려하여야 한다. 즉 전압의 극성이 동일한 경우에는 더하고 반대인 경우에는 빼며, 전류도 흐르는 방향이 동일한 경우에는 더하고 반대인 경우에는 뺀다. 따라서 [그림 7-1]과 같은 회로의 경우에 최종적인 전압 극성과 전류 방향은 실제로 큰 쪽의 전압 극성 및 전류 방향과 동일하다.

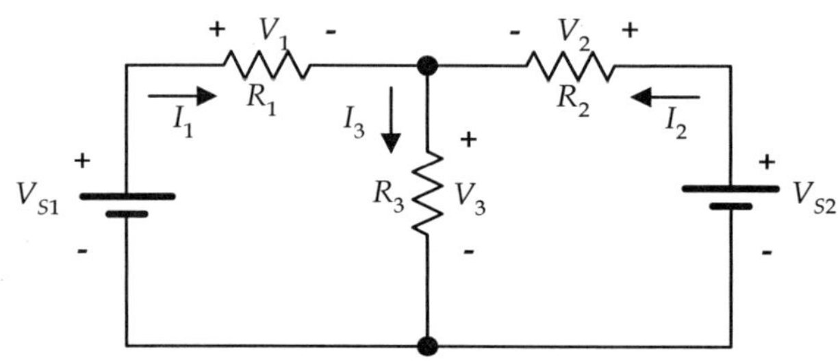

(a)

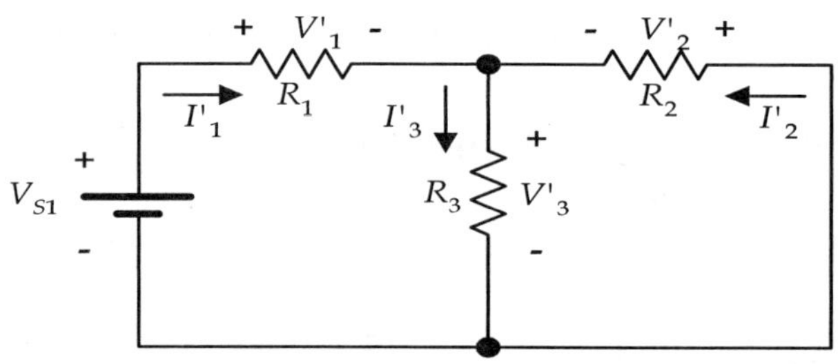

(b)

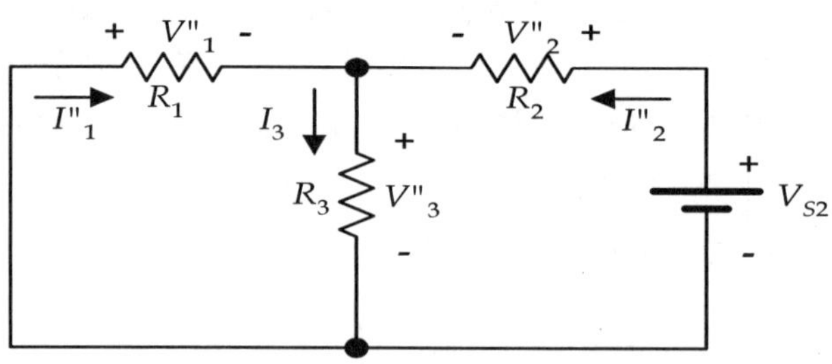

(c)

[그림 7-1] 중첩의 정리

소요 부품

품　　목	정　　격	소요량
저 항	1[kΩ] 1.5[kΩ] 2.7[kΩ] 4.7[kΩ] 6.2[kΩ]	각 1개

실험 방법

① 저항의 측정치 및 색 표시 방법에 의한 이론치를 〈표 1〉에 기록한다.

② 〈표 1〉의 저항을 이용하여 [그림 7-1]의 회로를 구성하고 아래의 내용을 〈표 2〉에 기록한다. 단, $V_{S1}=10[V]$, $V_{S2}=12[V]$이다.

- [그림 7-1(a)]에서 각 저항의 전압 V_1, V_2, V_3 및 전류 I_1, I_2, I_3의 측정치 및 이론치
- [그림 7-1(b)]에서 각 저항의 전압 V_1', V_2', V_3' 및 전류 I_1', I_2', I_3'의 측정치 및 이론치
- [그림 7-1(c)]에서 각 저항의 전압 V_1'', V_2'', V_3'' 및 전류 I_1'', I_2'', I_3''의 측정치 및 이론치
- 합성전압 $V_1'+V_1''$, $V_2'+V_2''$, $V_3'+V_3''$
- 합성전류 $I_1'+I_1''$, $I_2'+I_2''$, $I_3'+I_3''$

③ 〈표 1〉의 저항을 이용하여 [그림 7-2]의 회로를 구성하고 아래의 내용을 〈표 3〉에 기록한다.

- [그림 7-2(a)]에서 각 저항의 전압 V_1, V_2, V_3, V_4 및 전류 I_1, I_2, I_3, I_4의 측정치
- [그림 7-2(b)]에서 각 저항의 전압 V_1', V_2', V_3', V_4' 및 전류 I_1', I_2', I_3', I_4'의 측정치

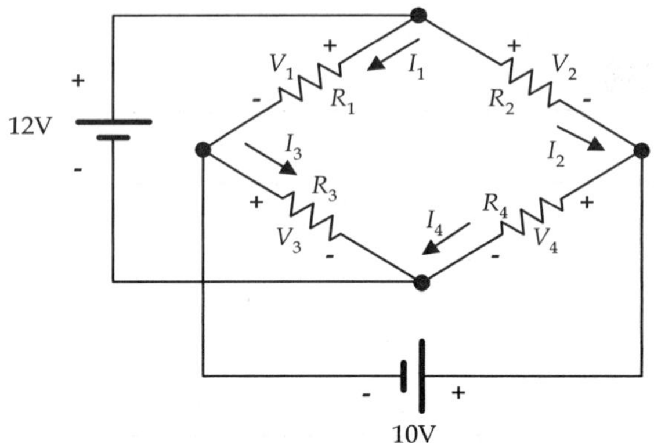

(a)

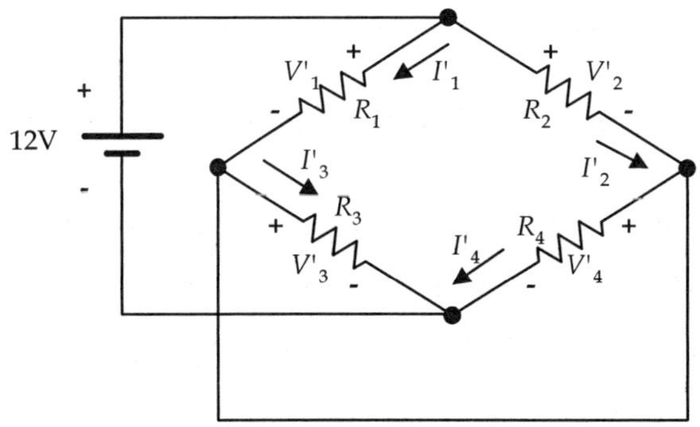

(b)

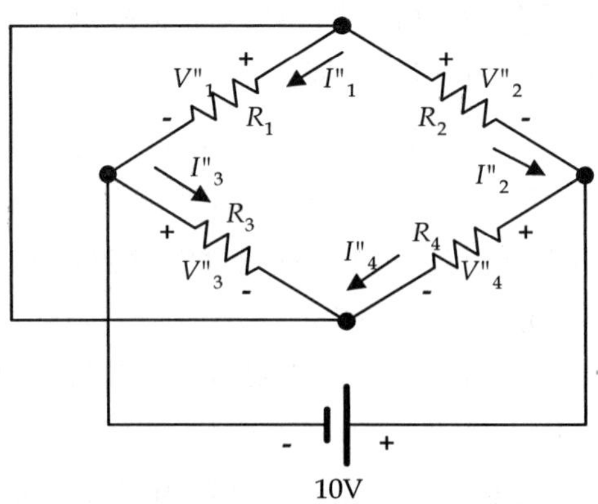

(c)

[그림 7-2] 회로도(I)

- [그림 7-2(c)]에서 각 저항의 전압 V_1'', V_2'', V_3'', V_4'' 및 전류 I_1'', I_2'', I_3'', I_4''의 측정치
- 합성전압 $V_1'+V_1''$, $V_2'+V_2''$, $V_3'+V_3''$, $V_4'+V_4''$
- 합성전류 $I_1'+I_1''$, $I_2'+I_2''$, $I_3'+I_3''$, $I_4'+I_4''$

④ 〈표 1〉의 저항을 이용하여 [그림 7-3]의 회로를 구성하고 아래의 내용을 〈표 4〉에 기록한다.

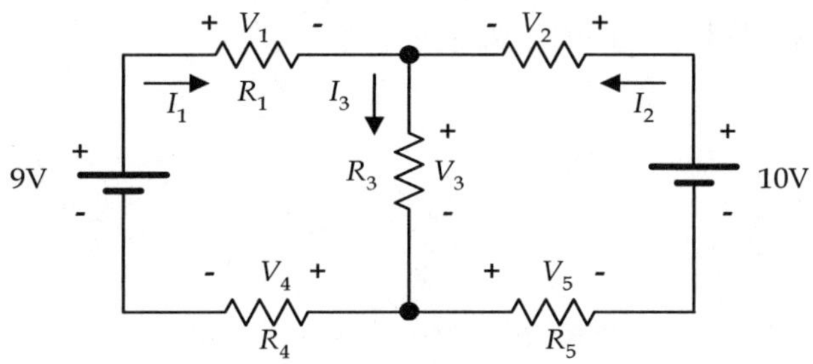

(a)

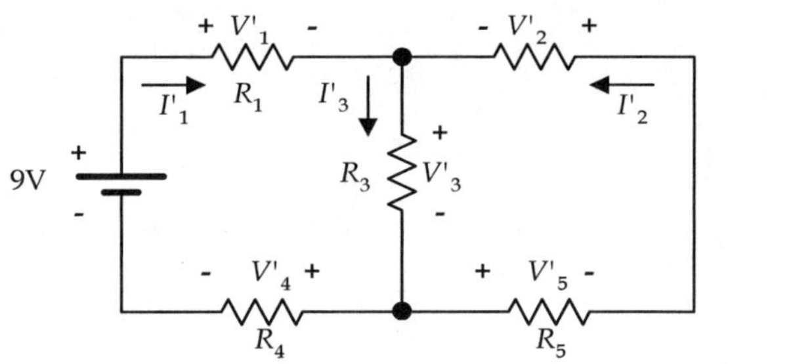

(b)

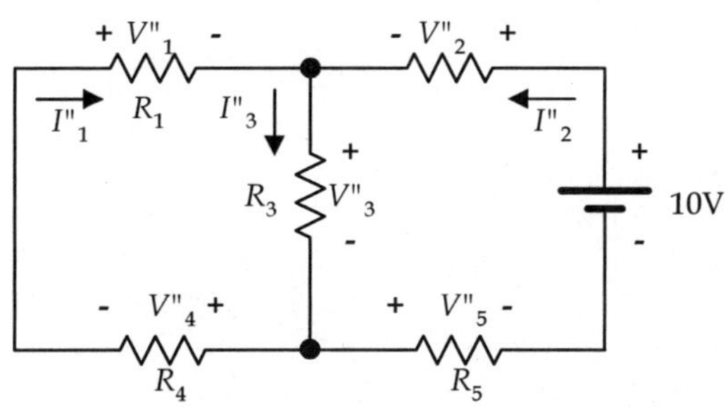

(c)

[그림 7-3] 회로도(II)

- [그림 7-3(a)]에서 각 저항의 전압 V_1, V_2, V_3, V_4, V_5 및 전류 I_1, I_2, I_3, I_4, I_5의 측정치
- [그림 7-3(b)]에서 각 저항의 전압 $V_1', V_2', V_3', V_4', V_5'$ 및 전류 I_1', I_2', I_3'의 측정치
- [그림 7-3(c)]에서 각 저항의 전압 $V_1'', V_2'', V_3'', V_4'', V_5''$ 및 전류 I_1'', I_2'', I_3''의 측정치
- 합성전압 $V_1' + V_1''$, $V_2' + V_2''$, $V_3' + V_3''$, $V_4' + V_4''$, $V_5' + V_5''$
- 합성전류 $I_1' + I_1''$, $I_2' + I_2''$, $I_3' + I_3''$

실 험 결 과 보 고 서

실 험 일 자	년 월 일 ( )
제 출 일 자	년 월 일 ( )
실 험 제 목	중첩의 정리
담 당 교 수	

학 과	
조 편 성	
학 번	
성 명	

〈표 1〉 실험 ①

저 항	측정치	이론치
R_1		
R_2		
R_3		
R_4		
R_5		

〈표 2〉 실험 ②

구분	그림 7-1(a)			그림 7-1(b)			그림 7-1(c)			합 성		
		측정치	이론치		측정치	이론치		측정치	이론치		측정치	이론치
전압	V_1			V_1'			V_1''			$V_1' + V_1''$		
	V_2			V_2'			V_2''			$V_2' + V_2''$		
	V_3			V_3'			V_3''			$V_3' + V_3''$		
전류	I_1			I_1'			I_1''			$I_1' + I_1''$		
	I_2			I_2'			I_2''			$I_2' + I_2''$		
	I_3			I_3'			I_3''			$I_3' + I_3''$		

〈표 3〉 실험 ③

구분	그림 7-2(a)			그림 7-2(b)			그림 7-2(c)			합 성		
		측정치	이론치		측정치	이론치		측정치	이론치		측정치	이론치
전압	V_1			V_1'			V_1''			$V_1' + V_1''$		
	V_2			V_2'			V_2''			$V_2' + V_2''$		
	V_3			V_3'			V_3''			$V_3' + V_3''$		
	V_4			V_4'			V_4''			$V_4' + V_4''$		
전류	I_1			I_1'			I_1''			$I_1' + I_1''$		
	I_2			I_2'			I_2''			$I_2' + I_2''$		
	I_3			I_3'			I_3''			$I_3' + I_3''$		
	I_4			I_4'			I_4''			$I_4' + I_4''$		

〈표 4〉 실험 ④

구분	그림 7-3(a)			그림 7-3(b)			그림 7-3(c)			합 성		
		측정치	이론치		측정치	이론치		측정치	이론치		측정치	이론치
전압	V_1			V_1'			V_1''			$V_1' + V_1''$		
	V_2			V_2'			V_2''			$V_2' + V_2''$		
	V_3			V_3'			V_3''			$V_3' + V_3''$		
	V_4			V_4'			V_4''			$V_4' + V_4''$		
	V_5			V_5'			V_5''			$V_5' + V_5''$		
전류	I_1			I_1'			I_1''			$I_1' + I_1''$		
	I_2			I_2'			I_2''			$I_2' + I_2''$		
	I_3			I_3'			I_3''			$I_3' + I_3''$		

토 의 내 용

실험 8

테브난의 정리

실험 목적

테브난의 정리(Thevnin's theorem)를 실험을 통해 이해하고 응용할 수 있는 능력을 키운다.

기초 이론

[그림 8-1(a)]의 회로에서 부하저항 R_L을 중심으로 단자 a, b에서 왼쪽으로 본 복잡한 회로망은 [그림 8-1(b)]와 같이 하나의 전압원 V_{TH}와 하나의 등가저항 R_{TH}가 직렬로 연결된 간단한 회로로 바꿀 수 있다. 이를 테브난의 정리라고 하며, V_{TH}를 테브난 전압, R_{TH}를 테브난 저항이라고 한다.

이때 [그림 8-1]의 두 회로의 부하저항 R_L에 걸리는 전압 V_L과 흐르는 전류 I_L은 모두

$$V_L = V_{TH} \times \frac{R_L}{R_{TH} + R_L} \tag{8-1}$$

$$I_L = \frac{V_{TH}}{R_{TH} + R_L} \tag{8-2}$$

로서 동일하다. 테브난의 정리는 회로망 전체의 전압과 전류의 상태를 몰라도 회로망 중에 있는 임의의 가지에서 발생되는 문제점을 다룰 수 있는 대단히 중요한 정리이다.

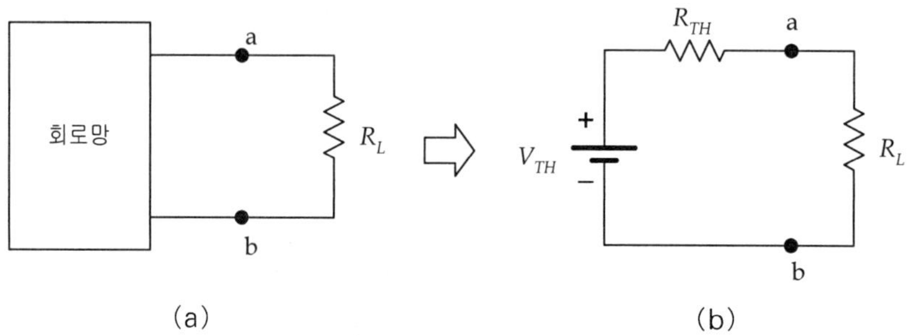

[그림 8-1] 테브난의 정리

테브난 전압(V_{TH})를 구하는 방법은 [그림 8-1(a)]에서 부하저항을 제거한 후에 단자 a, b를 개방하였을 때 두 단자 사이에 걸리는 개방회로의 전압(V_{OC})이다. 즉,

$$V_{TH} = V_{OC} \tag{8-3}$$

이다. 마찬가지로, 테브난 저항(R_{TH})는 [그림 8-1(a)]에서 부하저항을 개방한 후에 회로망의 전원을 모두 제거하고 개방단자 a, b에서 회로망으로 본 저항이다. 이때 전원을 제거하는 방법은 전압원인 경우에는 단락시키고, 전류원인 경우에는 개방시킨다.

소요 부품

품 목	정 격	소요량
저 항	270[Ω] 300[Ω] 470[Ω] 680[Ω] 1[kΩ] 2.2[kΩ] 3.3[kΩ]	각 1개

실험 방법

① 저항의 측정치 및 색 표시 방법에 의한 이론치를 〈표 1〉에 기록한다.

② 〈표 1〉의 저항을 이용하여 [그림 8-2]의 회로를 구성하고 아래의 실험을 수행한다. 단, 부하저항(R_L)은 R_4의 저항을 사용한다.

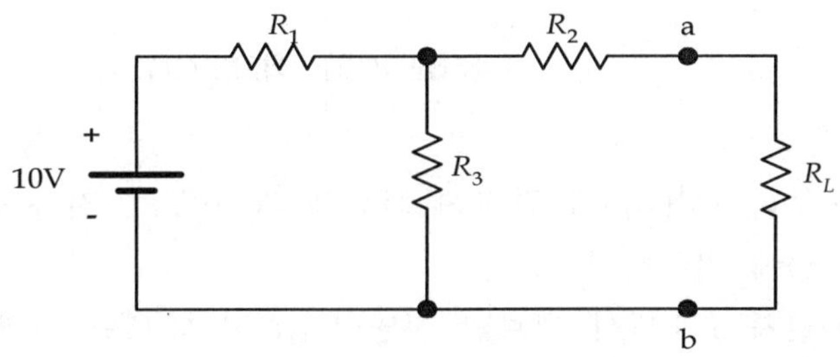

[그림 8-2] 회로도(Ⅰ)

- 부하저항(R_L)에 걸리는 전압 V_L과 흐르는 전류 I_L의 측정치와 이론치를 〈표 2〉에 기록한다.
- 단자 a, b에서 테브난 전압(V_{TH}) 및 테브난 저항(R_{TH})의 측정치와 이론치를 〈표 3〉에 기록한다.
- 테브난 등가회로를 실험 결과 보고서의 [그림 1]의 빈 공간에 도시한다.
- [그림 1]에서 부하저항(R_L)에 걸리는 전압 V_L과 흐르는 전류 I_L의 이론치를 〈표 3〉에 기록하고, 이를 〈표 2〉의 이론치와 비교한다.

③ 〈표 1〉의 저항을 이용하여 [그림 8-3]의 회로를 구성하고 아래의 실험을 수행한다. 단, 부하저항(R_L)은 R_7의 저항을 사용하여라.

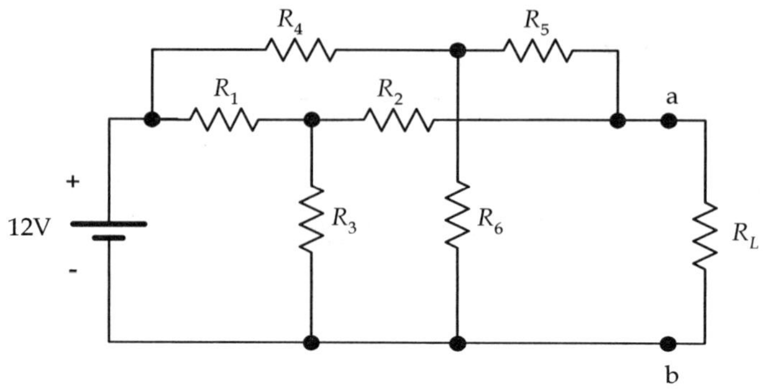

[그림 8-3] **회로도**(II)

- 부하저항(R_L)에 걸리는 전압 V_L과 흐르는 전류 I_L의 측정치를 〈표 5〉에 기록한다.
- 단자 a, b에서 테브난 전압(V_{TH}) 및 테브난 저항(R_{TH})의 측정치를 〈표 6〉에 기록한다.
- 테브난 등가회로를 실험 결과 보고서의 [그림 2]의 빈 공간에 도시한다.
- [그림 2]에서 부하저항(R_L)에 걸리는 전압 V_L과 흐르는 전류 I_L의 이론치를 〈표 7〉에 기록하고, 이를 〈표 5〉의 측정치와 비교한다.

④ 〈표 1〉의 저항을 이용하여 [그림 4]의 회로를 구성하고 아래의 실험을 수행한다. 단, 부하저항(R_L)은 R_6의 저항을 사용한다.

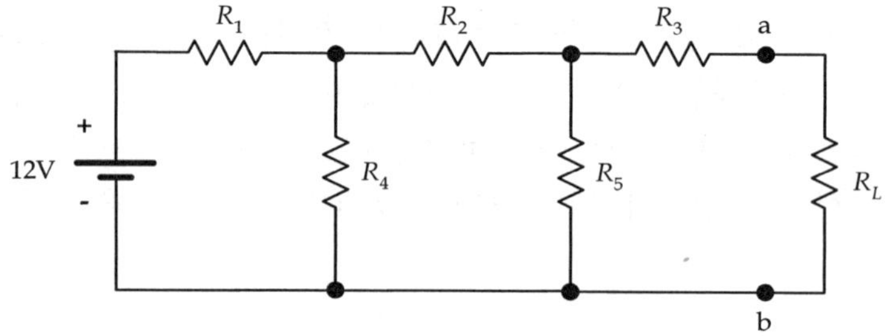

[그림 8-4] **회로도**(III)

- 부하저항(R_L)에 걸리는 전압 V_L과 흐르는 전류 I_L의 측정치와 이

론치를 〈표 8〉에 기록한다.

- 단자 a, b에서 테브난 전압(V_{TH}) 및 테브난 저항(R_{TH})의 측정치와 이론치를 〈표 9〉에 기록한다.
- 테브난 등가회로를 실험 결과 보고서의 [그림 3]의 빈 공간에 도시한다.
- [그림 3]에서 부하저항(R_L)에 걸리는 전압 V_L과 흐르는 전류 I_L의 이론치를 〈표 10〉에 기록하고, 이를 〈표 8〉의 이론치와 비교한다.

실 험 결 과 보 고 서

실험일자	년 월 일( )
제출일자	년 월 일( )
실험제목	테브난의 정리
담당교수	

학 과	
조편성	
학 번	
성 명	

〈표 1〉 실험 ①

저 항	측정치	이론치
R_1		
R_2		
R_3		
R_4		
R_5		
R_6		
R_7		

〈표 2〉 실험 ②

파라미터	측정치	이론치
V_L		
I_L		

〈표 3〉 실험 ②

파라미터	측정치	이론치
V_{TH}		
R_{TH}		

[그림 1] 실험 ②

〈표 4〉 실험 ②

파라미터	이론치
V_L	
I_L	

〈표 5〉 실험 ③

파라미터	측정치
V_L	
I_L	

〈표 6〉 실험 ③

파라미터	측정치
V_{TH}	
R_{TH}	

[그림 2] 실험 ③

〈표 7〉 실험 ③

파라미터	이론치
V_L	
I_L	

〈표 8〉 실험 ④

파라미터	측정치	이론치
V_L		
I_L		

〈표 9〉 실험 ④

파라미터	측정치	이론치
V_{TH}		
R_{TH}		

[그림 3] 실험 ④

〈표 10〉 실험 ④

파라미터	이론치
V_L	
I_L	

토 의 내 용

실험 9

노턴의 정리

실험 목적

노턴의 정리(Norton's theorem)를 실험을 통해 이해하고 응용할 수 있는 능력을 키운다.

기초 이론

테브난의 정리와 유사하게 [그림 9-1(a)]의 회로에서 부하저항(R_L)을 중심으로 단자 a, b에서 왼쪽으로 본 복잡한 회로망은 [그림 9-1(b)]와 같이 하나의 전류원 I_N과 하나의 등가저항 $R_N(R_{TH})$이 병렬로 연결된 간단한 회로로 바꿀 수 있다. 이를 노턴의 정리라고 하며, I_N을 노턴 전류 또는 단락회로(SC : Short Circuit) 전류라고 한다. 노턴의 등가저항(R_N)은 실험 8에서 구한 테브난 저항(R_{TH})과 같다.

이 경우에도 [그림 9-1]의 두 회로의 부하저항(R_L)에 걸리는 전압 V_L과 흐르는 전류 I_L은 모두

$$V_L = I_N \times \frac{R_N \cdot R_L}{R_N + R_L} \tag{9-1}$$

$$I_L = I_N \times \frac{R_N}{R_N + R_L} \tag{9-2}$$

로서 동일하다. 노턴 전류(I_N)을 구하는 방법은 [그림 9-1(a)]에서 부하저항을 제거하고 단자 a, b를 단락하였을 때 두 단자 사이에 흐르는 전류이다.

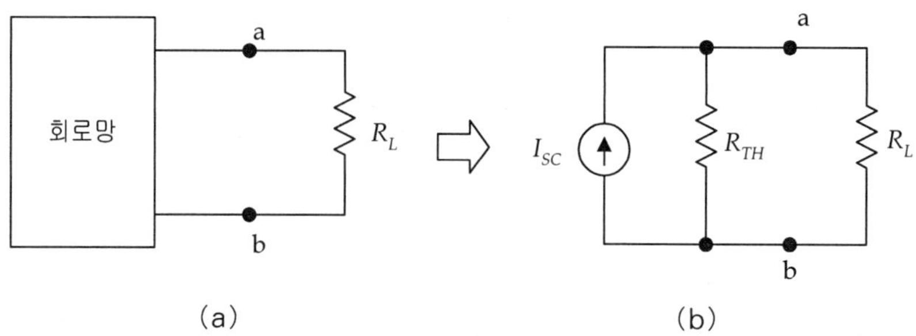

[그림 9-1] 노턴의 정리

여기서 테브난 전압 V_{TH}, 테브난 저항 R_{TH} 및 노턴 전류(I_N) 사이에는 다음의 관계가 성립한다.

$$I_N = \frac{V_{TH}}{R_{TH}} \tag{9-3}$$

소요 부품

품 목	정 격	소요량
저 항	180[Ω] 270[Ω] 390[Ω] 820[Ω] 1.5[kΩ] 2.7[kΩ] 4.7[kΩ]	각 1개

실험 방법

① 저항의 측정치 및 색 표시 방법에 의한 이론치를 〈표 1〉에 기록한다.

② 〈표 1〉의 저항을 이용하여 [그림 9-2]의 회로를 구성하고 아래의 실험을 수행한다. 단, 부하저항(R_L)은 R_4의 저항을 사용한다.

- 부하저항(R_L)에 걸리는 전압 V_L과 흐르는 전류 I_L의 측정치와 이론치를 〈표 2〉에 기록한다.
- 단자 a, b에서 노턴 전류(I_N) 및 노턴 저항(R_N)의 측정치와 이론치를 〈표 3〉에 기록한다.
- 노턴 등가회로를 실험 결과 보고서의 [그림 1]의 빈 공간에 도시한다.
- [그림 1]에서 부하저항(R_L)에 걸리는 전압 V_L과 흐르는 전류 I_L의 이론치를 〈표 4〉에 기록하고 이를 〈표 2〉의 이론치와 비교한다.

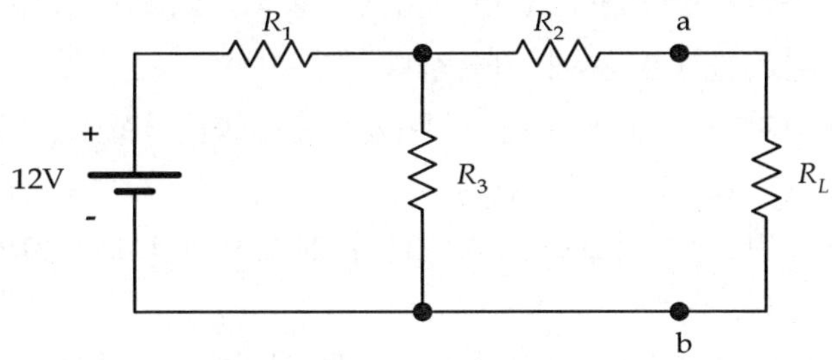

[그림 9-2] 회로도(I)

③ 〈표 1〉의 저항을 이용하여 [그림 9-3]의 회로를 구성하고 아래의 실험을 수행한다. 단, 부하저항(R_L)은 R_7의 저항을 사용한다.

- 부하저항(R_L)에 걸리는 전압 V_L과 흐르는 전류 I_L의 측정치를 〈표 5〉에 기록한다.
- 단자 a, b에서 노턴 전류(I_N) 및 노턴 저항(R_N)의 측정치를 〈표 6〉에 기록한다.
- 노턴 등가회로를 실험 결과 보고서의 [그림 2]의 빈 공간에 도시한다.

• [그림 2]에서 부하저항(R_L)에 걸리는 전압 V_L과 흐르는 전류 I_L의 이론치를 〈표 7〉에 기록하고 이를 〈표 5〉의 측정치와 비교한다.

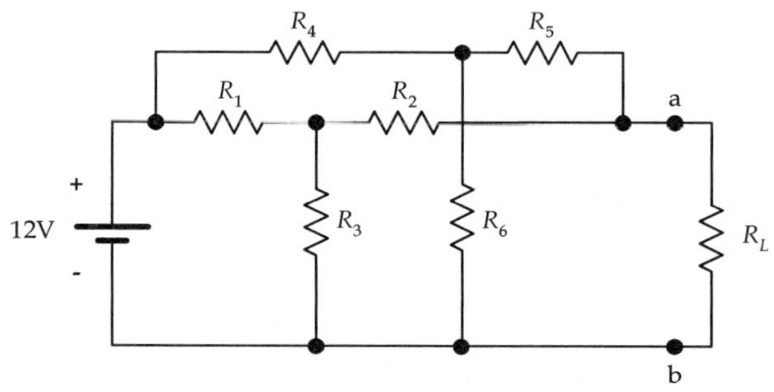

[그림 9-3] 회로도(Ⅱ)

④ 〈표 1〉의 저항을 이용하여 [그림 9-4]의 회로를 구성하고 아래의 실험을 수행한다. 단, 부하저항(R_L)은 R_6의 저항을 사용하시오.

• 부하저항(R_L)에 걸리는 전압 V_L과 흐르는 전류 I_L의 측정치와 이론치를 〈표 8〉에 기록한다.

• 단자 a, b에서 노턴 전류(I_N) 및 노턴 저항(R_N)의 측정치와 이론치를 〈표 9〉에 기록한다.

• 노턴 등가회로를 실험 결과 보고서의 [그림 3]의 빈 공간에 도시한다.

• [그림 3]에서 부하저항(R_L)에 걸리는 전압V_L과 흐르는 전류 I_L의 이론치를 〈표 10〉에 기록하고, 이를 〈표 8〉의 측정치와 비교한다.

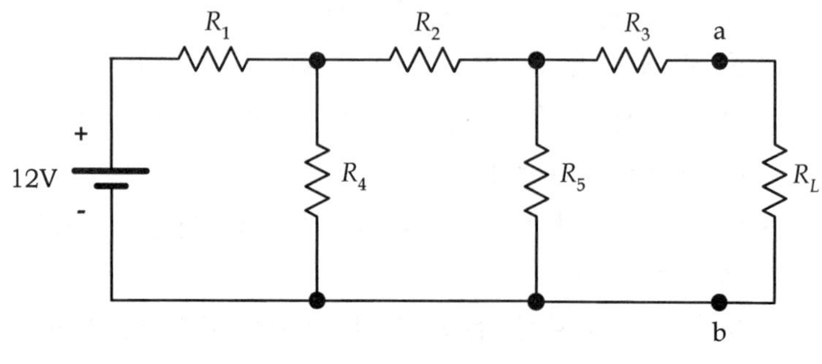

[그림 9-4] 회로도(Ⅲ)

실 험 결 과 보 고 서

실 험 일 자	년 월 일( )
제 출 일 자	년 월 일( )
실 험 제 목	노턴의 정리
담 당 교 수	

학 과	
조 편 성	
학 번	
성 명	

〈표 1〉 실험 ①

저 항	측정치	이론치
R_1		
R_2		
R_3		
R_4		
R_5		
R_6		
R_7		

〈표 2〉 실험 ②

파라미터	측정치	이론치
V_L		
I_L		

〈표 3〉 실험 ②

파라미터	측정치	이론치
I_N		
R_N		

[그림 1] 실험 ②

〈표 4〉 실험 ②

파라미터	이론치
V_L	
I_L	

〈표 5〉 실험 ③

파라미터	측정치
V_L	
I_L	

〈표 6〉 실험 ③

파라미터	측정치
I_N	
R_N	

[그림 2] 실험 ③

〈표 7〉 실험 ③

파라미터	이론치
V_L	
I_L	

〈표 8〉 실험 ④

파라미터	측정치	이론치
V_L		
I_L		

〈표 9〉 실험 ④

파라미터	측정치	이론치
I_N		
R_N		

[그림 3] 실험 ④

〈표 10〉 실험 ④

파라미터	이론치
V_L	
I_L	

토 의 내 용

실험 10

최대 전력 전달

실험 목적

부하저항에 전력을 공급할 때 효율에 대하여 알아보고, 부하저항에 전력이 최대로 전달되기 위한 조건을 알아보고 실험적으로 증명한다.

기초 이론

[그림 10-1]과 같은 간단한 회로에서 부하저항에 걸리는 전압은 전압 분배 법칙에 의하여

$$V_L = V_S \times \frac{R_L}{R_S + R_L} \tag{10-1}$$

이며, 흐르는 전류는

$$I_L = \frac{V_S}{R_S + R_L} \tag{10-2}$$

이다. 이때 부하에 전달되는 전력은

$$P_L = V_L I_L = \frac{V^2_{LR_L} = I^2_{R_L L}}{} \tag{10-3}$$

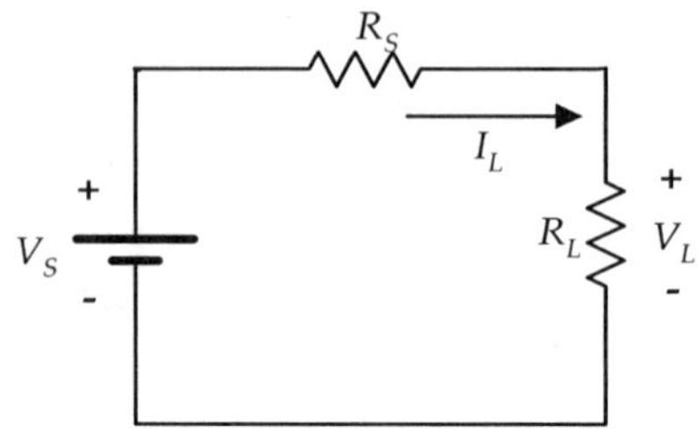

[그림 10-1] 간단한 직렬저항 회로

이며, 부하에 전력을 전달할 때 회로의 % 효율(efficiency) η는

$$\% \text{ 효율 } \eta = \frac{\text{부하 전력}}{\text{전원 전력}} \times 100 = \frac{P_L}{P_S} \times 100 \tag{10-4}$$

으로 주어진다. 부하에 전력이 최대로 전달되는 조건은 식 (10-3)에 식 (10-1) 또는 식 (10-2)를 대입하여 구한다. 식 (10-2)를 식 (10-3)에 대입하면

$$P_L = R_L I^2 = R_L\left(\frac{V_S}{R_S+R_L}\right)^2 = V_S^2 \frac{R_L}{(R_S+R_L)^2} \tag{10-5}$$

이므로, 여기서 부하저항 R_L에 대하여 부하전력 P_L의 최대값을 구하기 위하여 P_L을 R_L에 대하여 미분한 후에 0으로 놓으면

$$\frac{dP_L}{dR_L} = V_S^2 \frac{(R_S+R_L)^2 - 2(R_S+R_L)R_L}{(R_S+R_L)^2} = 0 \tag{10-6}$$

으로부터

$$R_L = R_S \tag{10-7}$$

이다. 즉, 부하저항이 전원저항과 같게 되어야 부하에 전력이 최대로 전달됨을 알 수 있다. 이때 부하전력의 최대값은

$$P_{L(\max)} = \frac{V_S^2}{4R_L} \tag{10-8}$$

이며, 전원에서 공급되는 전력은

$$P_S = V_S I_L = \frac{V_S^2}{2R_L} \tag{10-9}$$

이므로 % 효율은 식 (10-4)에 의하여 50%이다. 즉 부하저항에 전력이 최대로 전달되더라도 효율은 50%를 넘지 못한다.

소요 부품

품 목	정 격	소요량
저 항	2.2[kΩ] 3.3[kΩ] 4.7[kΩ]	각 1개
가변저항	10[kΩ]	1개

실험 방법

① [그림 10-2]의 회로를 구성하고 부하저항(R_L)을 〈표 1〉에 기록된 값으로 변화시키면서 부하전압(V_L) 및 부하전류(I_L)를 측정하고, 이를 이용하여 부하전력(P_L)과 전원전력(P_S) 및 효율(η)을 계산하여 기록한다.

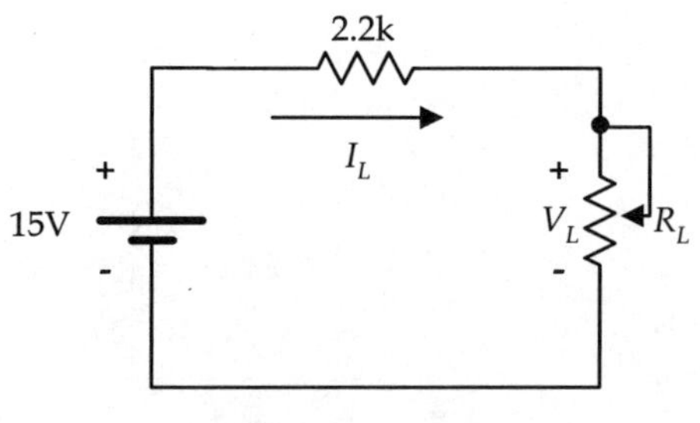

[그림 10-2] 회로도

② 〈표 1〉의 각 부하저항(R_L)에 대한 부하전력(P_L)을 [그림 1]의 그래프에 도시한다.

③ 실제로 부하전력이 최대가 될 때의 부하저항의 크기를 기록한다.

④ [그림 10-2]에서 2.2[kΩ]의 저항을 3.3[kΩ]으로 바꾸어 실험을 다시 수행하고, 그 결과를 〈표 2〉 및 [그림 2]에 기록한다.

실험결과보고서

실 험 일 자	년 월 일 ( )
제 출 일 자	년 월 일 ( )
실 험 제 목	최대 전력 전달
담 당 교 수	

학 과	
조 편 성	
학 번	
성 명	

〈표 1〉 실험 ①

부하저항 (R_L [kΩ])	**0.5**	**1.0**	**1.5**	**2.0**	**2.2**	**2.5**	**3.0**	**3.5**	**4.0**	**4.5**	**5.0**
부하전류(I_L)											
부하전압(V_L)											
부하전력(P_L)											
전원전력(P_S)											
효율(η)											

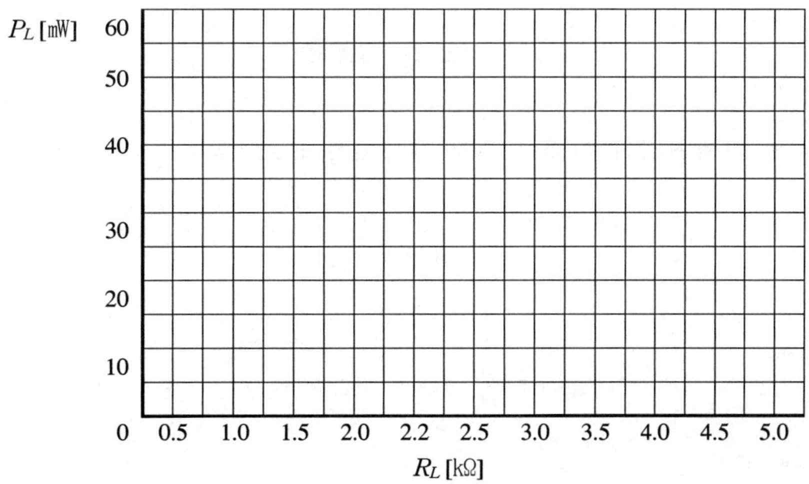

[그림 1] 실험 ②

※ 부하전력이 최대가 되는 부하저항의 크기는? ________ [kΩ]

〈표 2〉 실험 ④

부하저항 (R_L [kΩ])	**0.5**	**1.0**	**1.5**	**2.0**	**2.2**	**2.5**	**3.0**	**3.5**	**4.0**	**4.5**	**5.0**
부하전류(I_L)											
부하전압(V_L)											
부하전력(P_L)											
전원전력(P_S)											
효율(η)											

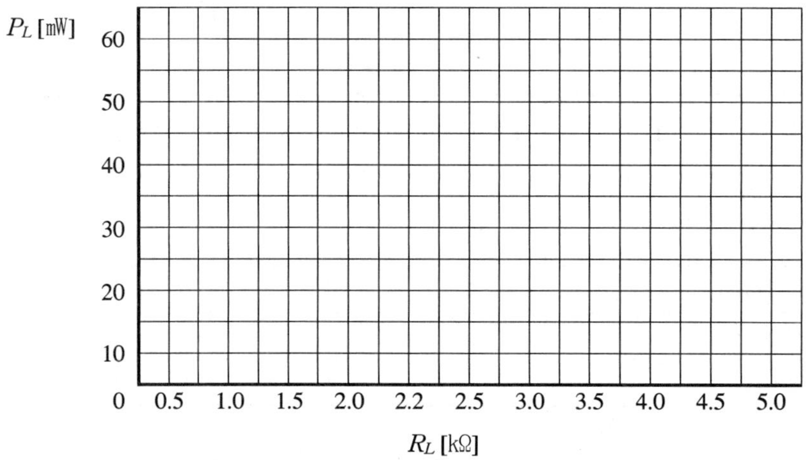

[그림 2] 실험 ④

※ 부하전력이 최대가 되는 부하저항의 크기는? ________ [kΩ]

토 의 내 용

실험 11

휘스톤 브리지

실험 목적

휘스톤 브리지(Whitstone bridge)의 원리를 이해하고 휘스톤 브리지를 이용하여 저항을 측정하는 방법을 익힌다.

기초 이론

지금까지 저항을 측정할 때에는 멀티미터를 이용하였다. 그러나 이 방법은 측정오차 및 멀티미터의 오차로 인하여 측정이 정확하지가 않다. 이러한 점을 극복한 것이 [그림 11-1]과 같은 휘스톤 브리지 회로를 이용하여 저항을 측정하는 것이다.

여기서, G는 검류계(galvanometer)로서 고감도로 전류를 측정하는 장치이다.

[그림 11-1]에서 검류계에 전류가 흐르지 않도록 가변저항(R_v)를 조절하면, 단자 a, b 사이의 전위차 V_{ab}는 0이 된다. 따라서

$$V_{ab}=\frac{R_v}{R_1+R_v}V-\frac{R_x}{R_2+R_x}V=0 \tag{11-1}$$

의 조건이 성립되어야 하므로 식 (11-1)로부터

$$R_1R_x = R_2R_v \tag{11-2}$$

이 성립한다. 이를 브리지의 평형조건이라고 한다. 여기서 측정하고자 하는 저항을 R_x 라고 하면, 식 (11-2)로부터

$$R_x = \frac{R_2}{R_1}R_v \tag{11-3}$$

과 같이 R_x 를 구할 수 있다.

실제의 휘스톤 브리지에서는 이 R_1, R_2, R_v 의 값을 여러 가지로 변화시킬 수 있도록 하여 측정 범위를 확대할 수 있다.

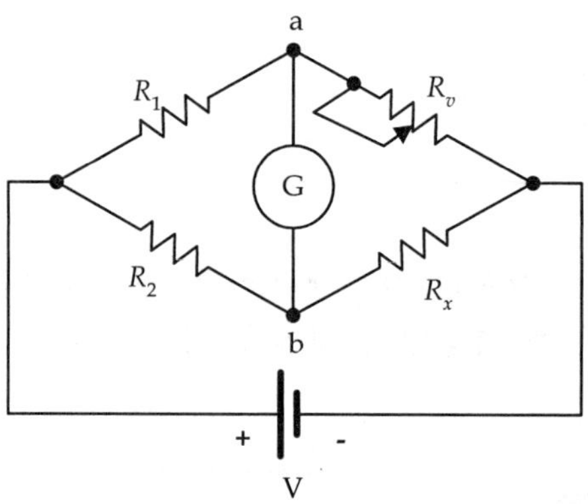

[그림 11-1] 휘스톤 브리지

소요 부품

품 목	정	격	소요량
저 항	510[Ω] 680[Ω] 3.3[kΩ] 5.6[kΩ]	560[Ω] 820[Ω] 4.7[kΩ] 6.2[kΩ]	각 1개
	1[kΩ] 2.2[kΩ]	1.5[kΩ] 2.7[kΩ]	각 2개
가변저항	5[kΩ]	10[kΩ]	각 1개

실험 방법

① [그림 11-2]의 회로를 저항 R_x를 제외하고 결선한다.

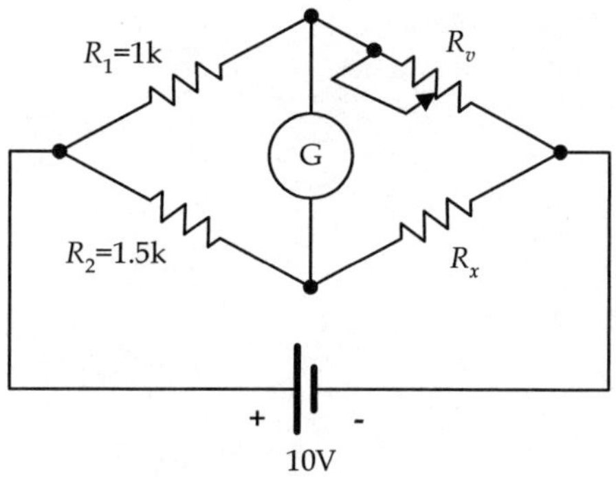

[그림 11-2] 회로도

② 저항 R_1과 R_2의 측정치를 〈표 1〉에 기록한다.

③ 〈표 2〉의 저항 R_x를 [그림 11-2]의 회로에 연결하고 검류계가 0을 나타내도록 가변저항(R_v)을 조절한다. 검류계가 없는 경우에는 전류계를 이용하여도 무방하나 오차에 주의해야 한다.

④ 가변저항(R_v)를 조절하여 검류계가 0을 나타낼 때마다 〈표 2〉의 내용을 기록한다. 여기서 식 (11-3)을 이용하여 저항 R_x를 계산하는 경우에 저항 R_1과 R_2의 값은 색 표시 방법에 의한 이론치가 아닌 〈표 1〉의 측정치를 이용한다.

⑤ [그림 11-2]의 회로에서 R_1은 2.2[kΩ], R_2는 2.7[kΩ]의 저항으로 바꾸고 R_v는 10[kΩ]의 가변저항으로 바꾸어 실험을 다시 수행하고, 그 결과를 〈표 3〉 및 〈표 4〉에 기록한다.

실 험 결 과 보 고 서

실 험 일 자	년 월 일 ( )
제 출 일 자	년 월 일 ( )
실 험 제 목	휘스톤 브리지
담 당 교 수	

학 과	
조 편 성	
학 번	
성 명	

〈표 1〉 실험 ②

저 항	측정치
R_1	
R_2	

〈표 2〉 실험 ④

저항(R_x)		510[Ω]	820[Ω]	1[kΩ]	1.5[kΩ]	2.2[kΩ]	2.7[kΩ]	3.3[kΩ]	4.7[kΩ]
가변저항 (R_v)	측정치								
저 항 (R_x)	측정치								
	계산치								

〈표 3〉 실험 ⑤

저 항	측정치
R_1	
R_2	

〈표 4〉 실험 ⑤

저항(R_x)		560[Ω]	680[Ω]	2.2[kΩ]	2.7[kΩ]	3.3[kΩ]	4.7[kΩ]	5.6[kΩ]	6.2[kΩ]
가변저항 (R_v)	측정치								
저 항 (R_x)	측정치								
	계산치								

토 의 내 용

실험 12

납땜 실습

실험 목적

납의 특성에 대하여 익히고, 전기 · 전자 · 통신 공학 실험과 산업 분야에서 필수적으로 사용되는 납땜 기술을 습득한다.

기초 이론

1. 납 땜

납땜은 부품과 부품을 전기적으로 서로 연결하는 과정이다. 그러므로 납땜이 잘못되면 전자기기가 부동작 또는 오동작하므로 본 실험을 통하여 기본적인 방법을 완전히 익혀두어야 한다.

〈표 12-1〉은 각종 납의 종류와 용도를 나타내고 있으며 우리가 흔히 사용하는 것은 전자기기의 배선용으로 만들어진 D급에 해당한다.

2. 납땜용 인두

인두는 막대 인두와 권총 인두가 있다. 권총 인두는 사용할 경우에만 스위치를 닫아주기 때문에 전력소모를 줄일 수 있으나 팁(tip)에는 강한 전류가 흐르고 있기 때문에 MOSFET 소자 등의 납땜에는 적당하지 않은 경우도 있다. 따라서 전력소모를 제외하면 막대 인두가 작업시간이나 안정성을 고려할 때 우수한 특성을 나타낸다. 인두의 팁은 대개 구리(Cu)로 되어 있기 때문에 표면이 산화되면 열의 전달이 나빠지므로 이를 제거한 후에 사용하여야 한다.

〈표 12-1〉 각종 납의 종류와 용도

종별	성분 [%]		융해 온도 [℃]		용 도
	주석	납	고 상	액 상	
A	95	5	183	280～227	고온용, 식기용
B	67	33	〃	180～190	납피복, 통조림용
C	63	37	〃	183～187	커패시터의 내부접속, 온도조건이 정확한 것
D	60	40	〃	185～195	조립 배선용
E	55	45	〃	198～207	일반용
F	53	47	〃	203～212	일반용
G	50	50	〃	210～219	가정 공작용
H	45	55	〃	222～231	지붕용, 라디에이터용
I	40	60	〃	234～242	수도관용
J	37	63	〃	240～248	토치용
K	30	70	〃	254～263	토치용
L	26	74	〃	262～270	전구의 베이스, 피복용
M	20	80	〃	274～287	자동차 판금 충전용

3. 납땜 순서

① 표면 처리 : 납땜하려고 하는 금속 표면의 각종 오염물을 제거하는 작업을 말하며 일반적으로 줄이나 샌드페이퍼 또는 플럭스를 이용한다. 플럭스에는 염산 계통과 송진 계통이 있는데 주로 송진 계통을 많이 이용한다.

② 예비 납땜 : 납이 붙기 어려운 재료이거나 여러 개를 동시에 납땜할 경우에는 각각의 재료에 미리 약간의 납을 입혀두는 과정이다.
③ 와이어와 와이어는 반드시 맞붙여서 꼬아둔다.
④ 프린트 기판과 와이어는 프린트 기판에서 와이어가 이탈하지 않도록 와이어를 구부려 놓는다.
⑤ 프린트 기판과 부품은 일반적으로 부품이 이탈하지 않도록 부품의 리드선을 약간 구부려 놓는다.
⑥ 인두 끝과 납으로 납땜할 부분을 가리킨다.
⑦ 납땜할 부분을 인두로 먼저 가열시킨다.
⑧ 납을 대어 녹인다.
⑨ 납을 뗀다.
⑩ 인두를 뗀다.
⑪ 납땜된 표면의 상태를 확인한다. 납땜의 상태가 [그림 12-1]에서 (c)와 같은 경우가 바르게 된 것이고 (a)나 (b)는 불량한 상태이다.

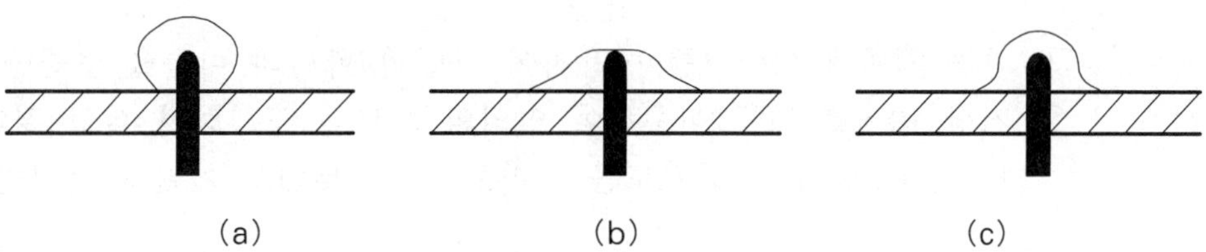

[그림 12-1] 납땜의 상태

4. 납빨이의 사용

납땜한 부품을 기판 등에서 떼어내고 싶을 때, 특히 IC 칩 등을 떼어낼 때는 납을 빨아내는 도구가 필요하다. 납빨이도 용수철과 공기압을 이용하는 수동식과 진공 청소기의 원리를 이용한 자동식이 있으며 기판을 손상시키지 않고 납만 제거할 수 있도록 연습하여야 한다.

소요 부품

품 목	정 격	소요량
저 항	임의	총 10개
인 두	30[W]	1개
롱-노즈드 플라이어	-	1개
와이어 스트리퍼/커터	-	1개
땜납, 리드선	-	약간
기 판	-	1개

실험 방법

① 만능 기판에 와이어를 이용하여 자신의 학번과 이름을 납땜한다.

② 저항 10개를 모두 이용하여 임의의 회로를 구성하여 실험 결과 보고서의 [그림 1]에 회로도를 그리고, 이를 토대로 기판에 납땜한다.

실 험 결 과 보 고 서

실 험 일 자	년 월 일( )
제 출 일 자	년 월 일( )
실 험 제 목	납땜 실습
담 당 교 수	

학 과	
조 편 성	
학 번	
성 명	

[그림 1] 실험 ②

토 의 내 용

실험 13

R-C 직렬회로

실험 목적

R-C 직렬회로에서 주파수 변화에 따른 리액턴스의 변화 및 교류신호에 대한 전류와 전압의 위상 관계를 이해하고, 임피던스와 위상각의 변화에 대하여 숙지한다.

기초 이론

1. 콘 덴 서

실제로 충전된 커패시터는 일시적인 배터리(battery)인데, 이 커패시터가 저장할 수 있는 단위 전압당 전하량을 커패시턴스(capacitance : 이하 'C'로 표현)라 하고, 단위는 [F]로 표기하여 '패럿(farad)'이라고 지칭한다. 즉 C는 전하를 저장할 수 있는 커패시터의 능력의 크기라 할 수 있다. 이 C값을 전하량 및 전압과의 관계로 나타내면 다음과 같은 공식으로 서술된다.

$$C = \frac{Q}{V},\ Q = CV,\ V = \frac{Q}{C} \tag{13-1}$$

한편, 커패시터는 '콘덴서(condenser)'라고도 하는데, 콘덴서는 양쪽 방향에 대해서 동작하는 세라믹 콘덴서와 한쪽 방향에 대해서만 동작하는 전해 콘덴서가 있으며, 고정과 가변으로 나누어 [그림 13-1]과 같이 나타내어진다.

(a) 고정 (b) 가변

[그림 13-1] 고정 및 가변 콘덴서의 기호

2. *R-C* 직렬회로

[그림 13-2]와 같은 *R-C* 직렬회로에서 임피던스(impedance : 이하 'Z'으로 표현)는 저항과 용량성 리액턴스(reactance : 이하 'X_C'로 표현)에 의해 구해지며 이를 직각좌표 형태로 나타내면,

$$X_C = \frac{1}{\omega C} = \frac{1}{2\pi f C} \tag{13-2}$$

$$\boldsymbol{Z} = R - jX_C \tag{13-3}$$

로 되며, 여기서 Z 및 X_C의 단위는 [Ω]이다. 한편, Z의 크기는 식(13-4)와 같이 벡터의 합성으로 구할 수 있다.

$$Z = \sqrt{R^2 + X_C^2} \tag{13-4}$$

또한, 위상각 Θ는 삼각함수를 이용하면 다음과 같이 표시된다. (제4 사분면에 존재)

$$\theta = -\tan^{-1}\left(\frac{X_C}{R}\right) \tag{13-5}$$

식 (13-4) 및 (13-5)를 이용하여 극좌표 형태로 Z을 나타내면 다음과 같다.

$$\boldsymbol{Z} = Z\angle\theta = \sqrt{R^2 + X_C^2}\ \angle -\tan^{-1}\left(\frac{X_C}{R}\right) \tag{13-6}$$

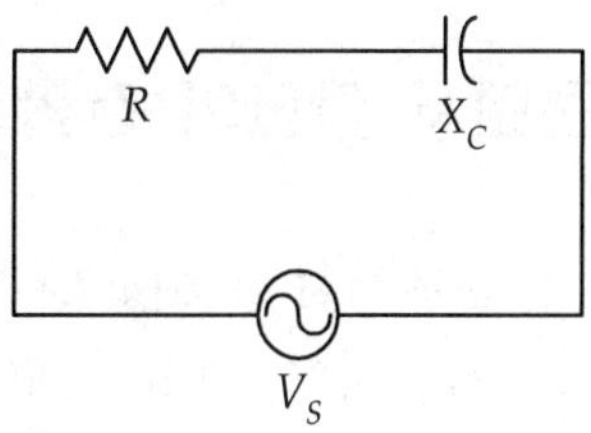

[그림 13-2] R-C 직렬회로

소요 부품

품　　목	정　　　　　격	소요량
히터트랜스	6[Vrms]	1대
콘덴서	0.01[μF], 0.02[μF], 0.047[μF]	각 1개
저　항	20[kΩ], 47[kΩ], 100[kΩ] / ½[W]	각 1개

실험 방법

1. 콘덴서의 커패시턴스 값 측정

① 전원 V_S는 히터트랜스를 이용하여 V_S=6[Vrms]로 하고(주파수는 60[Hz]), R은 100[kΩ]으로 하고, 콘덴서는 0.01[μF]으로 하여 [그림 13-2]와 같이 결선한다.

② 오실로스코프를 이용하여 R 및 C 양단의 첨두 대 첨두 전압을 측정하여 〈표 1〉에 각각 기록한다.

③ 아래의 식을 이용하여 C 값을 계산하여 〈표 1〉에 기록한다.

$$C = \frac{1}{2\pi f R}\frac{V_R}{V_C} \quad [F] \quad ;\ \text{측정치}$$

④ 콘덴서를 0.022[μF]으로 대체하여 실험 ①~③ 과정을 반복한다.

⑤ 콘덴서를 0.047[μF]으로 대체하여 실험 ①~③ 과정을 반복한다.

2. 저항 양단 및 콘덴서 양단의 전압과 합성전압 측정

① [그림 13-2]에서 콘덴서는 0.02[μF], 저항은 100[kΩ]으로 결선한다.
② 오실로스코프를 이용하여 저항 양단의 첨두 대 첨두치를 측정하여 〈표 2〉에 기록한다.
③ 오실로스코프를 이용하여 콘덴서 양단의 첨두 대 첨두치를 측정하여 〈표 2〉에 기록한다.
④ 아래의 식에 의해 V_S를 계산하여 〈표 2〉에 기록한다.

$$V_S = \sqrt{V_R^2 + V_C^2} \quad ;\ 측정치$$

⑤ 콘덴서를 0.047[μF]으로 대체하여 실험 ①~④ 과정을 반복한다.

3. 교류전류 및 임피던스 측정

① 전원 V_S는 히터트랜스를 이용하여 V_S=6[Vrms]로 하고(주파수는 60[Hz]), R은 20[kΩ]으로 하고, 콘덴서는 0.047[μF]으로 하여 [그림 13-2]와 같이 결선한다.
② 저항기의 첨두 대 첨두전압을 측정하여 〈표 3〉에 기록한다.
③ 아래의 식에 의해 교류전류를 계산하여 〈표 3〉에 기록한다.

$$I = I_R = \frac{V_R}{R} \left(= I_C = \frac{V_C}{X_C} \right)$$

④ 아래의 식에 의해 Z를 계산하여 〈표 3〉에 기록한다.

$$Z = \frac{V_S}{I} = \frac{V_S}{I_R} = \frac{V_S}{I_C}$$

⑤ 저항을 47[kΩ]으로 대체하여 실험 ①~③ 과정을 반복한다.
⑥ 저항을 100[kΩ]으로 대체하여 실험 ①~③ 과정을 반복한다.

4. 위상차 측정

① 전원 V_S는 히터트랜스를 이용하고 R은 47[kΩ]으로 하고, 콘덴서는

0.047[μF]으로 하여 [그림 13-2]와 같이 결선한다.

② 오실로스코프를 이용하여 전원전압(V_S)과 콘덴서 전압(V_C)을 화면 상에 비교하여 나타내고, 그 파형을 실험 결과 보고서의 [그림 1]에 도시한다.

③ 두 파형으로부터 전원전압과 콘덴서 전압 사이의 위상차를 구한다.

$\theta_S - \theta_C =$ ____________[°]

실 험 결 과 보 고 서

실 험 일 자	년 월 일( )		학 과	
제 출 일 자	년 월 일( )		조 편 성	
실 험 제 목	*R-C* 직렬회로		학 번	
담 당 교 수			성 명	

■ 실험 결과

(1) 콘덴서의 커패시턴스 값 측정

〈표 1〉 콘덴서의 커패시턴스 값 측정

콘덴서의 표시치 C [μF]	저항 양단 전압 V_R [$V_{p\text{-}p}$]	콘덴서 양단 전압 V_C [$V_{p\text{-}p}$]	콘덴서의 측정치 [μF]	오차 [%] (측정치/표시치)
0.01				
0.02				
0.047				

(2) 저항 양단 및 콘덴서 양단의 전압과 합성전압 측정

〈표 2〉 저항 양단 및 콘덴서 양단의 전압과 합성전압 측정

콘덴서 C [μF]	저항 양단 전압 V_R [$V_{p\text{-}p}$]	콘덴서 양단 전압 V_C [$V_{p\text{-}p}$]	합성전압 V_S [$V_{p\text{-}p}$]	오차 [%] (측정치/이론치)
0.022				
0.047				

(3) 교류전류 및 임피던스 측정

〈표 3〉 교류전류 및 임피던스 측정

저항값 R[kΩ]	저항 양단 전압 V_R[$V_{p\text{-}p}$]	전류 I[mA]	임피던스 Z_T[Ω] (이론치)	임피던스 Z[Ω] (측정치)	오차 [%] (측정치/이론치)
20					
47					
100					

(4) 위상차 측정

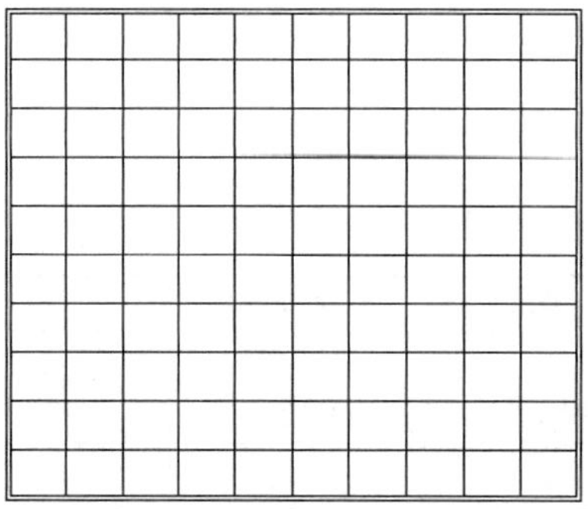

채널 A
(전원전압)

채널 B
(콘덴서 전압)

[그림 1] 위상차 측정

$\theta_S - \theta_C$(이론치) = ________[°]

$\theta_S - \theta_C$(측정치) = ________[°]

오차 = ________[%]

토 의 내 용

실험 14

R-L 직렬회로

실험 목적

R-L 직렬회로에서 주파수 변화에 따른 리액턴스의 변화 및 교류신호에 대한 전류와 전압의 위상 관계를 이해하고, 임피던스와 위상각의 변화에 대하여 숙지한다.

기초 이론

1. 인 덕 터

인덕터(inductor)는 기본적으로 전선의 코일(coil)인데, 이 코일은 저항과는 달리 시간적으로 일정한 전류가 흘렀을 때 유도전압은 존재하지 않으나 교류와 같이 시간적으로 변하는 전류에 대해서는 유도전압이 생성된다. 인덕터의 크기를 인덕턴스(inductance : 이하 'L'로 표현)라 하고, 단위는 [H]로 표기하여 '헨리(Henry)'라고 지칭한다. 인덕터 양단에 걸리는 유도전압(v_i)은 L과 d_i/d_t에 비례하여 다음과 같은 공식으로 서술된다.

$$v_i = L\left(\frac{d_i}{d_t}\right) \tag{14-1}$$

한편 인덕터는 고정과 가변으로 나누어 [그림 14-1]과 같이 나타낼 수 있고, 고정과 가변 인덕터는 코어 물질의 형태에 따라 [그림 14-2]와 같이 공심 코어, 철심 코어, 페라이트 코어로 분류된다.

(a) 고정 (b) 가변

[그림 14-1] 고정 및 가변 인덕터의 기호

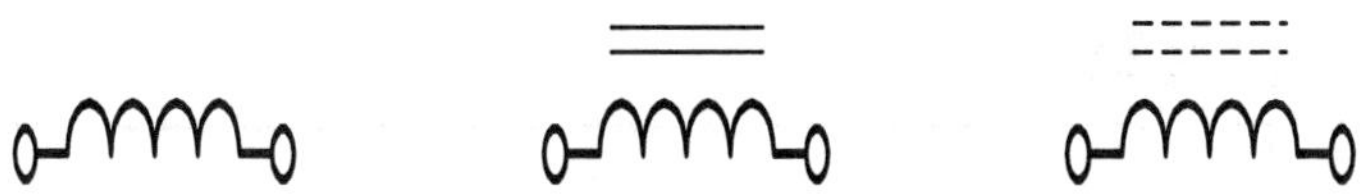

(a) 공심 코어 (b) 철심 코어 (c) 페라이트 코어

[그림 14-2] 코어 물질의 형태에 따른 인덕터의 기호

2. *R-L* 직렬회로

[그림 14-3]과 같은 *R-L* 직렬회로에서 임피던스(impedance : 이하 'Z'으로 표현)는 저항과 유도성 리액턴스(reactance : 이하 'X_L'로 표현)에 의해 구해지며 이를 직각좌표 형태로 나타내면,

$$X_L = \omega L = 2\pi f L \tag{14-2}$$

$$\boldsymbol{Z} = R + jX_L \tag{14-3}$$

로 되며, 여기서 Z 및 X_L의 단위는 [Ω]이다. 한편, Z의 크기는 식 (14-4)와 같이 벡터의 합성으로 구할 수 있다.

$$Z = \sqrt{R^2 + X_L^2} \tag{14-4}$$

또한, 위상각 θ는 삼각함수를 이용하면 다음과 같이 표시된다. (제1사분면에 존재)

$$\theta = \tan^{-1}\left(\frac{X_L}{R}\right) \tag{14-5}$$

식 (14-4) 및 (14-5)를 이용하여 극좌표 형태로 Z을 나타내면 다음과 같다.

$$\boldsymbol{Z} = Z\angle\theta = \sqrt{R^2 + X_L^2}\ \angle\tan^{-1}\left(\frac{X_L}{R}\right) \tag{14-6}$$

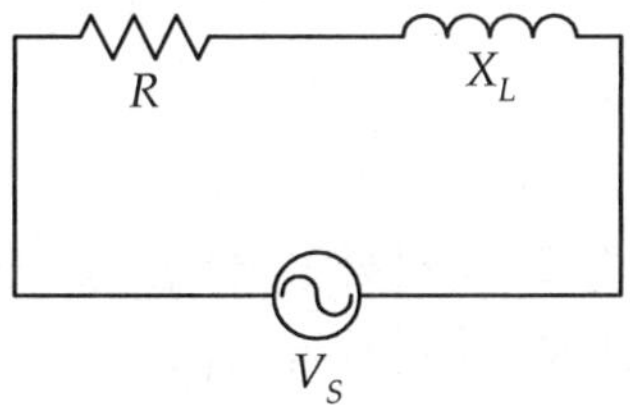

[그림 14-3] *R-L* 직렬회로

소요 부품

품 목	정 격	소요량
코 일	15[mH], 20[mH], 68[mH]	각 1개
가변 저항기	1[kΩ] / 1[W]	1개
저 항	330[Ω] / ½[W]	1개

실험 방법

1. 코일의 인덕턴스 값 측정

① 전원 V_S는 함수 발생기를, R은 1[kΩ]/1[W] 가변저항을, 코일은 15[mH]를 각각 이용하여 [그림 14-3]과 같이 결선한다.

② 오실로스코프의 양 채널을 R 및 L 양단에 각각 연결한다.
③ 함수 발생기를 조절하여 주파수는 1[㎑], 출력전압 V_S는 3[$V_{p\text{-}p}$]로 맞춘다.
④ 가변 저항기를 좌우로 돌려 저항단의 전압과 코일단의 전압이 같아지는 점을 찾아서 그때의 가변 저항값을 측정하여 〈표 1〉에 기록한다. ☜ 저항기를 회로에서 떼어내어 측정할 것!
⑤ $R=2\pi fL$일 때 전압이 같아지므로 아래의 식을 이용하여 L값을 계산하여 〈표 1〉에 기록한다.

$$L=\frac{R}{2\pi f} \quad [\mathrm{H}]$$

⑥ 코일을 20[mH]로 대체하여 실험 ①~⑤ 과정을 반복한다.
⑦ 코일을 68[mH]로 대체하여 실험 ①~⑤ 과정을 반복한다.

2. 저항 양단 및 코일 양단의 전압과 합성전압 측정

① [그림 14-3]에서 코일을 20[mH]로, 저항을 330[Ω]으로 결선한다.
② 함수 발생기를 조절하여 주파수는 1[㎑], 출력전압 V_S는 첨두 대 첨두치를 3[$V_{p\text{-}p}$]로 맞춘다.
③ 오실로스코프를 이용하여 저항 양단의 첨두 대 첨두치를 측정하여 〈표 2〉에 기록한다.
④ 오실로스코프를 이용하여 코일 양단의 첨두 대 첨두치를 측정하여 〈표 2〉에 기록한다.
⑤ 아래의 식에 의해 V_S를 계산하여 〈표 2〉에 기록한다.

$$V_S=\sqrt{V_R^2+V_L^2}$$

⑥ 코일을 68[mH]로 대체하여 실험 ①~⑤ 과정을 반복한다.

3. 교류전류 및 임피던스 측정

① 주파수 1[㎑]에 해당하는 X_L값을 계산하여 〈표 3〉에 기록한다.
② 〈표 2〉에 기록한 결과를 이용하여 아래의 식에 의해 교류전류를

계산하여 〈표 3〉에 기록한다.

$$I = I_R = \frac{V_R}{R}\left(= I_L = \frac{V_L}{X_L}\right)$$

③ 〈표 2〉에 기록한 결과를 이용하여 아래의 식에 의해 Z를 계산하여 〈표 3〉에 기록한다.

$$Z = \frac{V_S}{I} = \frac{V_S}{I_R} = \frac{V_S}{I_L}$$

④ 코일을 68[mH]로 대체하여 실험 ①~③ 과정을 반복한다.

4. 위상차 측정

① 전원 V_S는 함수 발생기를, R은 1[kΩ]/1[W] 가변저항을, 코일은 68[mH]를 각각 이용하여 [그림 14-3]과 같이 결선한다.

② 함수 발생기를 조절하여 주파수는 1[㎑], 출력전압 V_S는 3[$V_{p\text{-}p}$]로 맞춘다.

③ 오실로스코프를 이용하여 전원전압(V_S)과 코일 전압(V_L)을 화면상에 비교하여 나타내고, 그 파형을 아래의 [그림 1]에 도시한다.

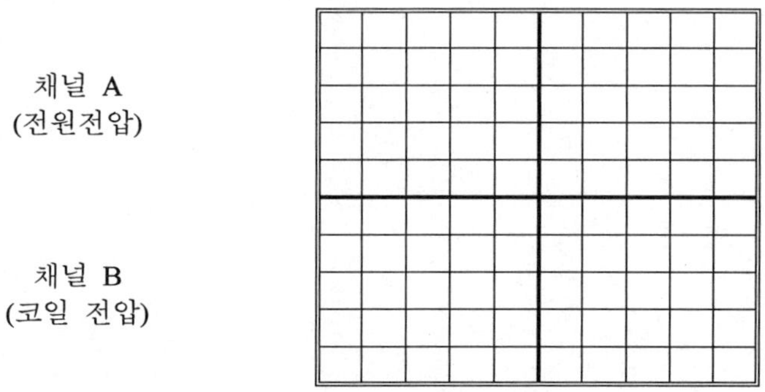

[그림 1] 위상차 측정

④ 두 파형으로부터 전원전압과 코일 전압 사이의 위상차를 구한다.

$\theta_L - \theta_C =$ ________[°]

실 험 결 과 보 고 서

실 험 일 자	년　월　일( )		학　과	
제 출 일 자	년　월　일( )		조 편 성	
실 험 제 목	*R-L* 직렬회로		학　번	
담 당 교 수			성　명	

■ 실험 결과

(1) 코일의 인덕턴스 값 측정

〈표 1〉 코일의 인덕턴스 값 측정

코일의 표시치 L [mH]	가변 저항값 R [Ω]	측정된 인덕턴스 값 [mH]	오차 [%] (측정치/표시치)
15			
20			
68			

(2) 저항 양단 및 코일 양단의 전압과 합성전압 측정

〈표 2〉 저항 양단 및 코일 양단의 전압과 합성전압 측정

코일의 표시치 L [mH]	저항 양단전압 V_R [V_{p-p}]	코일 양단전압 V_L [V_{p-p}]	합성전압 V_S [V_{p-p}]	오차 [%] (측정치/이론치)
20				
68				

(3) 교류전류 및 임피던스 측정

〈표 3〉 교류전류 및 임피던스 측정

저항값 $R[\Omega]$	인덕턴스값 L[mH]	리액턴스 $X_L[\Omega]$	전류 I[㎃]	임피던스 $Z_T[\Omega]$ (이론치)	임피던스 $Z[\Omega]$ (측정치)	오차 [%] (측정치/이론치)
330	20					
330	68					

(4) 위상차 측정

채널 A
(전원전압)

채널 B
(코일 전압)

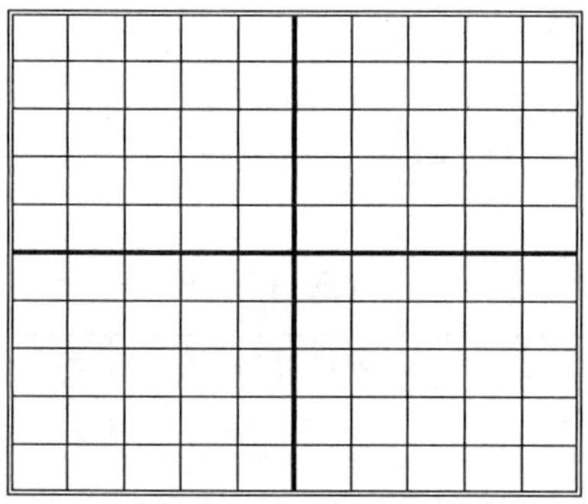

[그림 1] 위상차 측정

$\theta_L - \theta_C$(이론치) = ________[°]

$\theta_L - \theta_C$(측정치) = ________[°]

오차 = ________[%]

토 의 내 용

실험 15

R−C 회로의 과도응답

실험 목적

R-C 회로에서 콘덴서의 충전 및 방전 특성을 이해하고, 콘덴서의 값에 대한 그 응답시간의 변화 양상을 숙지한다.

기초 이론

[그림 15-1]과 같은 R-C 직렬회로에서 스위치 SW가 a점에 연결되어 있는 상태에서 $t=0$인 순간에 스위치 SW가 b점으로 접속되었을 때의 콘덴서 양단전압의 변화에 대해서 살펴보면, 스위치 S가 a점에 연결되어 있는 상태(충전상태)에서는 콘덴서에 전원전압과 크기가 같은 기전력이 축적되며, 전류는 반대 방향으로 맞서기 때문에 더 이상의 전류는 흐르지 못한다.

한편, 커패시터 전압의 일반적인 표현은 다음의 방정식으로 주어진다.

$$v(t) = V_F + (V_i - V_F)e^{-t/\tau} \tag{15-1}$$

여기서, V_F 및 V_i는 각각 최종 전압과 초기 전압이고, τ를 시정수라 하며 다음과 같은 관계를 갖는다.

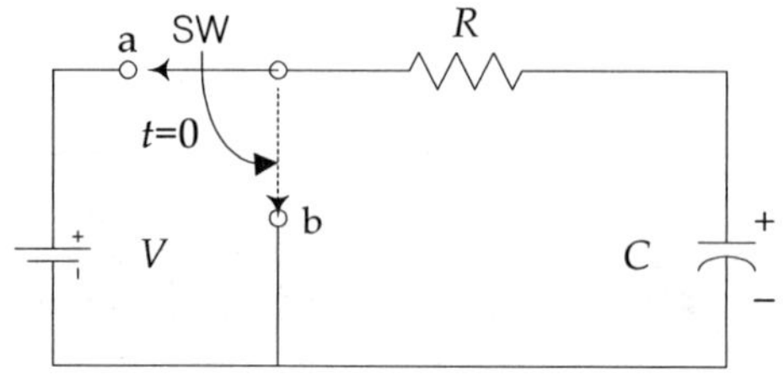

[그림 15-1] 적용된 *R-C* 직렬회로

$$\tau = RC \tag{15-2}$$

식 (15-1)에서 초기 전압(V_i)이 0인 경우(충전곡선)에는

$$v(t) = V_F - V_F e^{-t/\tau} = V_F(1 - e^{-t/\tau}) \tag{15-3}$$

이 되며, 또한 V_F가 0인 경우(방전곡선)에는

$$v(t) = V_i\, e^{-t/\tau} = V_i\, e^{-t/RC} \tag{15-4}$$

로 되는데 이를 그래프로 그리면 [그림 15-2]와 같은 지수함수적인 형태를 갖는다.

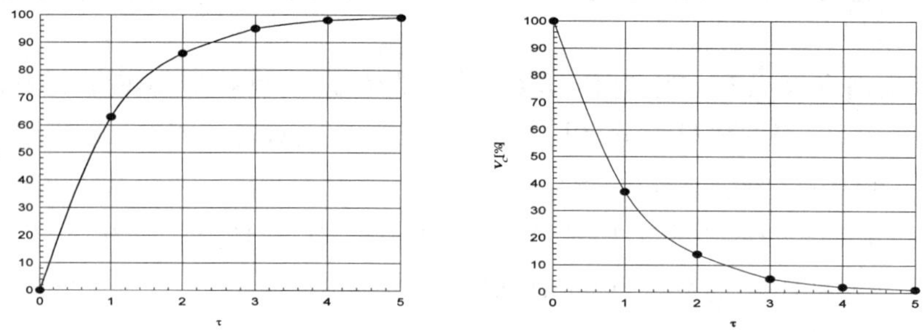

(a) 충전곡선　　　　(b) 방전곡선

[그림 15-2] *R-C* 회로의 충전 및 방전 곡선

또한, 식 (15-4)에서 $t=\tau$일 때는

$$v(t) = V_i e^{-\tau/\tau} \cong 0.368\, V_i \tag{15-5}$$

로서 시간이 시정수만큼 흐르면 초기값 V_i의 36.8[%] 점에 도달하게 된다. 충전 시에는 최종값의 63.2[%] 되는 부분이 시정수가 된다. 또한, 최종값의 90[%]까지를 과도기(transient period)라고 하며, 90[%]를 넘어서는 시점부터 안정기(static period)라고 한다.

여기에서 과도기 T_t 는,

$$e^{-T_t/\tau} = 0.1 \tag{15-6}$$

로부터,

$$T_t = 2.3\,\tau \tag{15-7}$$

이다. 따라서 이와 같이 시정수를 알면 회로의 응답시간을 유추할 수 있다.

소요 부품

품　　목	정　　　　격	소요량
전해 콘덴서	0.47[μF]	1개
가변저항	500[Ω] / 1[W]	1개
저　항	330[Ω] / ½[W]	1개

실험 방법

1. 콘덴서의 충전 및 방전 특성 측정

① 전원 $v_S(t)$를 구형파로 하여 가변 저항기(500[Ω]/1[W])를 이용하고, 전해 콘덴서는 0.47[μF]으로 하여 [그림 15-3]과 같이 결선한다.

② 오실로스코프의 채널 A를 단자 a-n에 연결한 후, 구형파 전압이 5[V_{p-p}]가 되도록 조절하고, 주파수는 500[Hz]에 맞춘다. ☜ 양극전압을 5[V]로, 음극전압을 0[V]로 각각 놓는다.

③ 오실로스코프의 다른 채널 B를 단자 b-n에 연결한다. ☜ 입력 선택 스위치는 'DC'로 놓는다.

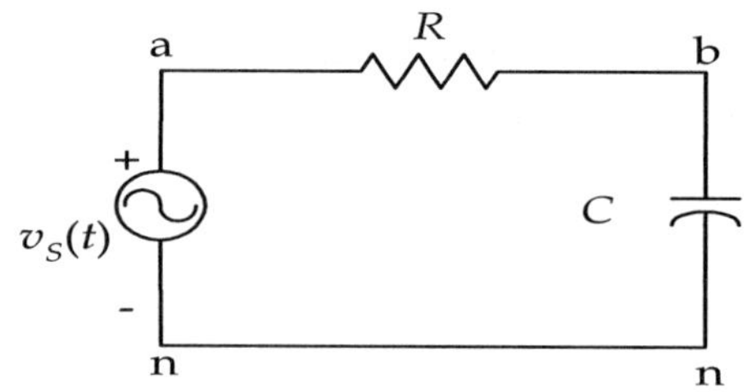

[그림 15-3] 과도응답 측정 회로

④ 가변저항을 좌우로 돌리면서 콘덴서 양단의 파형 변화를 관찰하여 저항값이 약 30[Ω]일 때(작을 때)의 파형과 저항값이 약 500[Ω]일 때(최대일 때)의 파형을 입력파형과 함께 각각 [그림 1]에 그린다.

⑤ [그림 1]을 이용하여 각 경우에 대한 시정수의 계산치와 측정치를 다음의 〈표 1〉에 각각 기록한다.

2. 콘덴서의 충전 시정수 측정

① [그림 15-3]의 회로에서 가변저항을 고정저항(330[Ω]/½[W])으로 대체한다.

② 입력 구형파의 반주기를 계산한다.

T/2 = ________[μs]

③ 저항값과 콘덴서값을 곱하여 시정수 계산치(τ_C)를 도출하여 〈표 2〉에 기록한다.

④ 콘덴서의 전압이 3.15[V]로 상승할 때(최종 전압의 63.2[%]에 해당)까지의 시정수를 측정하여 〈표 2〉에 기록한다.

3. 콘덴서의 방전 시정수 측정

① 콘덴서의 전압이 1.84[V]로 하강할 때(초기 전압의 36.8[%]에 해당)까지의 시정수를 측정하여 〈표 2〉에 기록한다.

4. 콘덴서의 충전 시 과도기의 측정

① 식 (15-7)을 이용하여 과도기 시간을 계산하여 〈표 3〉에 기록한다.
② 콘덴서의 전압이 4.5[V]로 상승할 때(최종 전압의 90[%]에 해당)까지의 시간을 측정하여 〈표 3〉에 기록한다.

실 험 결 과 보 고 서

실 험 일 자	년 월 일( )
제 출 일 자	년 월 일( )
실 험 제 목	*R-C* 회로의 과도응답
담 당 교 수	

학 과	
조 편 성	
학 번	
성 명	

■ 실험 결과

(1) 콘덴서의 충전 및 방전 특성 측정

채널 A

채널 B

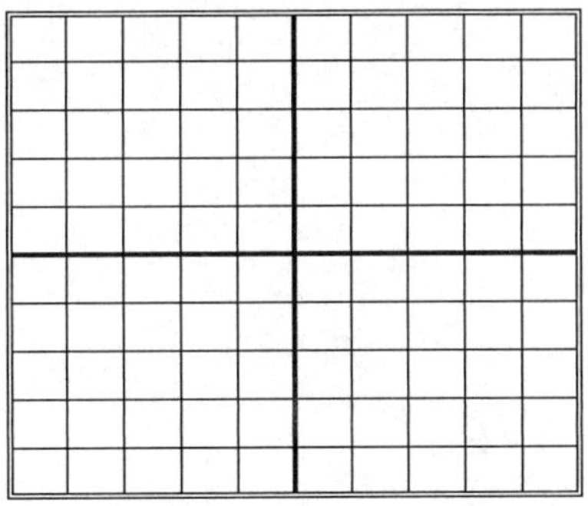

(a) $R \cong 30$〔Ω〕일 때(작을 때)

채널 A

채널 B

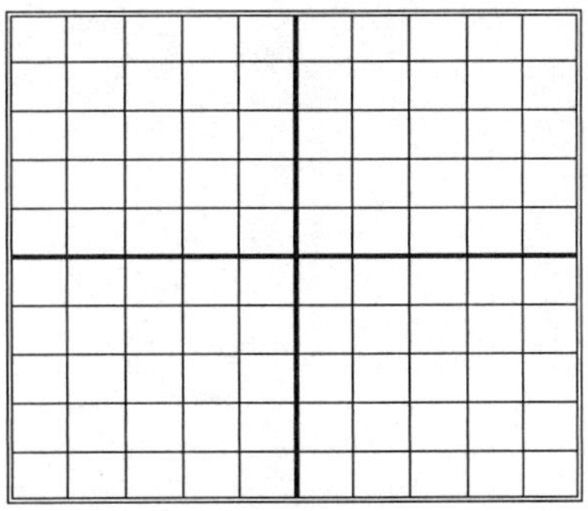

(b) $R \cong 500$〔Ω〕일 때(최대일 때)

[그림 1] 구형파 입력에 대한 과도응답

〈표 1〉 저항값에 따른 시정수

저항값 *R* [Ω]	커패시턴스 [μF]	시정수 계산치 [μs]	시정수 측정치 [μs]	오 차 [%]

(2) 콘덴서의 충전 시정수 및 방전 시정수 측정

〈표 2〉 충전 및 방전 시정수

구　분	시정수 계산치 τ_C	시정수 측정치 τ_T	오　차 [%]
충　전		τ_{TR}	
방　전		τ_{TF}	

(3) 콘덴서의 충전 시 과도기의 측정

〈표 3〉 충전시의 과도기

시정수 계산치 τ_C	과도기 계산치 T_t	과도기 측정치 T_{tT}	오　차 [%]

토 의 내 용

실험 16

R-L-C 직렬공진회로

실험 목적

R-L-C 직렬공진회로(serial resonant circuit)에서 주파수 변화에 따른 각 소자의 전압 특성을 이해하고, 선택도 인자 및 대역폭의 측정에 대하여 숙지한다.

기초 이론

1. 직렬공진

[그림 16-1]은 *R-L-C* 직렬회로에서 직렬공진(serial resonant)을 나타낸 것으로 이것은 $X_C = X_L$일 때 발생하며, 이때의 주파수를 공진 주파수(resonant frequency ; 이하 'f_r'로 표현)라 한다.

공진 시에는 두 리액턴스가 같아서 서로 상쇄되므로 전체 임피던스(Z_r)는 실수부하 R과 같게 되며, 공진 주파수는 공진조건으로부터 다음과 같이 구할 수 있다.

$$X_C = X_L \tag{16-1}$$

$$\frac{1}{2\pi f_r C} = 2\pi f_r L \quad \left(\because \frac{1}{\omega_r C} = \omega_r L \right) \tag{16-2}$$

이 되어 위의 식 (16-2)를 f_r에 대해서 풀면,

$$f_r = \frac{1}{2\pi\sqrt{LC}} \tag{16-3}$$

이다. 이때 전류가 최대로서 $I_r = V_S / R$이 되고, 저항 양단전압이 전체 전압과 같게 된다.

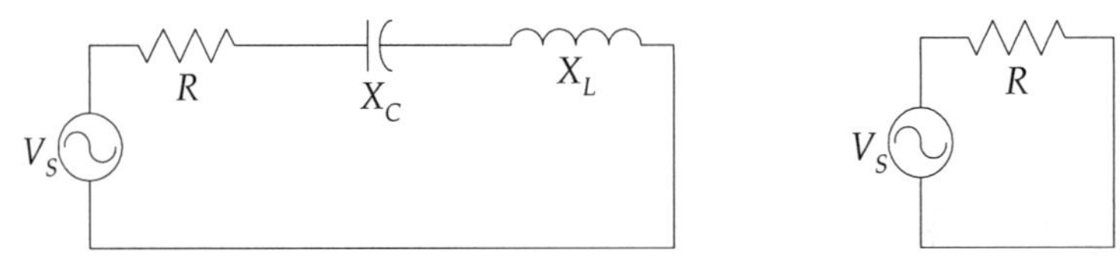

(a) 직렬공진 (b) 등가회로($X_C = X_L$)

[그림 16-1] *R-L-C* 직렬공진회로

2. 선택도 인자

선택도 인자(selectivity factor)는 에너지 축적 소자의 품질을 평가하거나 공진회로의 응답 특성을 나타내는 척도로서 저항에서 소모되는 에너지와 에너지 축적 소자에서 축적되는 에너지의 비를 정의한 것이다.

[그림 16-1]과 같은 *R-L-C* 직렬회로에서 교류신호에 대해 1개 주기별로 에너지의 축적이나 방출이 이루어지므로 선택도 인자 Q는 다음과 같이 표현할 수 있다.

$$Q = K \frac{\text{최대 축적 에너지}}{\text{1주기당 소모 에너지}} = K \frac{LI^2}{RI^2 T} = K \frac{Lf_r}{R} \tag{16-4}$$

여기서, I는 공진 시의 전류이고, T는 공진 주파수의 주기이다. K는 상수로서 2π로 놓고 대입하여 정리하면,

$$Q = \frac{2\pi L f_r}{R} = \frac{\omega_r L}{R} \tag{16-5}$$

가 된다. 한편 콘덴서를 이용한 선택도 인자는

$$Q = \frac{1}{\omega_r CR} \tag{16-6}$$

이다. 공진 시에 코일이나 콘덴서의 양단에 나타나는 전압의 크기는,

$$V_L = \omega_r L I_r = \frac{\omega_r L V_S}{R} = Q V_S \tag{16-7}$$

$$V_C = \frac{I_r}{\omega_r C} = \frac{V_S}{\omega_r CR} = Q V_S \tag{16-8}$$

이다. 또한 출력 응답 특성에서 주파수의 변화에 따른 통과 대역폭은 다음과 같다.

$$BW = \frac{f_r}{Q} \tag{16-9}$$

소요 부품

품　　목	정　　　　격	소요량
콘덴서	0.47[㎌]	1개
코　일	20[mH]	1개
저　항	50[Ω] / ½[W]	1개

실험 방법

1. 공진 특성 실험

① 전원 V_S는 함수 발생기의 정현파를 이용하여 R은 50[Ω], L은 20[mH], C는 0.47[㎌]으로 하여 [그림 16-2]와 같이 결선한다.

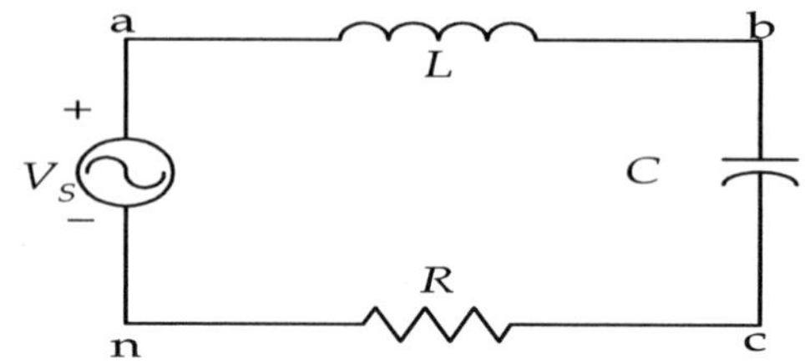

[그림 16-2] *R-L-C* 직렬공진회로의 결선도(1)

② 오실로스코프의 채널 A를 단자 a-n에 연결한 후, 정현파 입력전압 (V_S)을 2[V_{p-p}]로 맞춘다.

③ 오실로스코프의 채널 B를 단자 c-n에 연결한다.

④ 함수 발생기의 주파수를 100[Hz]~10[㎑]의 범위에서 변화시키면서 저항 양단의 전압을 측정하여 〈표 1〉에 기록한다.

⑤ 주파수 변화에 따른 저항의 양단전압의 최대값을 기록하고, 그때의 주파수를 기록한다.

$V_{R\max}$ = ________[V_{p-p}], f_r = ________[Hz]

2. 선택도 인자 및 대역폭의 측정

① 전원 V_S는 함수 발생기의 정현파를 이용하여 R은 50[Ω], L은 20[mH], C는 0.47[㎌]으로 하여 [그림 16-3]과 같이 결선한다.

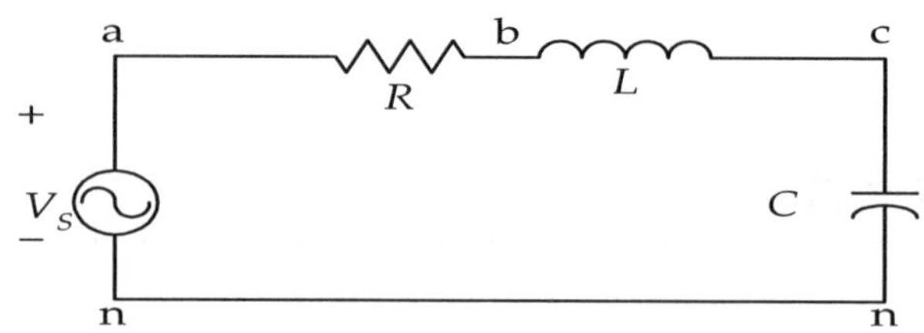

[그림 16-3] R-L-C 직렬공진회로의 결선도(2)

② 오실로스코프의 채널 A를 단자 a-n에 연결한 후, 정현파 입력전압 (V_S)을 2[V_{p-p}]로 맞춘다.

③ 오실로스코프의 채널 B를 콘덴서 양단 단자 c-n에 연결한다.

④ 함수 발생기의 주파수를 100[Hz]~10[kHz]의 범위에서 변화시키면서 콘덴서 양단의 전압을 측정하여 〈표 2〉에 기록한다.

⑤ 주파수 변화에 따른 콘덴서의 양단전압의 최대값을 기록한다.

$V_{C\max}$ = ________[$V_{p\text{-}p}$]

⑥ 식 (16-8)을 이용하여 선택도 인자를 계산한다.

Q= ________

⑦ [그림 16-3]에서 코일과 콘덴서의 위치를 맞바꾸어 회로를 구성하여 실험 ②~④ 과정을 반복하여 〈표 3〉을 완성한다.

⑧ 주파수 변화에 따른 코일의 양단전압의 최대값을 기록한다.

$V_{L\max}$ = ________[$V_{p\text{-}p}$]

⑨ 식 (16-7)을 이용하여 선택도 인자를 계산한다.

Q= _______

⑩ 식 (16-9)를 이용하여 대역폭을 계산한다.

BW= _______[Hz]

실 험 결 과 보 고 서

실 험 일 자	년 월 일( )
제 출 일 자	년 월 일( )
실 험 제 목	*R-L-C* 직렬공진회로
담 당 교 수	

학 과	
조 편 성	
학 번	
성 명	

■ 실험 결과

(1) 공진 특성 실험

〈표 1〉 주파수 변화에 따른 저항 양단의 전압 측정

주파수 f [Hz]	100	500	1000	1200	1500	2000	4000	6000	8000	10000
저항 양단전압 V_R [$V_{p\text{-}p}$]										

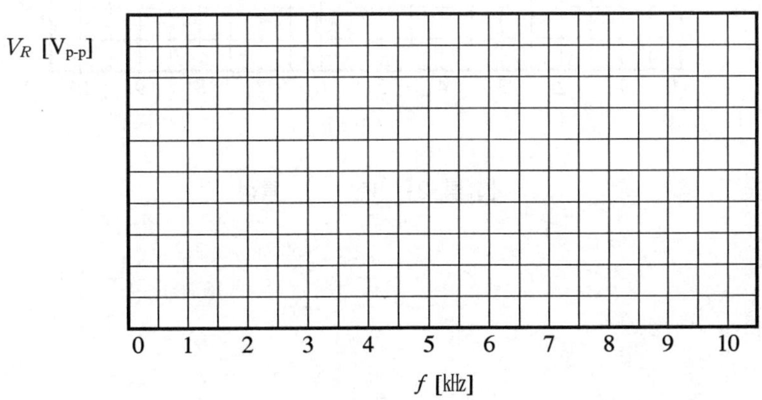

[그림 1] $V_R - f$ 특성

① 주파수 변화에 따른 저항의 양단전압의 최대값

V_{ax} = ________[$V_{p\text{-}p}$]

② 공진 주파수

f_r(이론값)= ________[Hz], f_r(측정값)= ________[Hz]

③ 공진 주파수의 오차율 : ________[%]

(2) 선택도 인자 및 대역폭의 측정

〈표 2〉 주파수 변화에 따른 콘덴서 양단의 전압 측정

주파수 f [Hz]	100	500	1000	1200	1500	2000	4000	6000	8000	10000
콘덴서 양단전압 V_C [$V_{p\text{-}p}$]										

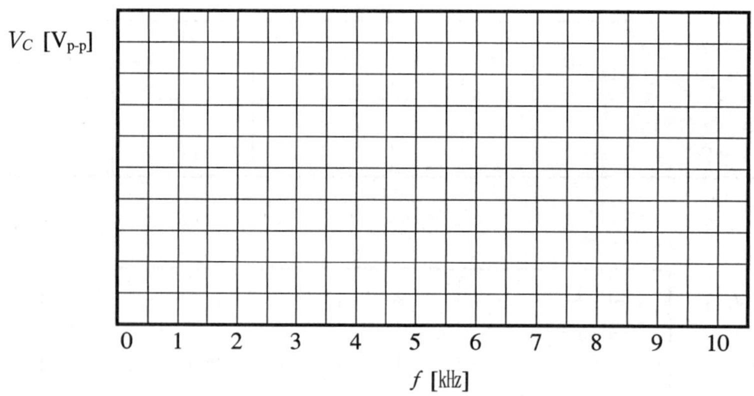

[그림 2] $V_C - f$ 특성

〈표 3〉 주파수 변화에 따른 코일 양단의 전압 측정

주파수 f [Hz]	100	500	1000	1200	1500	2000	4000	6000	8000	10000
코일 양단전압 V_L [V_{p-p}]										

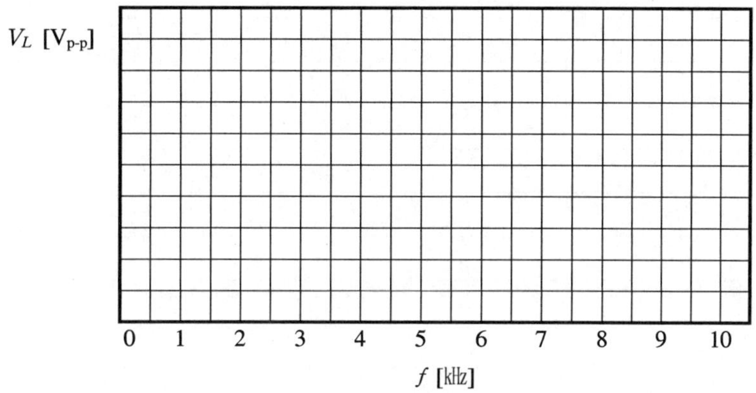

[그림 3] $V_L - f$ 특성

① 선택도 인자(Q)

〈표 4〉 선택도 인자

$\frac{1}{\omega_r CR}$	$\frac{\omega_r L}{R}$	Q(실험 2-⑥항)	Q(실험 2-⑨항)

② 대역폭(BW)

$BW = f_r / Q =$ ________ [Hz]

토 의 내 용

실험 17

R-C 병렬회로

실험 목적

R-C 병렬회로에서 오옴의 법칙(Ohm's law)과 키르히호프의 전류법칙(KCL)을 이용하여 회로를 해석하고, 전류와 전압 사이의 위상 관계에 대하여 숙지한다.

기초 이론

1. R-C 병렬회로의 임피던스와 위상각

[그림 17-1]과 같은 R-C 병렬회로에서 임피던스(Z)를 직각좌표 형태로 나타내면,

$$\boldsymbol{Z} = \left(\frac{1}{R} + \frac{1}{-jX_C}\right)^{-1} = \frac{(R\angle 0°)\,(X_C\angle -90°)}{R - jX_C} \tag{17-1}$$

로 되며, 이를 극좌표 형식으로 바꾸기 위하여 전개하면,

$$\boldsymbol{Z}=\frac{RX_C\angle(0°-90°)}{\sqrt{R^2+X_C^2}\ \angle-\tan^{-1}\left(\frac{X_C}{R}\right)} \tag{17-2}$$

로 되어 식 (17-3)과 같이 나타낼 수 있다.

$$\boldsymbol{Z}=\left(\frac{RX_C}{\sqrt{R^2+X_C^2}}\right)\angle\left\{-90°+\tan^{-1}\left(\frac{X_C}{R}\right)\right\} \tag{17-3}$$

따라서, Z의 크기는

$$Z=\left(\frac{RX_C}{\sqrt{R^2+X_C^2}}\right) \tag{17-4}$$

이며, 위상각 θ는 다음과 같이 표시된다. (제 4 사분면에 존재)

$$\theta=\left\{-90°+\tan^{-1}\left(\frac{X_C}{R}\right)\right\} \tag{17-5}$$

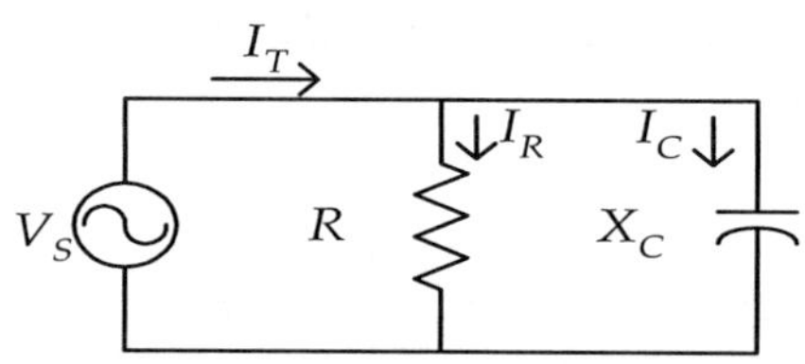

[그림 17-1] *R-C* 병렬회로

병렬회로를 보다 쉽게 해석하기 위하여 컨덕턴스(G), 용량성 서셉턴스(B_C), 어드미턴스(Y)를 각각 도입하면,

$$\boldsymbol{G}=\frac{1}{R\angle 0°}=G\angle 0° \tag{17-6}$$

$$\boldsymbol{B_C}=\frac{1}{X_C\angle-90°}=B_C\angle 90°=+jB_C \tag{17-7}$$

$$\boldsymbol{Y}=\frac{1}{Z\angle\pm\theta}=Y\angle\mp\theta \tag{17-8}$$

이 되며, 이들의 단위는 [S]로 표시하며 '지멘스'로 지칭한다.

2. R-C 병렬회로의 해석

[그림 17-1]에서 인가전압 V_S는 저항과 커패시터에 병렬로 연결되어 있으므로 각 소자의 양단전압은 크기와 위상이 서로 동일하다. 그러나, 전체 전류 I_T는 저항에 흐르는 전류 I_R과 커패시터에 흐르는 전류 I_C로 나누어진다. 또한, 저항의 양단전압과 저항에 흐르는 전류의 위상은 서로 같으며, 커패시터에 흐르는 전류는 커패시터의 양단전압보다 90° 앞선다. 따라서, 커패시터에 흐르는 전류는 저항에 흐르는 전류보다 90° 앞서게 된다. 전체 전류 I_T는 키르히호프의 전류법칙(KCL)에 의해 두 전류의 페이저 합이 된다.

$$\boldsymbol{I_T} = I_R + jI_C \tag{17-9}$$

이 된다. 이를 극좌표 형식으로 나타내면,

$$\boldsymbol{I_T} = \sqrt{I_R^2 + I_C^2}\ \angle \tan^{-1}\left(\frac{I_C}{I_R}\right) \tag{17-10}$$

이 된다. 여기서 전체 전류의 크기는

$$I_T = \sqrt{I_R^2 + I_C^2} \tag{17-11}$$

이고, I_R과 I_T 사이의 위상차는 다음과 같다.

$$\theta = \tan^{-1}\left(\frac{I_C}{I_R}\right) \tag{17-12}$$

소요 부품

품 목	정 격	소요량
콘덴서	0.01[μF], 0.02[μF], 0.047[μF]	각 1개
저 항	20[kΩ], 47[kΩ], 100[kΩ]	각 1개

실험 방법

1. 저항 및 콘덴서에 흐르는 전류와 전체 전류 측정

① 함수 발생기를 이용하여 전원은 $V_S=4$[$V_{p\text{-}p}$]로 하고(주파수는 1[㎑]), 콘덴서는 0.01[㎌], 저항은 100[㏀]으로 [그림 17-1]과 같이 결선한다.

② VOM을 이용하여 저항에 흐르는 전류 I_R을 측정하여 〈표 1〉에 기록한다.

③ VOM을 이용하여 콘덴서에 흐르는 전류 I_C를 측정하여 〈표 1〉에 기록한다.

④ 식 (17-11)에 의해 전체 전류 I_T를 계산하여 〈표 1〉에 기록한다.

⑤ VOM을 전원부에 직렬로 연결하여 전체 전류 I_T를 측정하여 〈표 1〉에 기록한다.

⑥ 저항은 그대로 두고, 콘덴서를 0.02[㎌]로 대체하여 실험 ①~⑤ 과정을 반복한다.

⑦ 저항은 그대로 두고, 콘덴서를 0.047[㎌]로 대체하여 실험 ①~⑤ 과정을 반복한다.

2. 오음의 법칙과 키르히호프의 전류법칙(KCL) 적용

① 전절과 동일한 전원을 인가하고, 콘덴서는 0.01[㎌], 저항은 20[㏀]으로 하여 [그림 17-1]과 같이 결선한다.

② VOM을 이용하여 저항에 흐르는 전류 I_R, 콘덴서에 흐르는 전류 I_C 및 전체 전류 I_T를 측정하여 〈표 2〉에 기록한다.

② 아래의 식에 의해 전압을 계산하여 〈표 2〉에 기록한다.

$$V_S = V_R = I_R \times R \; (= V_C = I_C \times X_C)$$

③ 콘덴서는 그대로 두고, 저항을 47[㏀]으로 대체하여 실험 ①~③ 과정을 반복한다.

실험결과보고서

실험일자	년 월 일( )
제출일자	년 월 일( )
실험제목	R-C 병렬회로
담당교수	

학 과	
조편성	
학 번	
성 명	

■ 실험 결과

(1) 저항 및 콘덴서에 흐르는 전류와 전체 전류 측정

〈표 1〉 저항 및 콘덴서에 흐르는 전류와 전체 전류 측정

저항 R [kΩ]	콘덴서 C [μF]	저항 전류 I_R [mA]	콘덴서 전류 I_C [mA]	전체 전류 I_T [mA] (이론치)	전체 전류 I_T [mA] (측정치)	오차 [%] (측정치/이론치)
100	0.01					
100	0.02					
100	0.047					

(2) 오옴의 법칙과 키르히호프의 전류법칙(KCL) 적용

〈표 2〉 오옴의 법칙 및 키르히호프의 전류법칙 적용

저항 R [kΩ]	콘덴서 C [μF]	리액턴스 X_C [kΩ]	전체 전압 V_S [V_{rms}]	저항 전류 I_R [mA]	콘덴서 전류 I_C [mA]	저항 전압 V_R [V_{rms}]	콘덴서 전압 V_C [V_{rms}]
20	0.01						
47	0.01						

토 의 내 용

실험 18

R–L 병렬회로

실험 목적

R-L 병렬회로에서 오옴의 법칙(Ohm's law)과 키르히호프의 전류법칙(KCL)을 이용하여 회로를 해석하고, 전류와 전압 사이의 위상 관계에 대하여 숙지한다.

기초 이론

1. *R-L* 병렬회로의 임피던스와 위상각

[그림 18-1]과 같은 *R-L* 병렬회로에서 임피던스(Z)를 직각좌표 형태로 나타내면,

$$\boldsymbol{Z} = \left(\frac{1}{R} + \frac{1}{jX_L}\right)^{-1} = \frac{(R\angle 0°)\,(X_L\angle 90°)}{R + jX_L} \tag{18-1}$$

로 되며, 이를 극좌표 형식으로 바꾸기 위하여 전개하면,

$$\boldsymbol{Z}=\frac{RX_L\angle(0°+90°)}{\sqrt{R^2+X_L^2}\angle\tan^{-1}\left(\frac{X_L}{R}\right)} \tag{18-2}$$

로 되어 식 (18-3)과 같이 나타낼 수 있다.

$$\boldsymbol{Z}=\left(\frac{RX_L}{\sqrt{R^2+X_L^2}}\right)\angle\left\{90°-\tan^{-1}\left(\frac{X_L}{R}\right)\right\} \tag{18-3}$$

따라서, Z의 크기는

$$Z=\left(\frac{RX_L}{\sqrt{R^2+X_L^2}}\right) \tag{18-4}$$

이며, 위상각 θ는 다음과 같이 표시된다. (제 1 사분면에 존재)

$$\theta=\left\{90°-\tan^{-1}\left(\frac{X_L}{R}\right)\right\} \tag{18-5}$$

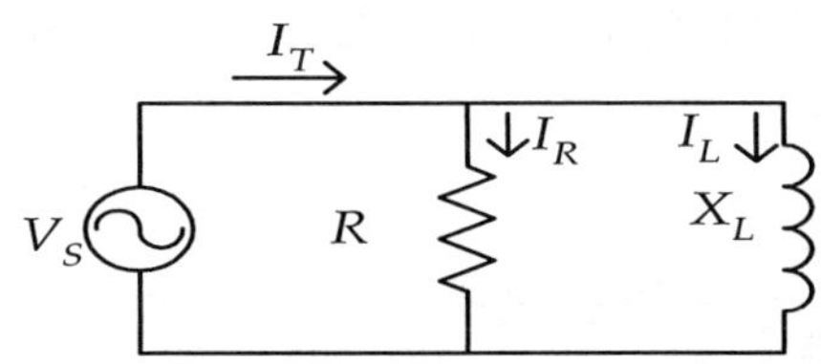

[그림 18-1] *R-L* 병렬회로

병렬회로를 보다 쉽게 해석하기 위하여 컨덕턴스(G), 유도성 서셉턴스(B_L), 어드미턴스(Y)를 각각 도입하면,

$$\boldsymbol{G}=\frac{1}{R\angle 0°}=G\angle 0° \tag{18-6}$$

$$\boldsymbol{B_L}=\frac{1}{X_L\angle 90°}=B_L\angle -90°=-jB_L \tag{18-7}$$

$$\boldsymbol{Y}=\frac{1}{Z\angle\pm\theta}=Y\angle\mp\theta \tag{18-8}$$

이 되며, 이들의 단위는 [S]로 표시하며 '지멘스'로 지칭한다.

2. R-C 병렬회로의 해석

[그림 18-1]에서 인가전압 V_S는 저항과 인덕터에 병렬로 연결되어 있으므로 각 소자의 양단전압은 크기와 위상이 서로 동일하다. 그러나, 전체 전류 I_T는 저항에 흐르는 전류 I_R과 인덕터에 흐르는 전류 I_L로 나누어진다. 또한, 저항의 양단전압과 저항에 흐르는 전류의 위상은 서로 같으며, 인덕터에 흐르는 전류는 인덕터의 양단전압보다 90° 뒤진다. 따라서, 인덕터에 흐르는 전류는 저항에 흐르는 전류보다 90° 뒤지게 된다. 전체 전류 I_T는 키르히호프의 전류법칙(KCL)에 의해 두 전류의 페이저 합이 된다.

$$\boldsymbol{I_T} = I_R - jI_L \tag{18-9}$$

이 된다. 이를 극좌표 형식으로 나타내면,

$$\boldsymbol{I_T} = \sqrt{I_R^2 + I_L^2} \angle -\tan^{-1}\left(\frac{I_L}{I_R}\right) \tag{18-10}$$

이 된다. 여기서 전체 전류의 크기는

$$I_T = \sqrt{I_R^2 + I_L^2} \tag{18-11}$$

이고, I_R과 I_T 사이의 위상차는 다음과 같다.

$$\theta = -\tan^{-1}\left(\frac{I_L}{I_R}\right) \tag{18-12}$$

소요 부품

품 목	정 격	소요량
코 일	20[mH], 68[mH]	각 1개
저 항	20[kΩ], 47[kΩ], 100[kΩ]	각 1개

실험 방법

1. 저항 및 코일에 흐르는 전류와 전체 전류 측정

① 함수 발생기를 조절하여 주파수는 1[㎑], 출력전압 V_S는 첨두 대 첨두치가 5[$V_{p\text{-}p}$]로 맞춘 후, 코일 20[mH], 저항은 100[kΩ]으로 [그림 18-1]과 같이 결선한다.

② VOM을 이용하여 저항에 흐르는 전류 I_R을 측정하여 〈표 1〉에 기록한다.

③ VOM을 이용하여 콘덴서에 흐르는 전류 I_L를 측정하여 〈표 1〉에 기록한다.

④ 식 (18-11)에 의해 전체 전류 I_T를 계산하여 〈표 1〉에 기록한다.

⑤ VOM을 전원부에 직렬로 연결하여 전체 전류 I_T를 측정하여 〈표 1〉에 기록한다.

⑥ 저항은 그대로 두고, 코일을 68[mH]로 대체하여 실험 ①~⑤ 과정을 반복한다.

2. 오옴의 법칙과 키르히호프의 전류법칙(KCL) 적용

① 함수 발생기를 조절하여 주파수는 1[㎑], 출력전압 V_S는 첨두 대 첨두치가 5[$V_{p\text{-}p}$]로 맞춘 후, 코일은 20[mH], 저항은 20[kΩ]으로 [그림 18-1]과 같이 결선한다.

② VOM을 이용하여 저항에 흐르는 전류 I_R, 코일에 흐르는 전류 I_L 및 전체 전류 I_T를 측정하여 〈표 2〉에 기록한다.

② 아래의 식에 의해 전압을 계산하여 〈표 2〉에 기록한다.

$$V_S = V_R = I_R \times R \ (= V_L = I_L \times X_L)$$

③ 코일은 그대로 두고, 저항을 47[kΩ]으로 대체하여 실험 ①~③ 과정을 반복한다.

실 험 결 과 보 고 서

실 험 일 자	년 월 일( )		학 과	
제 출 일 자	년 월 일( )		조 편 성	
실 험 제 목	*R-L* 병렬회로		학 번	
담 당 교 수			성 명	

■ 실험 결과

(1) 저항 및 코일에 흐르는 전류와 전체 전류 측정

〈표 1〉 저항 및 코일에 흐르는 전류와 전체 전류 측정

저항 R [kΩ]	코일 L [mH]	저항 전류 I_R [mA]	코일 전류 I_L [mA]	전체 전류 I_T [mA] (이론치)	전체 전류 I_T [mA] (측정치)	오차 [%] (측정치/이론치)
100	20					
100	68					

(2) 오옴의 법칙과 키르히호프의 전류법칙(KCL) 적용

〈표 2〉 오옴의 법칙 및 키르히호프의 전류법칙 적용

저항 R [kΩ]	코일 L [mH]	리액턴스 X_L [kΩ]	전체 전압 V_S [V_{rms}]	저항 전류 I_R [mA]	코일 전류 I_L [mA]	저항 전압 V_R [V_{rms}]	코일 전압 V_L [V_{rms}]
20	15						
47	15						

토 의 내 용

실험 19

R-L-C 병렬공진회로

실험 목적

R-L-C 병렬공진회로(parallel resonant circuit)에서 주파수 변화에 따른 각 소자의 전압 특성을 이해하고, 선택도 인자의 측정에 대하여 숙지한다.

기초 이론

1. 병렬공진

[그림 19-1]은 *R-L-C* 병렬회로에서 병렬공진(parallel resonant)을 나타낸 것으로 이것은 주파수 가변의 전류원에 대한 회로의 전압 특성으로 설명할 수 있다.

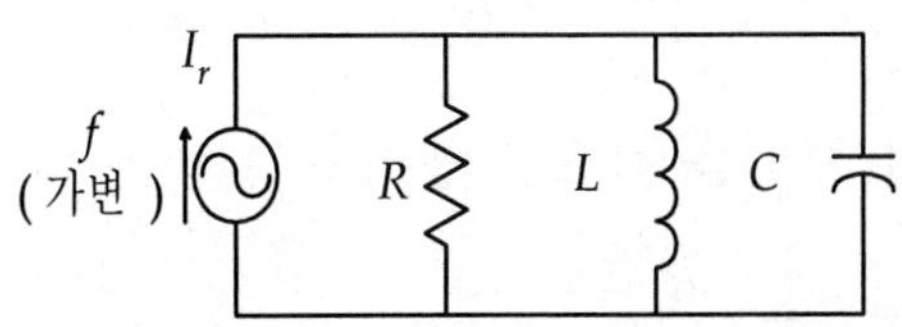

[그림 19-1] *R-L-C* 병렬공진회로

[그림 19-1]에서 전원의 전류 I_0가 일정하고 주파수가 가변일 때, 공진 시에는 회로의 용량성 서셉턴스 B_C와 유도성 서셉턴스 B_L은 방향이 반대이므로 크기가 같을 때, 전체 어드미턴스 Y가 최소가 된다.

$$B_C = B_L \tag{19-1}$$

$$\frac{1}{2\pi f_r L} = 2\pi f_r C \quad \left(\because \frac{1}{\omega_r L} = \omega_r C\right) \tag{19-2}$$

이 되어 위의 식 (19-2)를 f_r에 대해서 풀면,

$$f_r = \frac{1}{2\pi\sqrt{LC}} \tag{19-3}$$

로서 직렬공진 주파수와 같은 식이다.

병렬공진 시에는 어드미턴스가 최소이므로 임피던스는 최대가, 회로에 나타나는 전압은 최대가 된다.

$$V_r = \frac{I_r}{G} = RI_r \tag{19-4}$$

2. 선택도 인자

[그림 19-1]과 같은 *R-L-C* 병렬공진회로에서 선택도 인자(selectivity factor) Q는 직렬공진회로에서와 같다. 즉,

$$Q = K\frac{\text{최대 축적 에너지}}{\text{1주기당 소모 에너지}} = K\frac{CV_r^2}{GV_r^2 T} = K\frac{Cf_r}{G} \tag{19-5}$$

여기서 V_r은 공진 시의 전압이고, T는 공진 주파수의 주기이다. K는 상수로서 2π로 놓고 대입하여 정리하면,

$$Q = \frac{2\pi Cf_r}{G} = \frac{\omega_r C}{G} = \omega_r RC \tag{19-6}$$

가 된다. 한편 코일을 이용한 선택도 인자는 다음과 같다.

$$Q = \frac{1}{\omega_r LG} = \frac{R}{\omega_r L} \tag{19-7}$$

3. L-C 병렬공진회로

일반적인 병렬공진회로는 [그림 19-2]와 같이 코일과 저항이 직렬로 연결된 회로가 대부분인데, 이 회로는 전원으로부터 에너지가 *L-C* 병렬회로의 각 소자에 에너지를 저장한다는 의미에서 탱크 회로(tank circuit)라고도 지칭한다.

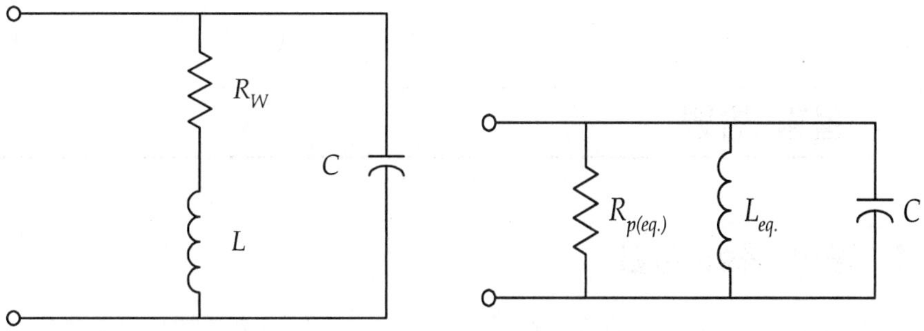

(a) 탱크 회로 (b) 등가 R-L-C 병렬공진회로

[그림 19-2] 탱크 회로와 등가회로

[그림 19-2 (a)]에서 *R-L* 직렬 쪽의 내부저항 R_W는 작은 값을 가지며 이때 코일단의 선택도 인자는

$$Q = \frac{X_L}{R_W} = \frac{\omega_r L}{R_W} \quad (Q \gg 1) \tag{19-8}$$

이며, 공진 시의 임피던스는

$$Z_r = R_{p(eq.)} = R_W(Q^2+1) \tag{19-9}$$

로서 매우 큰 값을 갖는다. 한편, $L_{eq.}$ 값은

$$L_{eq.} = L\left(\frac{Q^2+1}{Q^2}\right) \tag{19-10}$$

로부터 구할 수 있는데, 여기서 Q 값이 10 이상이면 Leq. ≅ L로 쓸 수 있다.

소요 부품

품　　목	정　　　　격	소요량
콘덴서	0.47[μF]	1개
코　일	19[mH]	1개
저　항	33[Ω], 50[Ω], 4.7[kΩ], 47[kΩ]/ $\frac{1}{2}$[W]	각 1개

실험 방법

1. 공진 특성 실험

① 전원 V_S는 함수 발생기의 정현파를 이용하여 R은 50[Ω], L은 19[mH], C는 0.47[μF]으로 하여 [그림 19-3]과 같이 결선한다.

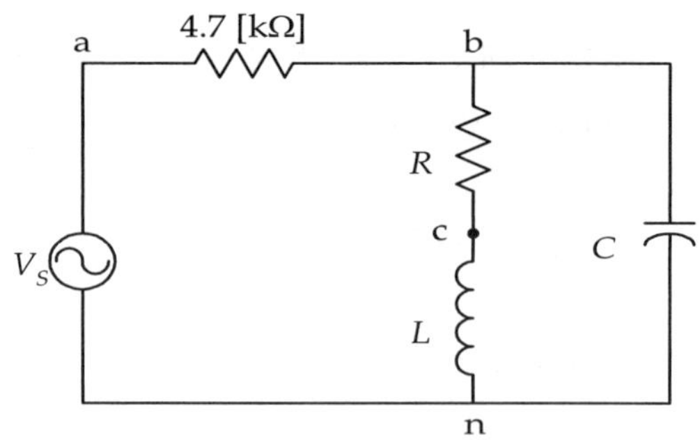

[그림 19-3] R-L-C 병렬공진회로의 결선도

② 오실로스코프를 이용하여 정현파 입력전압(V_S)을 5[V_{p-p}]가 되도록 신호 발생기의 전압을 조절한다.

③ 오실로스코프의 채널 A는 단자 a-b에, 채널 B는 b-n에 각각 연결한다. ☜ 오실로스코프의 접지는 공통이므로 채널의 접지는 b로 해야 한다.

④ 함수 발생기의 주파수를 100[Hz]~10[kHz]의 범위에서 변화시키면서 콘덴서 양단의 전압(V_{bn}) 및 V_{ab}를 측정하여 〈표 1〉에 기록한다.

⑤ 콘덴서 양단전압이 최대일 때 V_{ab}가 최소인지 확인하고, 그때의 주파수를 기록한다.

$V_{ab(\min)}$ = ________[$V_{p\text{-}p}$]

$V_{bn(\max)}$ = ________[$V_{p\text{-}p}$]

f_r = ________[Hz]

⑥ [그림 19-3]에서 직렬저항 4.7[kΩ]을 47[kΩ]으로 대체하고, *R-L* 직렬회로의 저항은 33[Ω]으로 대체한 후, ②~④의 실험과정을 반복하여 〈표 2〉에 기록한다.

⑦ 콘덴서 양단전압이 최대일 때 V_{ab}가 최소인지 확인하고, 그때의 주파수를 기록한다.

$V_{ab(\min)}{}'$ = ________[$V_{p\text{-}p}$]

$V_{bn(\max)}{}'$ = ________[$V_{p\text{-}p}$]

$f_r{}'$ = ________[Hz]

2. 선택도 인자의 측정

① [그림 19-3]에서 직렬저항 4.7[kΩ]을 47[kΩ]으로 대체하고, *R-L* 직렬회로의 *R*은 33[Ω], *L*은 20[mH], *C*는 0.47[μF]으로 구성한다.

② 전원 V_S는 함수 발생기의 정현파를 이용하여 정현파 입력전압(V_S)을 10[$V_{p\text{-}p}$]가 되도록 신호 발생기의 전압을 조절한다.

③ 오실로스코프의 채널 A는 단자 a-b에, 채널 B는 b-n에 각각 연결한다. ☜ 오실로스코프의 접지는 공통이므로 채널의 접지는 b로 해야 한다.

④ 함수 발생기의 주파수를 변화시켜서 콘덴서 양단전압의 최대값, 그때의 V_{ab} 및 주파수를 기록한다.

$V_{bn(\max)}$ = ________[$V_{p\text{-}p}$]

V_{ab} = ________[$V_{p\text{-}p}$]

f_r = ________[Hz]

⑤ 직렬저항(47[kΩ])에 흐르는 전류(I_{ab})를 구한다.

I_{ab}= ________[mA]

⑥ 오실로스코프를 이용하여 33[Ω] 양단의 전압(V_{bc})를 측정하여 흐르는 전류(I_{bc})를 계산한다.

V_{bc}= ________[$V_{p\text{-}p}$]
I_{bc}= ________[mA]

⑦ 직렬저항(47[kΩ])에 흐르는 전류(I_{ab})와 I_{bc}로부터 선택도 인자를 구한다.

$Q = \frac{I_{bc}}{I_{ab}} =$ ________

실 험 결 과 보 고 서

실 험 일 자	년 월 일 ( )	학 과	
제 출 일 자	년 월 일 ( )	조 편 성	
실 험 제 목	*R-L-C* 병렬공진회로	학 번	
담 당 교 수		성 명	

■ 실험 결과

(1) 공진 특성 실험

〈표 1〉 주파수 변화에 따른 병렬회로의 공진 특성(1)

주파수 f [Hz]	100	500	1000	1200	1500	2000	4000	6000	8000	10000
V_{bn} [V_{p-p}]										
V_{ab} [V_{p-p}]										

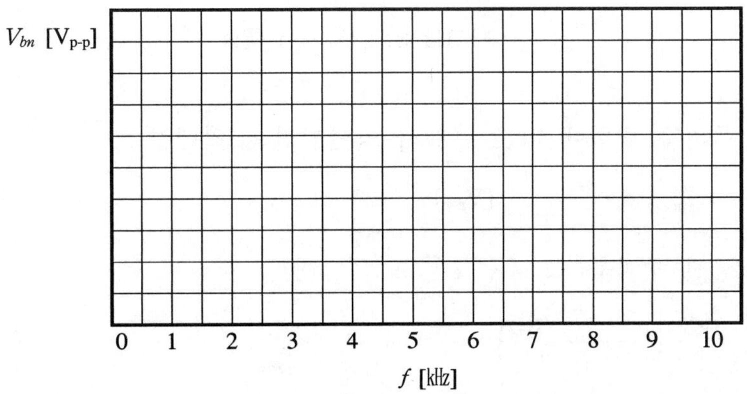

[그림 1] V_{bn} − f 특성

① 주파수 변화에 따른 콘덴서 양단전압의 최대값

$V_{bc(max)}$ = ________[V_{p-p}]

② 공진 주파수

fr = ________[Hz]

〈표 2〉 주파수 변화에 따른 병렬회로의 공진 특성(2)

주파수 f [Hz]	100	500	1000	1200	1500	2000	4000	6000	8000	10000
V_{bn} [V_{p-p}]										
V_{ab} [V_{p-p}]										

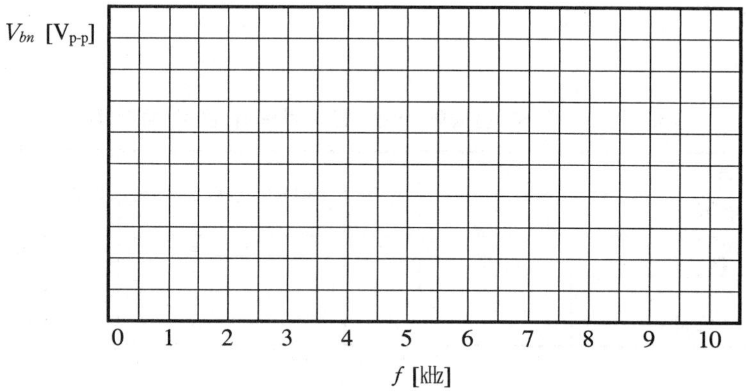

[그림 2] $V_{bn} - f$ 특성

① 주파수 변화에 따른 콘덴서 양단전압의 최대값

$V_{bc(max)}'$ = ________[V_{p-p}]

② 공진 주파수

fr' = ________[Hz]

(2) 선택도 인자의 측정

① 선택도 인자(Q) : 측정치

V_{ab} = ________[$V_{p\text{-}p}$]

I_{ab} = ________[mA]

V_{bc} = ________[$V_{p\text{-}p}$]

I_{bc} = ________[mA]

$Q = \dfrac{I_{bc}}{I_{ab}} =$ ________

② 선택도 인자(Q)의 오차

$Q = \omega_r L / R =$ ________ : 이론치

$$\text{오차} = \frac{\text{측정치} - \text{이론치}}{\text{이론치}} \times 100 =$$ ________ [%]

토 의 내 용

실험 20

저역통과 필터 회로

실험 목적

R-C 저역통과 필터 회로(low pass filter circuit)의 구성 원리를 이해하고, 주파수 응답 특성에 대하여 숙지한다.

기초 이론

1. 데 시 벨

저역통과 필터(Low Pass Filter : 이하 'LPF'로 표현)는 저주파 영역을 통과시키고 차단 주파수(cutoff frequency) 이상의 영역은 차단하는 특성을 갖는데, 필터 측정에서 사용되는 단위인 데시벨(decibel)은 임의의 두 전압 또는 두 전력 사이의 비율에 대한 로그값으로, 필터의 입력-출력 사이의 관계를 나타내는 데 유용하다.

다음의 식 (20-1)과 식 (20-2)는 각각 전압의 비 및 전력의 비에 대한 데시벨 공식을 나타낸 것이다.

$$dB = 20\log\left(\frac{V_o}{V_i}\right) \tag{20-1}$$

$$dB = 10\log\left(\frac{P_o}{P_i}\right) \tag{20-2}$$

2. R-C 저역통과 필터

LPF는 R-C 및 R-L로 구성하여 그 동작을 해석할 수 있는데, 여기서는 R-C로 구성하여 주파수의 변화에 따른 진폭응답 특성을 살펴보기로 한다.

[그림 20-1]은 R-C LPF 회로와 진폭응답 특성 곡선으로서 주파수가 증가함에 따라 X_C는 감소하므로 출력전압(V_o ; 콘덴서 양단의 전압)도 감소한다. 한편, $X_C = R$이 되는 주파수를 필터의 차단 주파수(f_c) 또는 임계 주파수라 한다.

$$X_C = R$$

$$\frac{1}{2\pi f_c C} = R$$

$$f_c = \frac{1}{2\pi RC} \tag{20-3}$$

로 되며, 차단 주파수에서 출력전압의 크기는 전압분할 공식에 의하여,

$$V_o = \left(\frac{X_c}{\sqrt{R^2 + X_c^2}}\right) V_i \tag{20-4}$$

이다. 주파수 f_c에서 $X_C = R$이므로 식 (20-4)는

$$V_o = \left(\frac{R}{\sqrt{R^2+R^2}}\right) V_i = \left(\frac{R}{\sqrt{2R^2}}\right) V_i$$

$$= \left(\frac{R}{R\sqrt{2}}\right) V_i = \left(\frac{1}{\sqrt{2}}\right) V_i = 0.707\ V_i \tag{20-5}$$

로 표현된다. 이 식으로부터 $X_C = R$일 때 출력전압(V_o)은 입력전압(V_i)의 70.7%임을 알 수가 있고 또한, 이때의 출력전압과 입력전압 사이의 비를 식 (20-1)을 이용하여 데시벨로 표현하면 다음과 같다.

$$20\log\left(\frac{V_o}{V_i}\right) = 20\log(0.707) = -3\ [dB] \tag{20-6}$$

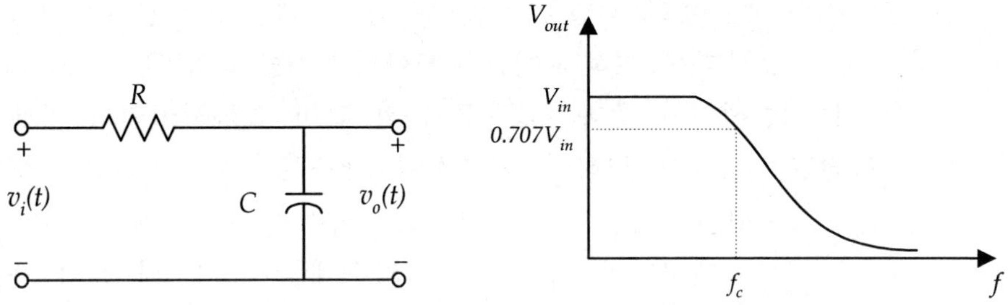

(a) *R-C* LPF (b) LPF의 진폭응답 특성

[그림 20-1] *R-C* LPF와 진폭응답 특성

소요 부품

품　　목	정　　격	소요량
콘덴서	0.33[μF]	1개
저　항	150[Ω] / ½[W]	1개

실험 방법

1. 진폭응답 특성

① 전원 V_S는 함수 발생기의 정현파를 이용하여 $V_S=2[V_{p-p}]$로 하고, R은 150[Ω], 콘덴서는 0.33[μF]으로 각각 구성하여 [그림 20-2]와 같이 결선한다.

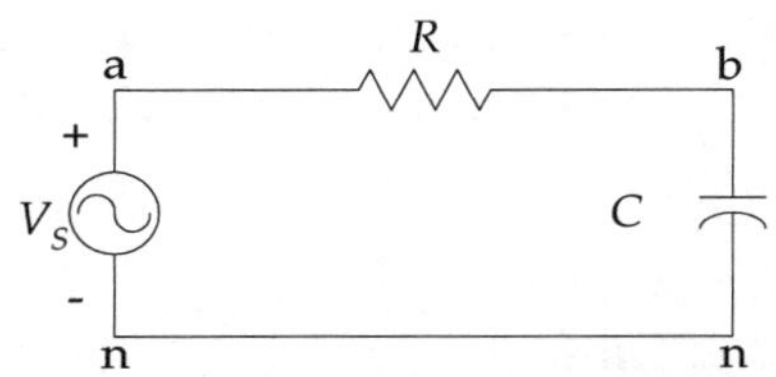

[그림 20-2] *R-C* LPF 실험회로

② 오실로스코프의 채널 A는 단자 a-n에, 채널 B는 b-n에 각각 연결한다. ☜ 오실로스코프의 접지는 공통이므로 채널의 접지는 n으로 해야 한다.
③ 함수 발생기의 주파수를 〈표 1〉과 같이 변화시키면서 콘덴서의 양단전압(V_{bn})을 측정하여 해당란에 기록한다. ☜ 주파수를 변화시켰을 때 입력전압 $V_S = 2[\mathrm{V_{p-p}}]$을 유지하도록 함수 발생기의 이득을 조절한다.
④ 〈표 1〉의 데이터를 이용하여 주파수에 따른 V_{bn}의 응답 특성을 다음의 [그림 20-3]에 그려넣는다.

2. 차단 주파수 측정

① [그림 20-2]의 실험회로를 유지한다.
② 오실로스코프의 채널 A는 단자 a-b에, 채널 B는 b-n에 각각 연결한다. ☜ 오실로스코프의 접지는 공통이므로 채널의 접지는 b로 해야 한다.
③ 식 (20-3)을 이용하여 차단 주파수의 이론치를 계산하여 〈표 2〉에 기록한다.
④ 함수 발생기의 주파수 변화에 따른 오실로스코프의 두 채널을 관찰한다. 채널 A와 채널 B의 전압이 같을 때의 주파수를 읽고, 이론치에 대한 오차를 계산하여 〈표 2〉에 각각 기록한다.
⑤ [그림 1]로부터 입력전압의 0.707배(1.414[$\mathrm{V_{p-p}}$]에 해당)인 전압에서의 주파수를 읽고, 이론치에 대한 오차를 계산하여 〈표 2〉에 각각 기록한다.

실 험 결 과 보 고 서

실 험 일 자	년 월 일( )
제 출 일 자	년 월 일( )
실 험 제 목	저역통과 필터 회로
담 당 교 수	

학 과	
조 편 성	
학 번	
성 명	

■ 실험 결과

(1) 진폭응답 특성

〈표 1〉 *R*-*C* LPF의 진폭응답 특성

주파수 f [Hz]	10	100	200	400	800	2000	4000	8000	20000	40000	80000
V_{bn} [$V_{p\text{-}p}$]											

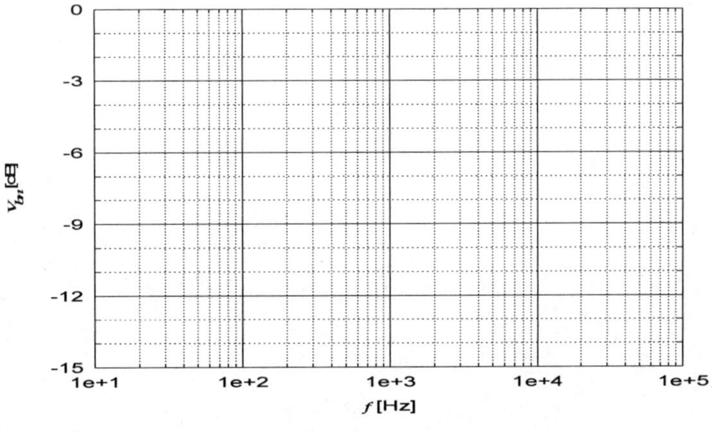

[그림 1] 출력전압(V_{bn})의 주파수(f) 응답 특성

〈표 2〉 차단 주파수의 측정과 오차

구 분	이론치	도해적 측정치	실제 측정치
차단 주파수 f_c [Hz]			
오차 [%]	0		

토 의 내 용

실험 21

고역통과 필터 회로

실험 목적

R-C 고역통과 필터 회로(high pass filter circuit)의 구성 원리를 이해하고, 주파수 응답 특성에 대하여 숙지한다.

기초 이론

고역통과 필터(High Pass Filter : 이하 'HPF'로 표현)는 고주파 영역을 통과시키고 차단 주파수(cutoff frequency) 이하의 영역은 차단하는 특성을 가지며, HPF 역시 *R-C* 및 *R-L*로 구성하여 그 동작을 해석할 수 있는데, 여기서는 LPF에서와 마찬가지로 *R-C*로 구성하여 주파수의 변화에 따른 진폭응답 특성을 살펴보기로 한다.

[그림 21-1]은 *R-C* HPF 회로와 진폭응답 특성 곡선으로서 주파수가 증가함에 따라 X_C는 감소하므로 출력전압(V_o ; 저항 양단의 전압)은 증가한다. HPF의 차단 주파수(f_c)는 LPF의 경우와 같으므로 다음의 식 (21-1)과 같이 주어진다.

$$f_c = \frac{1}{2\pi RC} \tag{21-1}$$

로 되며, 차단 주파수에서 출력전압의 크기는 전압분할 공식에 의하여,

$$V_o = \left(\frac{R}{\sqrt{R^2 + X_c^2}} \right) V_i \tag{21-2}$$

이다. 주파수 f_c에서 $X_C = R$이므로 식 (21-2)는

$$\begin{aligned} V_o &= \left(\frac{R}{\sqrt{R^2 + R^2}} \right) V_i = \left(\frac{R}{\sqrt{2R^2}} \right) V_i \\ &= \left(\frac{R}{R\sqrt{2}} \right) V_i = \left(\frac{1}{\sqrt{2}} \right) V_i = 0.707\ V_i \end{aligned} \tag{21-3}$$

으로 표현된다.

이 식으로부터 $X_C = R$일 때 출력전압(V_o)은 입력전압(V_i)의 70.7%임을 알 수가 있고, 또한 이때의 출력전압과 입력전압 사이의 비를 데시벨로 표현하면 다음과 같다.

$$20\log\left(\frac{V_o}{V_i} \right) = 20\log(0.707) = -3[\text{dB}] \tag{21-4}$$

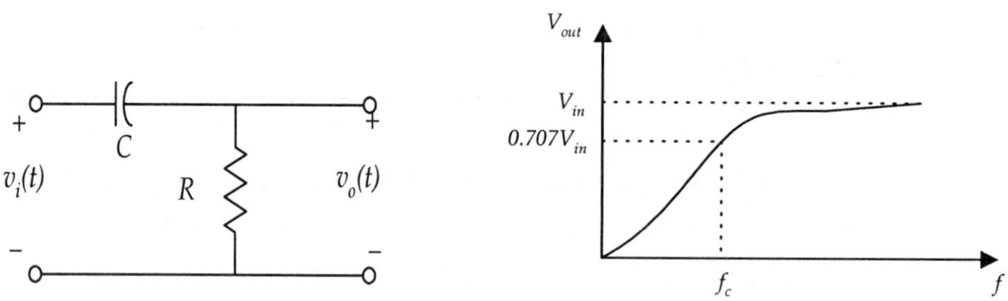

(a) R-C HPF (b) HPF의 진폭응답 특성

[그림 21-1] R-C HPF와 진폭응답 특성

소요 부품

품 목	정 격	소요량
콘덴서	1[μF]	1개
저 항	2.2[kΩ] / ½[W]	1개

실험 방법

(1) 진폭응답 특성

① 전원 V_S는 함수 발생기의 정현파를 이용하여 $V_S = 2[V_{p-p}]$로 하고, 콘덴서는 1[μF], R은 2.2[kΩ]으로 각각 구성하여 [그림 21-2]와 같이 결선한다.

② 오실로스코프의 채널 A는 단자 a-n에, 채널 B는 b-n에 각각 연결한다. ☜ 오실로스코프의 접지는 공통이므로 채널의 접지는 n으로 해야 한다.

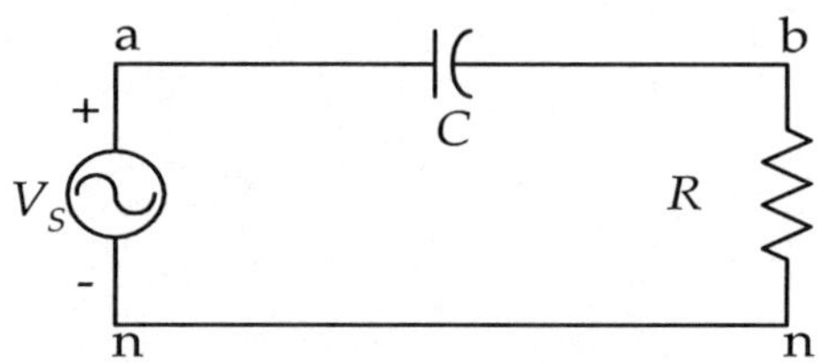

[그림 21-2] R-C HPF 실험회로

③ 함수 발생기의 주파수를 〈표 1〉과 같이 변화시키면서 저항의 양단 전압(V_{bn})을 측정하여 해당란에 기록한다. ☜ 주파수를 변화시켰을 때 입력전압 $V_S = 2[V_{p-p}]$이 유지하도록 함수 발생기의 이득을 조절한다.

④ 〈표 1〉의 데이터를 이용하여 주파수에 따른 V_{bn}의 응답 특성을 다음의 [그림 1]에 그려넣는다.

(2) 차단 주파수 측정

① [그림 21-2]의 실험회로를 유지한다.

② 오실로스코프의 채널 A는 단자 a-b에, 채널 B는 b-n에 각각 연결한다. ☜ 오실로스코프의 접지는 공통이므로 채널의 접지는 b로 해야 한다.

③ 식 (21-1)을 이용하여 차단 주파수의 이론치를 계산히여 〈표 2〉에 기록한다.

④ 함수 발생기의 주파수 변화에 따른 오실로스코프의 두 채널을 관찰한다. 채널 A와 채널 B의 전압이 같을 때의 주파수를 읽고, 이론치에 대한 오차를 계산하여 〈표 2〉에 각각 기록한다.

⑤ [그림 1]로부터 입력전압의 0.707배(1.414[$V_{p\text{-}p}$]에 해당)인 전압에서의 주파수를 읽고, 이론치에 대한 오차를 계산하여 〈표 2〉에 각각 기록한다.

실 험 결 과 보 고 서

실 험 일 자	년 월 일( )
제 출 일 자	년 월 일( )
실 험 제 목	고역통과 필터 회로
담 당 교 수	

학 과	
조 편 성	
학 번	
성 명	

■ 실험 결과

(1) 진폭응답 특성

〈표 1〉 *R-C* HPF의 진폭응답 특성

주파수 f [Hz]	10	20	40	80	100	200	400	800	1000	2000	4000	8000	16000
V_{bn} [$V_{p\text{-}p}$]													

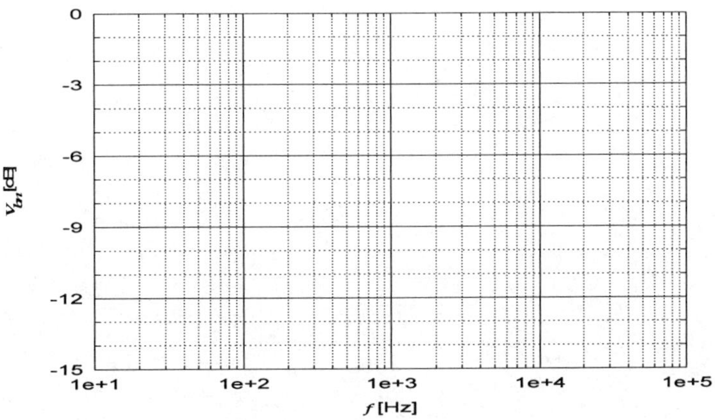

[그림 1] 출력전압(V_{bn})의 주파수(f) 응답 특성

〈표 2〉 차단 주파수의 측정과 오차

구 분	이론치	도해적 측정치	실제 측정치
차단 주파수 f_c [Hz]			
오차 [%]	0		

토 의 내 용

실험 22

대역통과 필터 회로

실험 목적

직렬공진 대역통과 필터 회로(band pass filter circuit)의 구성 원리를 이해하고, 주파수 응답 특성에 대하여 숙지한다.

기초 이론

1. 직렬공진 대역통과 필터

대역통과 필터(Band Pass Filter : 이하 'BPF'로 표현)는 특정한 대역의 주파수를 통과시키고 통과대역의 아래쪽이나 위쪽의 모든 주파수 영역은 차단하는 특성을 가지며, BPF는 직렬공진회로를 이용한 직렬공진 BPF와 병렬공진회로를 이용한 병렬공진 BPF로 구성하여 그 동작을 해석할 수 있는데, 여기서는 직렬공진 BPF인 경우를 고려하여 주파수의 변화에 따른 진폭응답 특성을 살펴보기로 한다.

직렬공진회로는 공진 주파수(f_r)에서 최소의 임피던스, 즉 최대의 전류를 가지므로 대부분의 입력전압(V_i)은 저항 양단에서 강하된다. 따라서, 저항 양단의 출력전압(V_o)이 공진 주파수에서 최대가 되는 대역통과 특성을 나타내게 한다. 이때의 공진 주파수를 중심 주파수(center frequency ; f_o)라고 한다. 다음의 [그림 22-1]에 직렬공진 BPF 회로와 진폭응답 특성 곡선을 나타내었다.

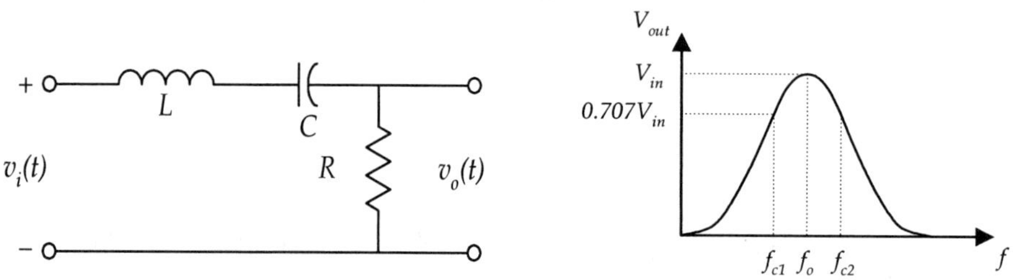

(a) 직렬공진 BPF　　(b) BPF의 진폭응답 특성

[그림 22-1] 직렬공진 BPF와 진폭응답 특성

한편, 대역폭(BW)는 선택도 인자(Q)에 의하여 결정되는데 이를 Q에 대하여 표현하면 다음과 같다.

$$BW = \frac{f_o}{Q} \tag{22-1}$$

소요 부품

품　　목	정　　격	소요량
코　일	15[mH]	1개
콘덴서	0.047[μF]	1개
저　항	150[Ω] / ½[W]	1개

실험 방법

① 전원 V_S는 함수 발생기의 정현파를 이용하여 $V_S=2[\mathrm{V_{p-p}}]$로 하고, 코일은 15[mH], 콘덴서는 0.047[μF], R은 150[Ω]으로 각각 구성하여 [그림 22-2]와 같이 결선한다.

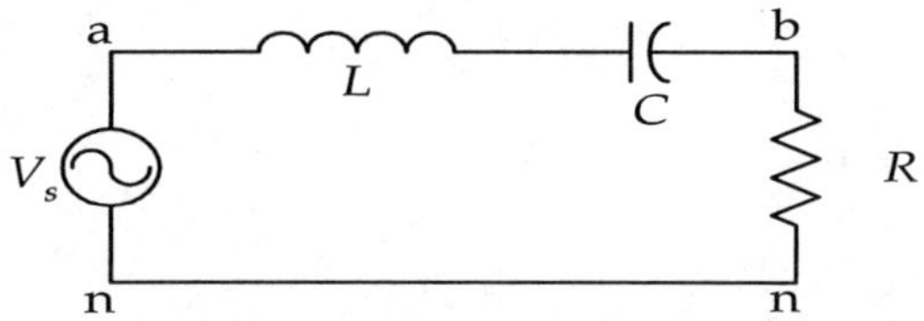

[그림 22-2] 직렬공진 BPF 실험회로

② 오실로스코프의 채널 A는 단자 a-n에, 채널 B는 b-n에 각각 연결한다. ☞ 오실로스코프의 접지는 공통이므로 채널의 접지는 n으로 해야 한다.

③ 함수 발생기의 주파수를 〈표 1〉과 같이 변화시키면서 저항의 양단 전압(V_{bn})을 측정하여 해당란에 기록한다. ☞ 주파수를 변화시켰을 때 입력전압 $V_S=2[\mathrm{V_{p-p}}]$이 유지하도록 함수 발생기의 이득을 조절한다.

④ 〈표 1〉의 데이터를 이용하여 주파수에 따른 V_{bn}의 응답 특성을 다음의 [그림 1]에 그려넣는다.

실 험 결 과 보 고 서

실 험 일 자	년 월 일( )
제 출 일 자	년 월 일( )
실 험 제 목	대역통과 필터 회로
담 당 교 수	

학 과	
조 편 성	
학 번	
성 명	

■ 실험 결과

(1) 진폭응답 특성

〈표 1〉 직렬공진 BPF의 진폭응답 특성

주파수 f [Hz]	10	20	40	80	100	200	400	800	1000	2000	4000	8000	16000
V_{bn} [$V_{p\text{-}p}$]													

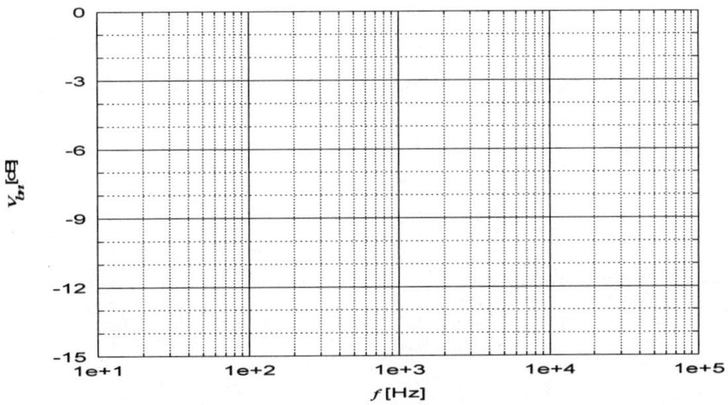

[그림 1] 출력전압(V_{bn})의 주파수(f) 응답 특성

〈표 2〉 차단 주파수의 측정과 오차

구 분	이론치	도해적 측정치	실제 측정치
차단 주파수 f_c [Hz]			
오차 [%]	0		

토 의 내 용

제 Ⅱ 편

전자회로 실험

실험 1

다이오드의 기본 특성

실험 목적

다이오드(diode)는 순방향 시 전류가 흐르고 역방향 시 전류가 흐르지 않는다는 기본 특성을 확인하기 위하여 다이오드의 시험법, 장벽전위 및 순방향 저항 측정법 등을 익힌다.

기초 이론

1. 구조 및 표기

다이오드의 기본적인 구조는 p형 반도체와 n형 반도체로 이루어져 결국 pn 접합과 동일한 구조를 갖는다.

(a) 구조 (b) 표기

[그림 1-1] 다이오드의 구조 및 표기

2. 이상적인 다이오드 모델

다이오드의 바이어스는 순방향 및 역방향으로 구분되는데 요약하면 다음의 〈표 1-1〉과 같다.

〈표 1-1〉 다이오드의 바이어스

구 분	전 류	전 압	설 명
순 방 향 바이어스	$I_F = \frac{V_{bias}}{R_{Lim}}$	$V_F = 0$	전류가 도통되어 저항의 양단전압이 V_{bias}와 같다.
역 방 향 바이어스	$I_R = 0$	$V_R = V_{bias}$	전류가 도통되지 못하므로 저항의 양단전압이 0이다.

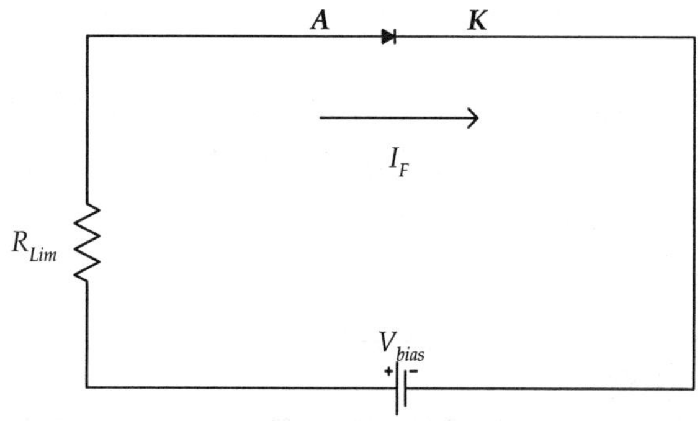

(a) 순방향 바이어스

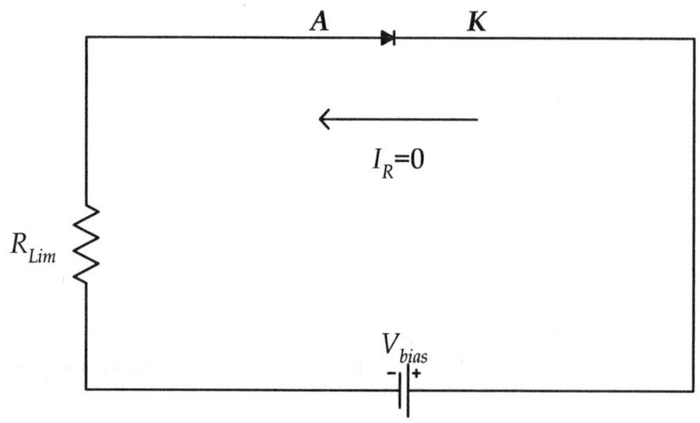

(b) 역방향 바이어스

[그림 1-2] 다이오드의 바이어스

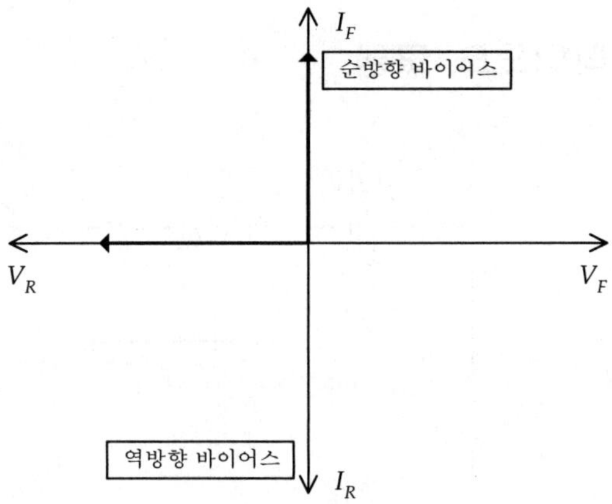

[그림 1-3] 이상적인 다이오드의 특성 곡선

3. 실질적인 다이오드 모델

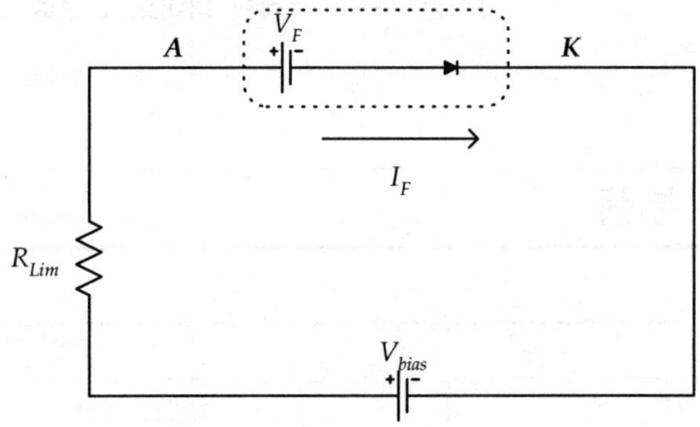

① 순방향

V_F ;0.7[V](Si), 0.3[V](Ge)

$$I_F = \frac{V_{bias} - V_F}{R_{Lim}}$$

② 역방향

이상적인 경우와 동일하다.

[그림 1-4] 실질적인 다이오드 모델

4. 복잡한 다이오드 모델

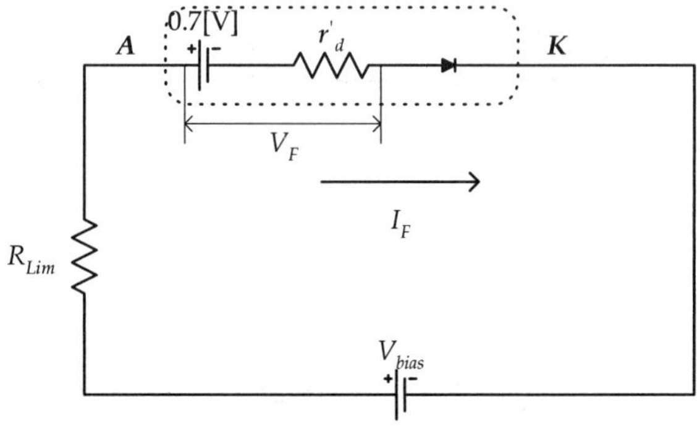

① 순방향

$$V_F = 0.7[\text{V}] + I_F r_d'$$

$$I_F = \frac{V_{bias} - 0.7[\text{V}]}{R_{Lim} + r_d'}$$

[그림 1-5] 복잡한 다이오드 모델

소요 부품

품　　목	정　　　　격	소요량
저　항	10[Ω], 100[Ω], 1[kΩ]	각 1개
다이오드	1N4001	1개

실험 방법

1. 다이오드의 시험법

다이오드의 아노드(+) 및 캐소드(-)를 식별하기 위하여 일반적으로

VOM 및 DMM을 사용하는데, 여기서는 DMM을 이용한 방법을 소개하면 다음과 같다.

① 정상상태 : 아노드 쪽에 적색 리드선과 캐소드 쪽에 흑색 리드선을 각각 연결한 후, 계기판에 해당 다이오드의 장벽전위값이 나타나면 순방향이며, 리드선을 서로 바꾸었을 경우 다이오드의 높은 역저항으로 인해 비교적 높은 전압값(개방회로 전압값)이 나타난다.

② 결함상태 : 다이오드가 결함으로 개방된 상태이면 리드선의 연결상태에 관계없이 개방회로 전압값이 나타나고, 단락된 상태이면 리드선의 연결상태에 관계없이 0[V]로 나타난다.

2. 다이오드의 전압-전류($V_d - I_d$) 특성

① [그림 1-6]의 회로를 결선한 후, 1[kΩ] 양단전압이 〈표 1〉과 같이 되도록 직류 전원공급장치를 조절하고 각각의 전압에서 다이오드 양단전압(V_d) 및 전류(I_d)를 측정하여 기록한다.

② 위의 결과를 $V_d - I_d$ 특성 그래프로 그려서 [그림 1]을 완성한 후, 완성 그래프로부터 다이오드의 장벽전위(V_B)와 순방향 저항(R_F)을 구하여 〈표 2〉에 기록한다.

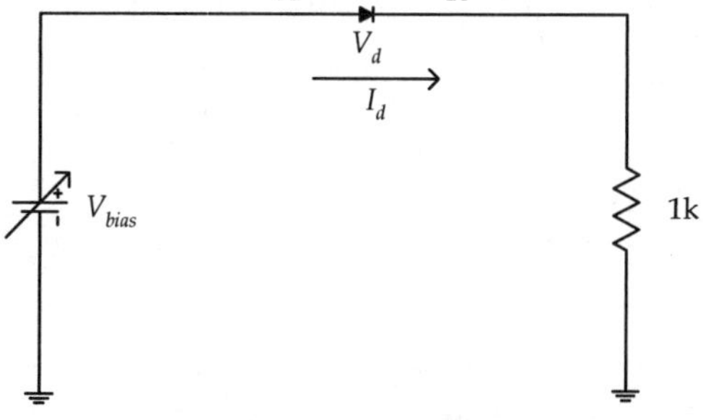

[그림 1-6] 회로도

실험결과보고서

실 험 일 자	년 월 일( )
제 출 일 자	년 월 일( )
실 험 제 목	다이오드의 기본 특성
담 당 교 수	

학 과	
조 편 성	
학 번	
성 명	

〈표 1〉 다이오드의 전압 및 전류 측정치

저항 양단전압 [V]	다이오드의 전압(V_d) [V]	다이오드의 전류(I_d) [mA]
0.1		
0.2		
0.3		
0.4		
0.5		
0.6		
0.7		
0.8		
0.9		
1.0		
2.0		
3.0		
4.0		
5.0		
6.0		
7.0		
8.0		
9.0		
10.0		

〈표 2〉 장벽전위 및 순방향 저항

다이오드의 장벽전위(V_B) [V]	
다이오드의 순방향 저항(R_F) [Ω]	

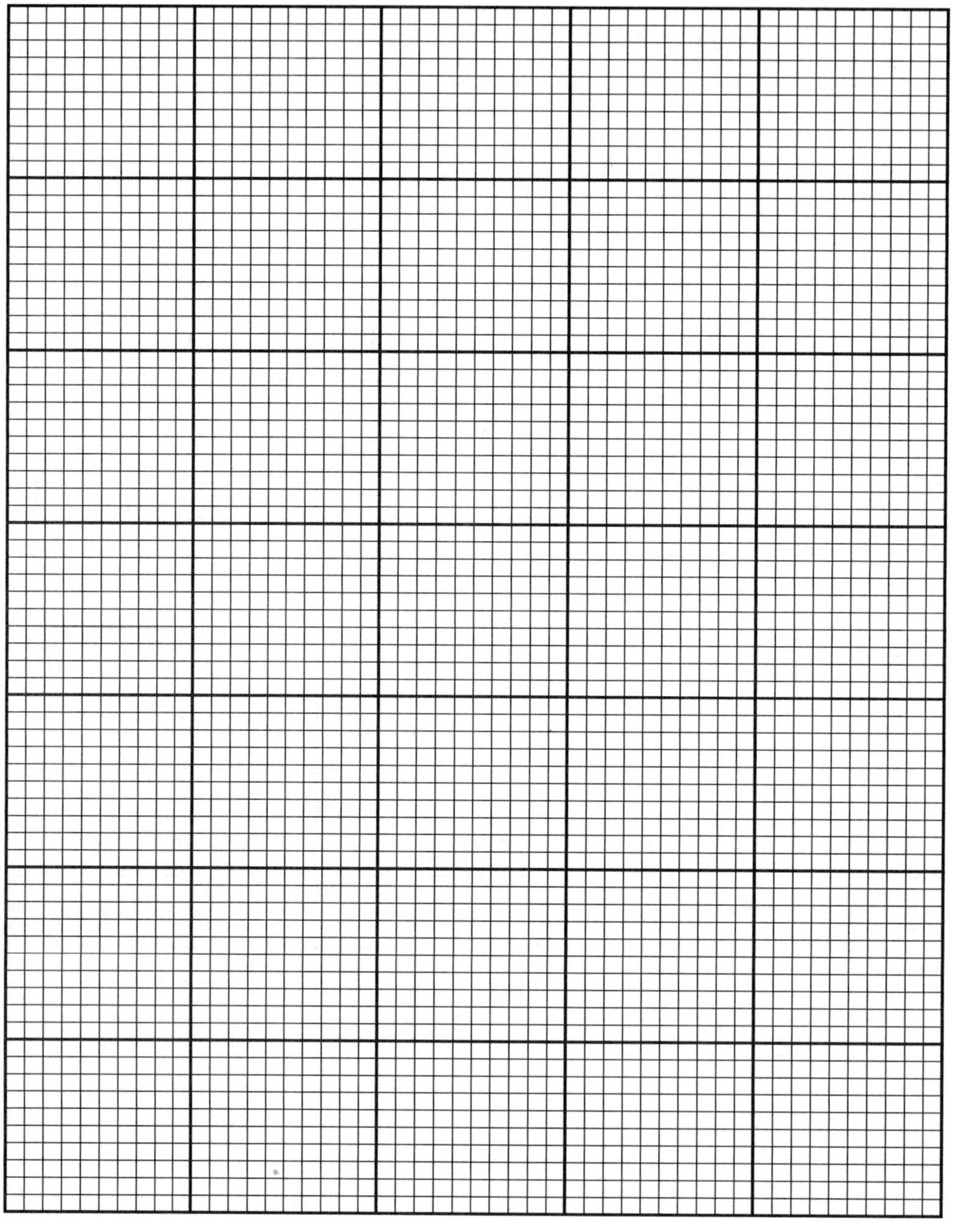

[그림 1] 다이오드의 V_d-I_d 그래프

토 의 내 용

실험 2

다이오드의 응용(I)

실험 목적

다이오드(diode)는 교류전압을 직류전압으로 변환하는 정류회로에 사용된다. 따라서 이 장에서는 반파 정류기, 전파 정류기(중간 탭 및 브리지), 콘덴서 입력형 정류기 필터 등의 동작 원리에 대한 이해를 도모하여 각 정류회로의 특성을 익힌다.

기초 이론

1. 반파 정류기

반파 정류기(half wave rectifier)는 교류전압을 직류전압으로 변환시킨다(정류회로).

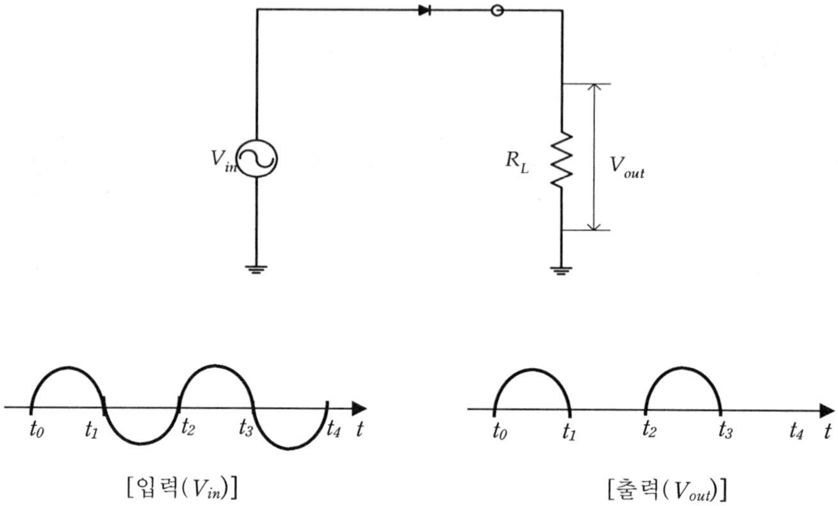

[그림 2-1] 반파 정류기 회로 및 정류 파형

(1) 반파 출력전압의 평균값($V_{avg.} = V_{DC}$)

정현파에서 평균값이

$$V_{avg.} = \frac{2}{\pi} \times V_m \tag{2-1}$$

이므로 반파일 경우,

$$V_{avg.} = \frac{1}{\pi} \times V_m \tag{2-2}$$

이다.

(2) 장벽전위에 따른 출력

$$V_{m(out)} = V_{m(in)} - 0.7[\text{V}] \ ; \ \text{Si 다이오드} \tag{2-3}$$

(3) 최대 역전압(PIV ; Peak Inverse Voltage)

$$PIV = V_{m(in)} \tag{2-4}$$

(4) 변압기를 사용한 반파 정류기

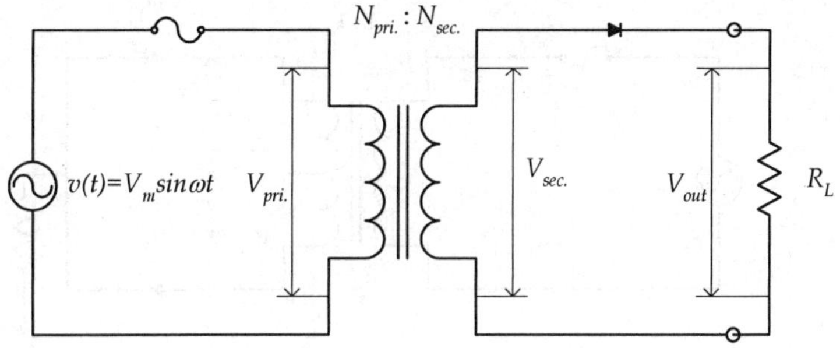

$$V_{m(pri)} = V_m$$

$$V_{m(\sec)} = \left(\frac{N_{\sec}}{N_{pri}}\right) \times V_{m(pri)}$$

여기서, $\left(\frac{N_{\sec}}{N_{pri}}\right)$는 권선비이다.

[그림 2-2] 변압기를 사용한 반파 정류기

2. 전파 정류기

전파 정류기(full wave rectifier)는 교류전압을 직류전압으로 변환시킨다 (정류회로).

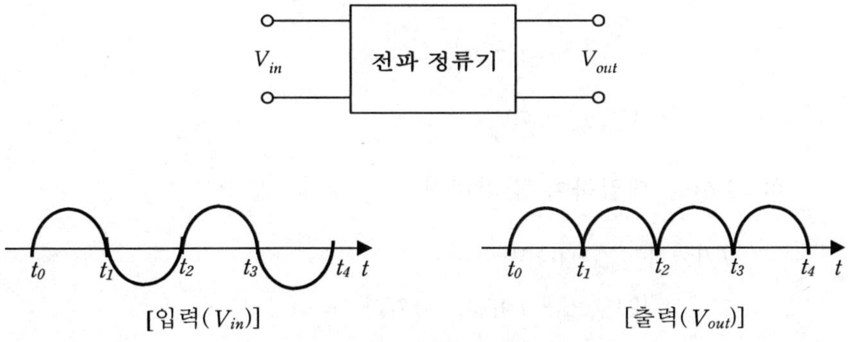

[그림 2-3] 전파 정류 작용

(1) 중간 탭(Tab) 전파 정류기

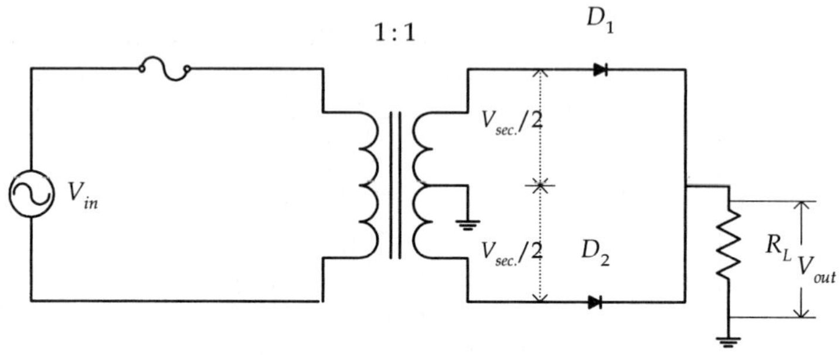

[그림 2-4] 중간 탭 전파 정류기

① 출력전압의 평균값($V_{avg} = V_{DC}$)

$$V_{avg} = \frac{2}{\pi} \times V_{m(out)} \quad \text{☜ 정현파의 평균값과 동치} \tag{2-5}$$

② 출력전압의 최대값($V_{m(out)}$)

$$V_{m(out)} = \frac{V_{m(\sec)}}{2} - 0.7[\mathrm{V}]$$

$$V_{m(\sec)} = 2V_{m(out)} + 1.4[\mathrm{V}] \tag{2-6}$$

③ 최대 역전압(*PIV*)

$$\begin{aligned} PIV &= \text{출력전압의최대값}(V_{m(out)}) + \frac{V_{m(\sec)}}{2} \\ &= \left(\frac{V_{m(\sec)}}{2} - 0.7[\mathrm{V}]\right) + \frac{V_{m(\sec)}}{2} \\ &= V_{m(\sec)} - 0.7[\mathrm{V}] \end{aligned} \tag{2-7}$$

식 (2-6)을 대입하여 정리하면,

$$\begin{aligned} PIV &= V_{m(\sec)} - 0.7[\mathrm{V}] \\ &= \{2V_{m(out)} + 1.4[\mathrm{V}]\} - 0.7[\mathrm{V}] \\ &= 2V_{m(out)} + 0.7[\mathrm{V}] \end{aligned} \tag{2-8}$$

(2) 브리지(Bridge) 전파 정류기

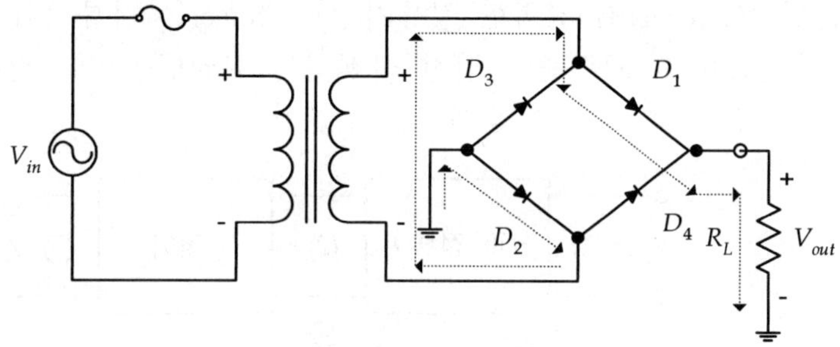

(a) 정(+)의 반주기 동안의 동작

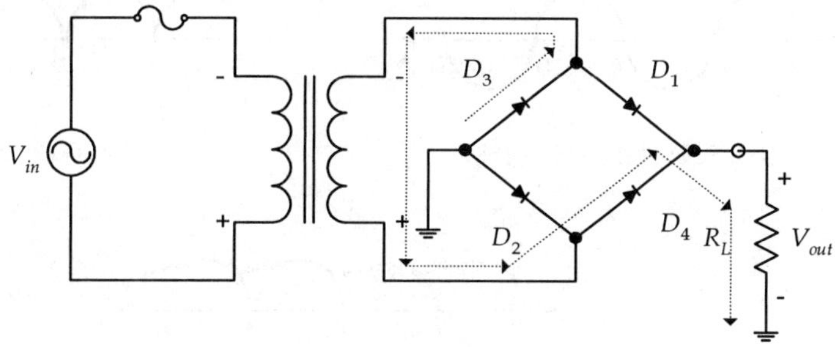

(b) 부(-)의 반주기 동안의 동작

[그림 2-5] 전파 브리지 정류기

① 출력전압의 평균값($V_{avg}= V_{DC}$)

$$V_{avg}= \frac{2}{\pi}\times V_{m(out)} \quad \text{☜ 정현파의 평균값과 동치} \tag{2-9}$$

② 출력전압(V_{out})

이상적인 경우 ; $V_{out}= V_{\sec}$

실제의 경우 ; $V_{out}= V_{\sec}- 1.4[\mathrm{V}]$ (2-10)

③ 최대 역전압(PIV)

이상적인 경우 ;$PIV=$ 출력전압의 최대값($V_{m(out)}$)

실제의 경우 ; $PIV= V_{m(out)}+ 0.7[\mathrm{V}]$ (2-11)

3. 콘덴서 입력형 정류기 필터

콘덴서(condenser) 입력형 정류기 필터(filter)는 정류기의 출력전압에 존재하는 교번 요소를 줄여 일정 레벨의 직류전압을 생성한다.

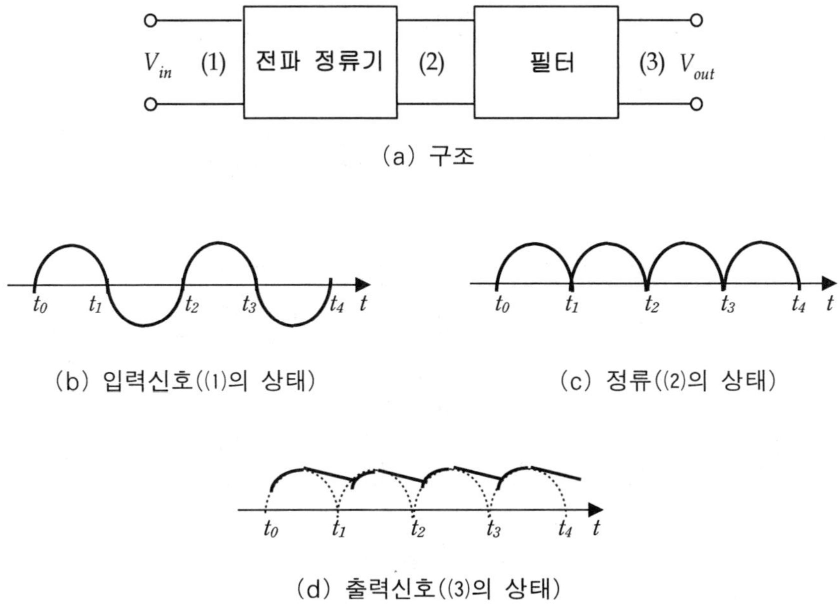

(a) 구조

(b) 입력신호((1)의 상태)

(c) 정류((2)의 상태)

(d) 출력신호((3)의 상태)

[그림 2-6] 전원 필터의 작용

(1) 리플 계수

리플(ripple) 계수는 필터의 효율을 나타내며 다음과 같이 정의한다.

$$r = \frac{V_r}{V_{DC}} \tag{2-12}$$

여기서, V_r은 리플 전압의 첨두간(peak-to-peak) 전압이며, V_{DC}는 필터의 직류전압의 평균값으로서 다음의 식으로 구할 수 있다.

$$V_r = \left(\frac{1}{fR_LC}\right) \times V_{m(in)} \tag{2-13}$$

$$V_{DC}=\left(1-\frac{1}{2fR_LC}\right)\times V_{m(in)} \tag{2-14}$$

여기서, $V_{m(in)}$은 전파 정류된 전압의 최대값(첨두값)으로 필터의 입력이 되며, 주파수(f)는 상용 주파수에서 전파 정류기일 때에는 120[Hz], 반파 정류기일 때에는 60[Hz]로 주어진다.

소요 부품

품　　목	정　　　　격	소요량
저　　항	1[kΩ]	1개
다이오드	1N4001	4개
중간 탭 변압기	12[V]	1개
콘 덴 서	100[μF]	1개

실험 방법

1. 반파 정류기

① [그림 2-7]의 회로를 결선한 후, 오실로스코프를 이용하여 A지점(CH 1)과 B지점(CH 2)에서의 파형을 확인하고 각각의 전압값인 변압기 2차측 첨두전압($V_{m(\sec)}$) 및 1[kΩ] 양단의 첨두전압($V_{m(out)}$)을 측정하여 〈표 1〉에 기록한다.

② VOM을 이용하여 1[kΩ] 양단의 직류 출력전압(V_{DC})을 측정하여 〈표 1〉에 기록하고 이론치와 비교 · 검토한다.

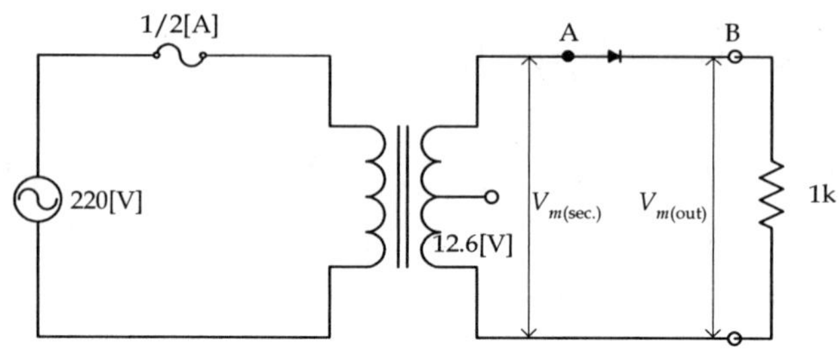

[그림 2-7] 반파 정류기

2. 중간 탭 전파 정류기

① [그림 2-8]의 회로를 결선한 후, 오실로스코프를 이용하여 A지점(CH 1)과 B지점(CH 2)에서의 파형을 확인하고 각각의 전압값인 변압기 2차측 첨두전압($V_{m(sec)}$) 및 1[kΩ] 양단의 첨두전압($V_{m(out)}$)을 측정하여 〈표 1〉에 기록한다.

② VOM을 이용하여 1[kΩ] 양단의 직류 출력전압(V_{DC})을 측정하여 〈표 1〉에 기록하고 이론치와 비교·검토한다.

3. 브리지 전파 정류기

① [그림 2-9]의 회로를 결선한 후, 오실로스코프를 이용하여 A지점(CH 1)에서의 파형을 확인하고 1[kΩ] 양단의 첨두전압($V_{m(out)}$)을 측정하여 〈표 1〉에 기록한다.

② VOM을 이용하여 1[kΩ] 양단의 직류 출력전압(V_{DC})을 측정하여 〈표 1〉에 기록하고 이론치와 비교·검토한다.

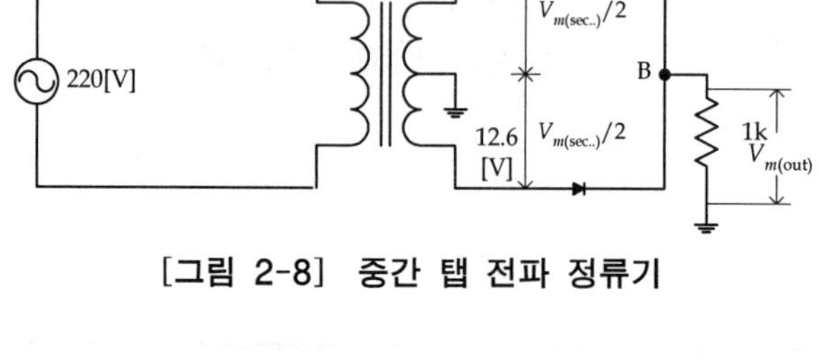

[그림 2-8] 중간 탭 전파 정류기

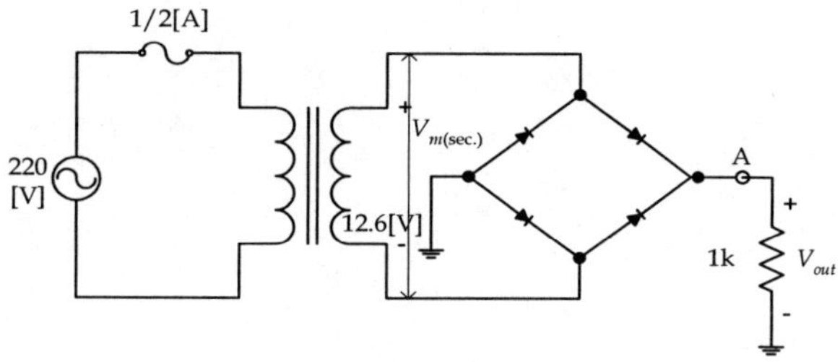

[그림 2-9] 브리지 전파 정류기

4. 콘덴서 입력형 정류기 필터

① [그림 2-10]의 회로를 결선한 후, 오실로스코프를 이용하여 A지점에서의 파형을 확인하고 1[kΩ] 저항과 100[μF] 콘덴서 양단의 첨두전압($V_{m(out)}$)과 리플 전압(V_r)을 측정하여 〈표 2〉에 기록한다.

② VOM을 이용하여 1[kΩ] 양단의 직류 출력전압(V_{DC})을 측정하여 〈표 2〉에 기록하고 식 (2-12)~(2-14)를 이용하여 직류 출력전압(V_{DC}), 리플 전압(V_r), % 리플 계수 등을 각각 계산하여 〈표 2〉에 기록한다.

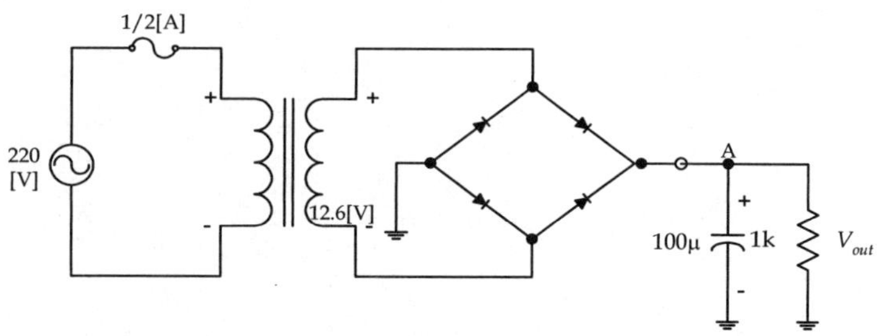

[그림 2-10] 콘덴서 입력형 정류기 필터

실 험 결 과 보 고 서

실 험 일 자	년 월 일( )
제 출 일 자	년 월 일( )
실 험 제 목	다이오드의 응용(Ⅰ)
담 당 교 수	

학 과	
조 편 성	
학 번	
성 명	

〈표 1〉 정류기에 따른 측정치

측정 파라미터 / 정류기	2차측 첨두전압 ($V_{m(\text{sec})}$)	출력 첨두전압 ($V_{m(out)}$)	직류 출력전압 (V_{DC})
반파 정류기			
중간 탭 전파 정류기			
브리지 전파 정류기			

〈표 2〉 콘덴서 입력형 정류기 필터

측정 파라미터	측정치 [V]	이론치 [V]	오 차 율
출력 첨두전압 ($V_{m(\text{sec})}$)		-	-
직류 출력전압 (V_{DC})			
리플 전압 (V_r)			
% 리플 계수 (% r)	-		-

토 의 내 용

실험 3

다이오드의 응용(Ⅱ)

실험 목적

다이오드는 기본적으로 쓰이는 정류회로 외에 파형 정형회로(리미터 또는 클리퍼), 직류 재생기(클램퍼), 전압 체배기 등에 사용된다. 따라서 이 장에서는 리미터(클리퍼), 클램퍼, 전압 체배기 등의 동작 원리에 대한 이해를 도모한다.

기초 이론

1. 리미터 ; 클리퍼

리미터(limitter) ; 클리퍼(clipper)는 신호전압의 일정 레벨의 상·하를 제거한다.

(1) 원 리

[그림 3-1]의 (a)는 정(+)의 반주기를 제거(제한)하는 리미터 회로로서 입력신호 V_{in}의 정(+)의 반주기 동안 다이오드는 순방향 바이어스가 되며, 캐소드가 접지되어 있기 때문에 애노드는 0.7[V](Si의 경우)를 넘을

수 없다. 한편, 다이오드의 방향을 바꾸면 [그림 3-1]의 (b)와 같이 부(-)의 반주기가 제거(제한)되는데, 부(-)의 반주기 동안 다이오드가 순방향 바이어스될 때 점 A는 다이오드의 전압 강하에 의해 -0.7[V]가 유지된다.

출력전압(V_{out})은 R_1과 R_L이 직렬로 이루어진 전압 분배기가 되므로, 다음과 같이 주어진다.

$$V_{out} = \left(\frac{R_L}{R_1 + R_L} \right) \times V_{in} \tag{3-1}$$

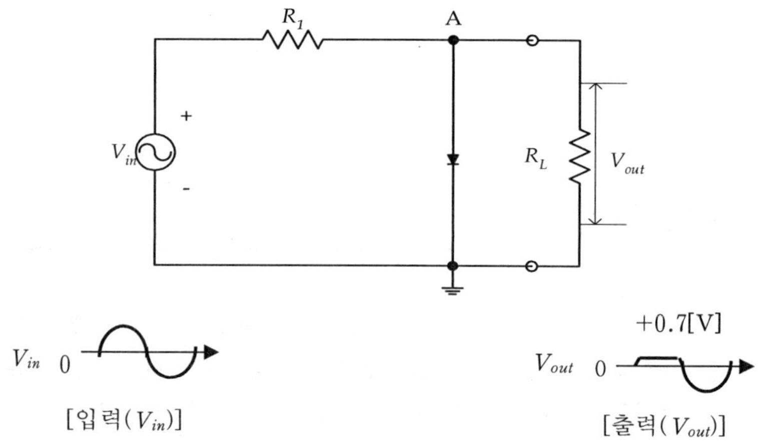

(a) 정(+)의 반주기를 제거(제한)

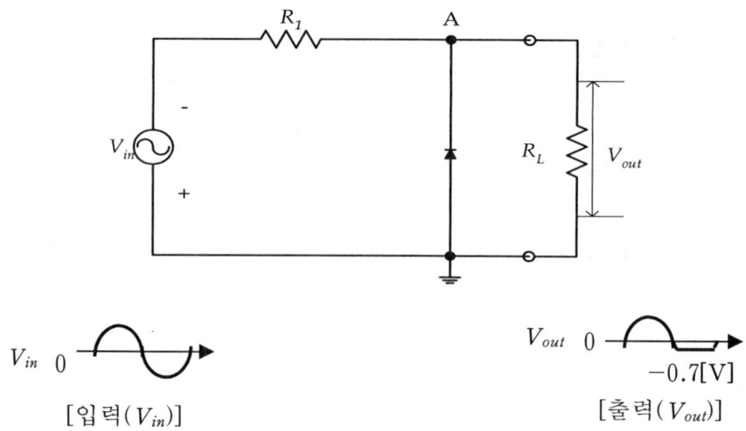

(b) 부(-)의 반주기를 제거(제한)

[그림 3-1] 다이오드 리미터 회로

(2) 바이어스된 경우

[그림 3-2 (a)]는 다이오드가 도통하기 전에 점 A에서의 전압은 $V_{bias}+0.7[V]$이어야 하며, 도통하기 시작할 때 점 A에서의 전압은 이 레벨 이상의 모든 입력전압은 제거(제한)하는 리미터 회로이다.

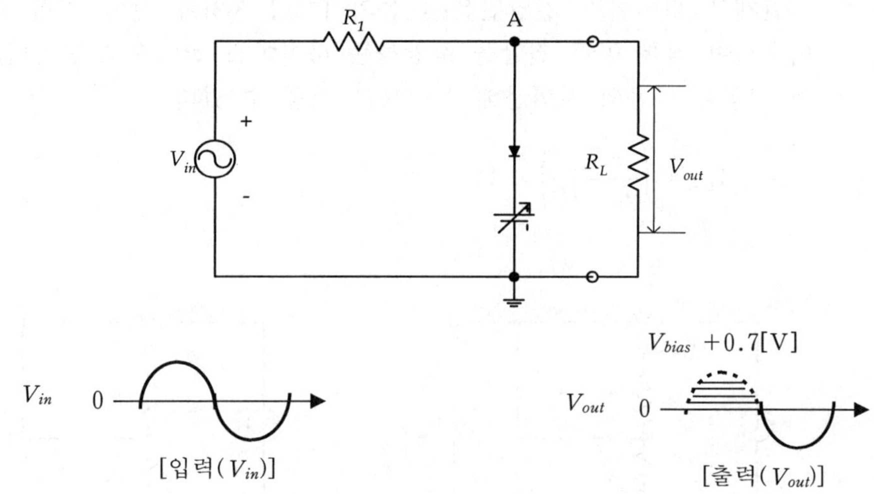

(a) 바이어스된 정(+) 리미터

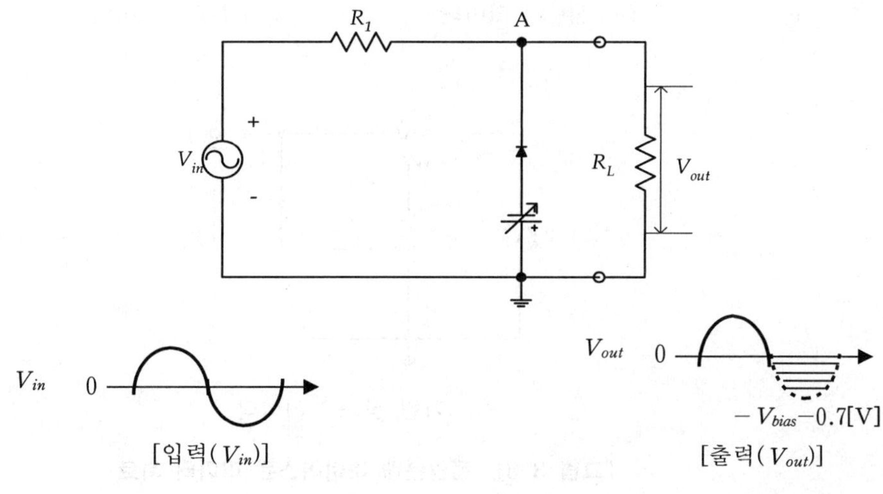

(b) 바이어스된 부(-) 리미터

[그림 3-2] 바이어스된 리미터 회로

한편, [그림 3-2]의 (b)와 같이 연결하면, 점 A에서의 전압은 $-V_{bias}-0.7[\mathrm{V}]$ 이하이어야 하며, 순방향 바이어스가 되어 그림과 같이 제한작용을 한다.

(3) 전압분배 바이어스

실제로 바이어스 전압원은 다음의 [그림 3-3]과 같이 저항 분압기를 이용하여 직류 공급 전압을 희망하는 바이어스 전압으로 만든다. 바이어스 전압은 다음의 전압분배 공식으로 얻을 수 있다.

$$V_{bias}=\left(\frac{R_3}{R_2+R_3}\right)\times V \tag{3-2}$$

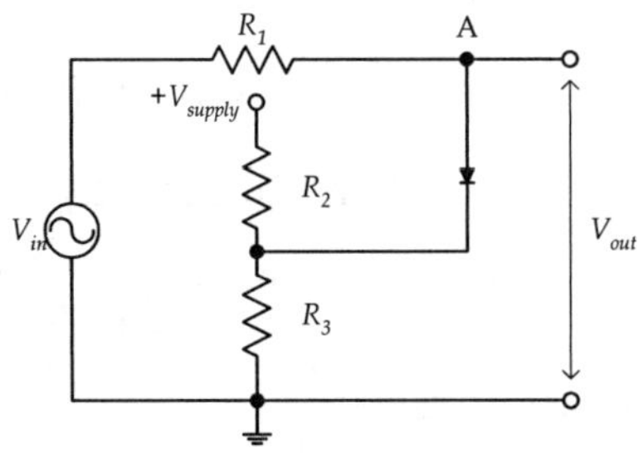

(a) 정(+) 리미터

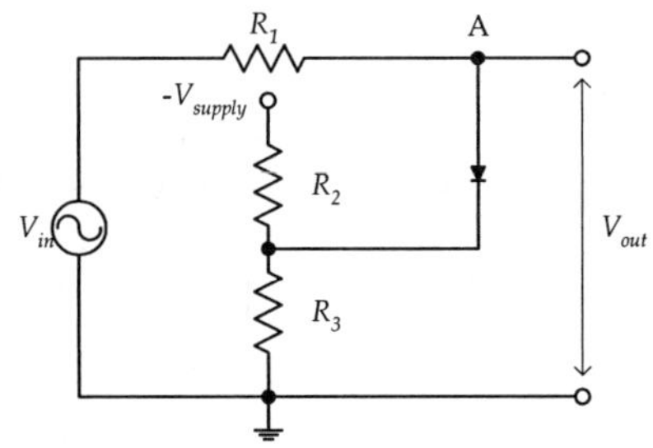

(b) 부(-) 리미터

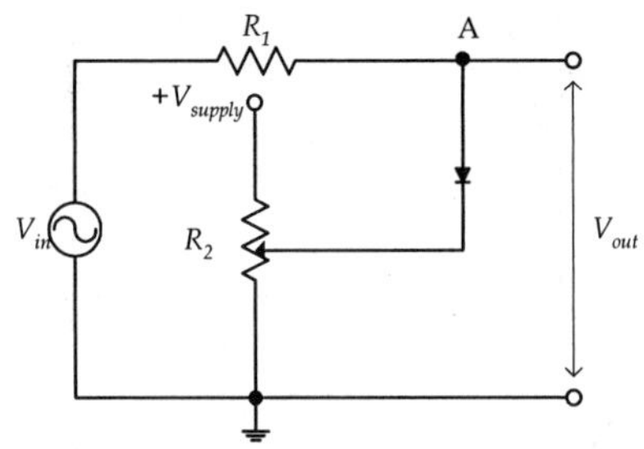

(c) 가변 정(+) 리미터

[그림 3-3] 전압분배 바이어스된 리미터 회로

2. 클 램 퍼

클램퍼(clamper)는 교류전압에 직류 레벨을 더하는 회로(직류 복원기)이다.

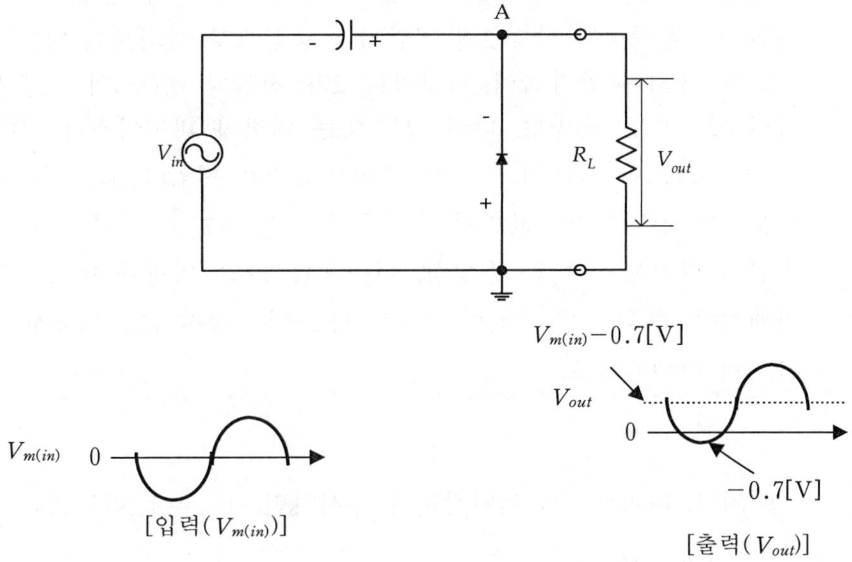

(a) 정(+) 클램퍼

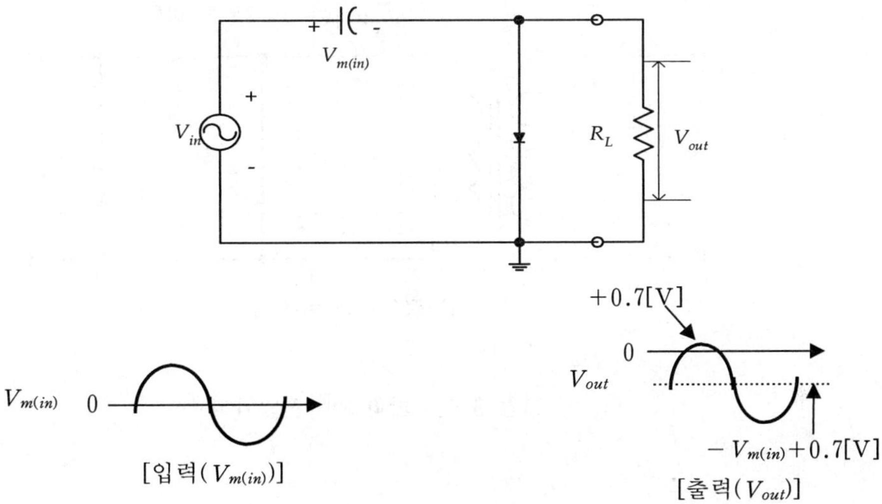

(b) 부(-) 클램퍼

[그림 3-4] 다이오드 클램퍼 회로

3. 전압 체배기; 2배 전압기

전압 체배기는 입력 변압기의 정격전압은 증가시키지 않고 정류된 첨두전압을 증가시키며, 일반적으로 사용되는 체배수는 2배, 3배 및 4배이지만, 이 절에서는 반파 2배 전압기를 중심으로 살펴보면 다음과 같다.

[그림 3-5]는 반파 2배 전압기로 2차 전압의 정(+)의 반주기 동안에 다이오드 D_1은 순방향, 다이오드 D_2는 역방향 바이어스가 된다. 커패시터 C_1은 [그림 3-5 (a)]와 같은 극성으로 2차 전압(V_m)의 첨두값에서 다이오드의 전압을 뺀 값까지 충전된다. ($V_m-0.7$[V]) 한편, 부(-)의 반주기 동안에 다이오드 D_2는 순방향, 다이오드 D_1은 역방향 바이어스가 된다. 커패시터 C_1의 첨두전압이 C_2를 $2V_m$으로 충전하기 위해서 2차 전압 (V_m)이 더해지므로,

$$V_{C2}=V_{C1}+V_m \tag{3-3}$$

여기서, 다이오드의 전압강하를 무시하면, $V_{C1}=V_m$이므로

$$V_{C2}=2V_m \tag{3-4}$$

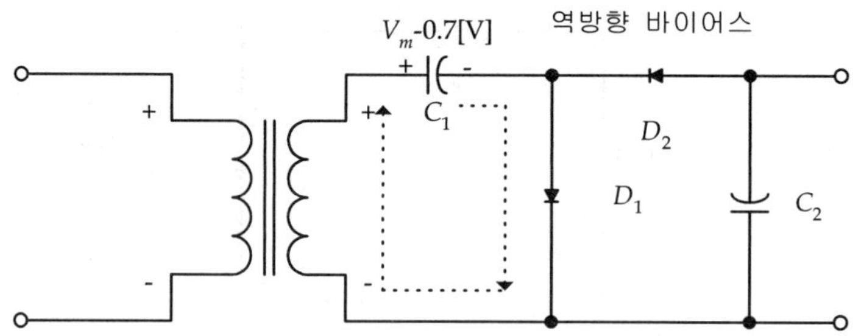

(a) 정(+)의 반주기

[그림 3-5] 반파 2배 전압기(계속)

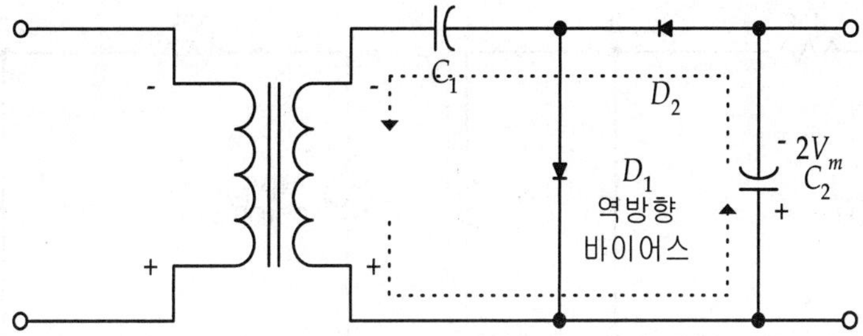

(b) 부(-)의 반주기

[그림 3-5] 반파 2배 전압기

소요 부품

품 목	정 격	소요량
저 항	10[kΩ], 15[kΩ]	각 1개
다이오드	1N4001	2개
중간 탭 변압기	12.6[V_{rms}]	1개
콘 덴 서	10[μF] 100[μF]	1개 2개

실험 방법

1. 리 미 터

① [그림 3-6]의 (a) 및 (b) 회로를 결선한 후, 신호 발생기를 이용하여 4[$V_{p\text{-}p}$], 500[Hz]로 신호입력을 인가한다.

② 오실로스코프를 이용하여 A지점과 B지점에서의 파형을 확인하고 각각의 파형을 [그림 1]에 도시한다.

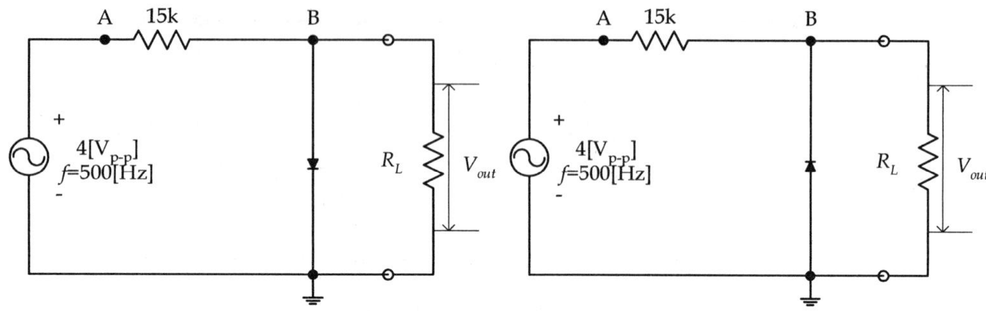

(a) 정(+)의 반주기 제한 (b) 부(-)의 반주기 제한

[그림 3-6] 리미터 회로

2. 클 램 퍼

① [그림 3-7]의 (a) 및 (b) 회로를 결선한 후, 신호 발생기를 이용하여 4[V_{p-p}], 1[㎑]로 신호입력을 인가한다.

② 오실로스코프를 이용하여 A지점과 B지점에서의 파형을 확인하고 각각의 파형을 [그림 2]에 도시한다.

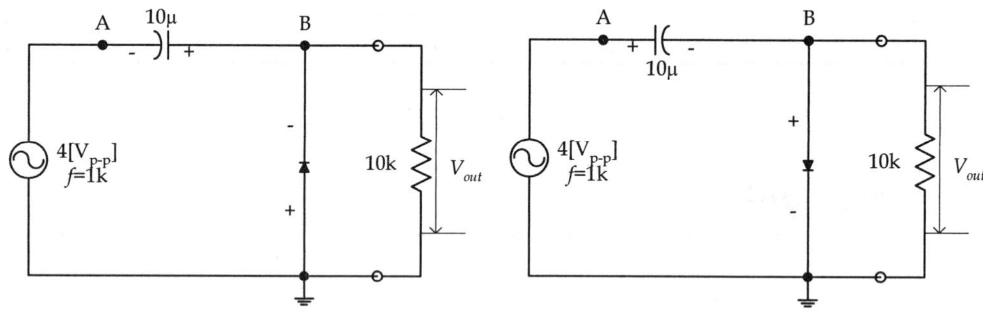

(a) 정(+) 클램퍼 (b) 부(-) 클램퍼

[그림 3-7] 클램퍼 회로

3. 전압 체배기; 2배 전압기

① [그림 3-8]의 회로를 결선한 후, 오실로스코프를 이용하여 A지점(CH 1)에서의 파형을 확인하고 첨두전압(V_m)과 입력 주파수(f_{in})를 〈표 1〉에 기록한다.

② B(CH 2)지점에서의 파형을 확인하고 첨두전압($V_{m(out)}$)을 〈표 1〉에 기록한다.

③ C지점(CH 1)에서의 파형을 확인하고 VOM을 이용하여 10[kΩ] 양단의 직류 출력전압(V_{DC})을 측정하여 〈표 1〉에 기록한다.

④ CH 1을 교류결합으로 절환하고 감도를 조절한 후, 리플 전압(V_r)과 리플 주파수($f_{rip.}$)를 측정하여 〈표 1〉에 기록한다.

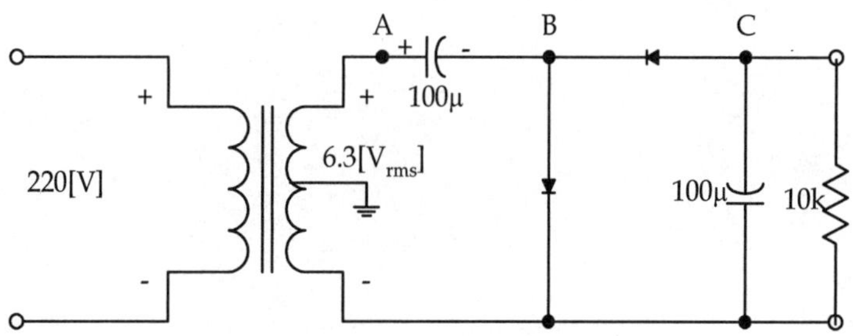

[그림 3-8] 반파 2배 전압기 회로

실 험 결 과 보 고 서

실 험 일 자	년 월 일( )
제 출 일 자	년 월 일( )
실 험 제 목	다이오드의 응용(Ⅱ)
담 당 교 수	

학 과	
조 편 성	
학 번	
성 명	

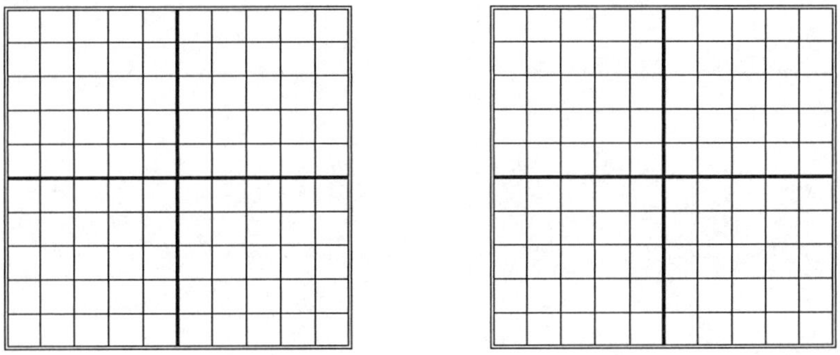

(a) 정(+)의 반주기 제한　　　(b) 부(-)의 반주기 제한

[그림 1] 리미터의 결과 파형

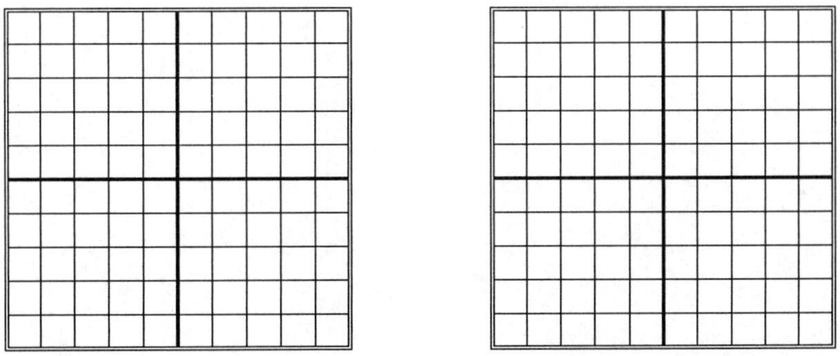

(a) 정(+) 클램퍼　　　(b) 부(-) 클램퍼

[그림 2] 클램퍼의 결과 파형

〈표 1〉 반파 2배 전압기

측정 파라미터	측정치
첨두전압 (V_m)	
입력 주파수 (f_{in})	
출력 첨두전압 ($V_{m(out)}$)	
직류 출력전압 (V_{DC})	
리플 주파수 ($f_{rip.}$)	
리플 전압 (V_r)	

토 의 내 용

실험 4

제너 다이오드

실험 목적

제너 다이오드(zener diode)는 직류전원의 전압 안정기로 쓰인다. 따라서 이 장에서는 제너 다이오드의 기본 특성과 전압 안정기로서의 동작 원리에 대한 이해를 도모한다.

기초 이론

1. 제너 다이오드 ; 전압 안정기

제너 다이오드(전압 안정기)는 순방향일 때 정류 다이오드와 동일한 동작을 하며, 역방향일 때 직류전원의 전압은 안정화를 이룬다.

(1) 표 기

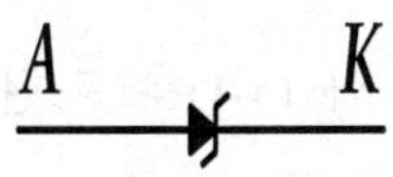

[그림 4-1] 제너 다이오드의 표기

(2) 전압-전류(V-I) 특성

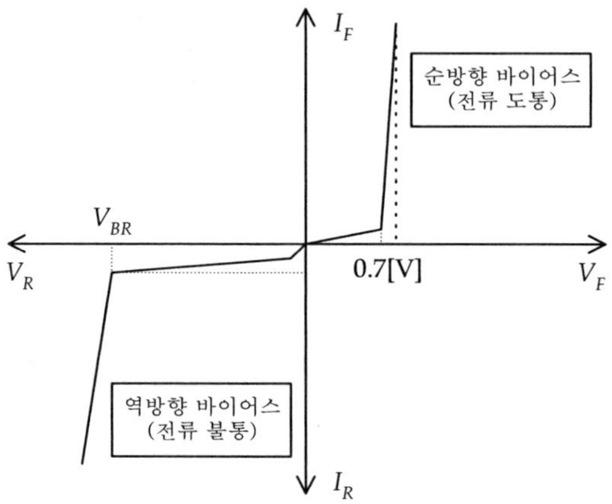

(a) 정류 다이오드의 동작 영역

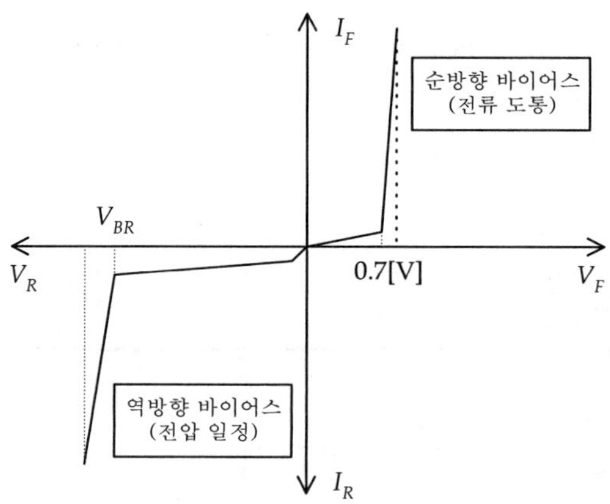

(b) 제너 다이오드의 동작 영역

[그림 4-2] 다이오드의 전압-전류 특성 곡선

(3) 등가회로

제너 임피던스(Z_Z)는 식 (4-1)로 표현된다.

$$Z_Z = \frac{\Delta V_Z}{\Delta I_Z} \tag{4-1}$$

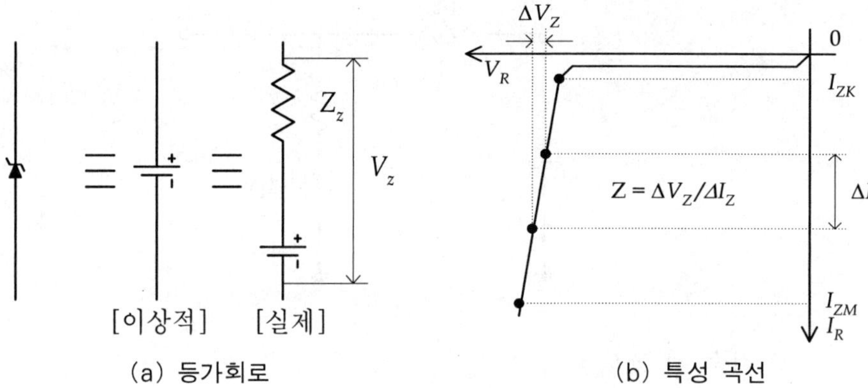

[그림 4-3] 제너 다이오드의 등가회로 및 제너 임피던스(Z_Z) 특성 곡선

2. 제너 다이오드의 응용

(1) 가변 입력전압의 제너 안정화

제너 다이오드가 직류전압을 안정화시키는 것을 입력 또는 선형 안정화라고 하며, [그림 4-4]의 회로에서 전압을 안정화시킬 수 있는 최소 및 최대 입력전압을 구하면 다음과 같다.

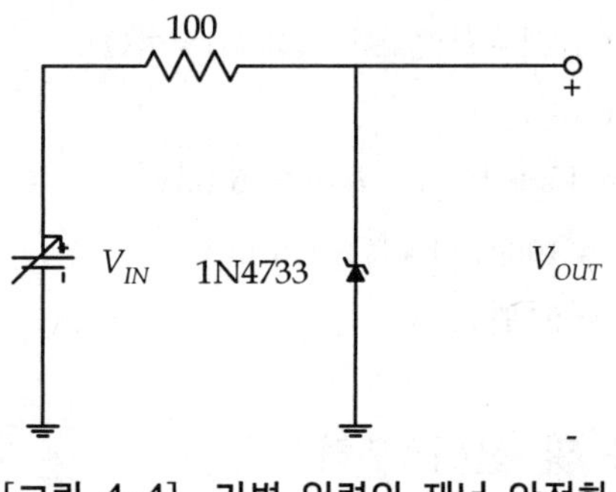

[그림 4-4] 가변 입력의 제너 안정화

제너 다이오드의 규격표로부터 1N4733은 $V_Z = 5.1[V]$, $Z_{ZT} = 7[\Omega]$, $I_{ZK} = 1[mA]$, $I_{ZT} = 49[mA]$이므로, 다음과 같은 등가회로를 도시할 수 있다.

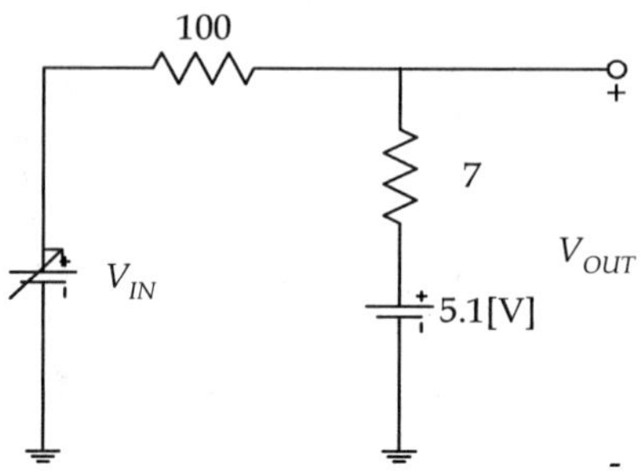

① 최소 전류(I_{ZK})

$$V_{OUT} = V_Z + \Delta V_Z = 5.1[V] + (I_{ZK} - I_{ZT})\, Z_{ZT}$$
$$= 5.1[V] - (49[mA] - 1[mA]) \times 7[\Omega]$$
$$= 4.76[V]$$
$$V_{IN(\min)} = V_R + V_{OUT} = I_{ZK} R + 4.76[V]$$
$$= 1[mA] \cdot 100[\Omega] + 4.76[V]$$
$$= 4.86[V]$$

② 최대 전류(I_{ZM})

$$I_{ZM} = \frac{P_D}{V_Z} = \frac{1[W]}{5.1[V]} = 196[mA]\text{이므로,}$$
$$V_{OUT} = V_Z + \Delta V_Z = 5.1[V] + (I_{ZM} - I_{ZT})\, Z_{ZT}$$
$$= 5.1[V] + (196[mA] - 49[mA]) \times 7[\Omega]$$
$$= 6.13[V]$$
$$V_{IN(\max)} = V_R + V_{OUT} = I_{ZM} R + 6.13[V]$$
$$= 196[mA] \cdot 100[\Omega] + 6.13[V]$$
$$= 25.7[V]$$

(2) 무(無)부하 및 전(全)부하

[그림4-5]의 회로에서 $V_Z = 12[V], I_{ZK} = 1[mA], I_{ZM} = 50[mA], Z_Z = 0[\Omega]$일 때, 제너 다이오드가 안정화를 유지하기 위한 최대 및 최소 부하전류를 구하고 사용 가능한 부하의 최소값을 구하면 다음과 같다.

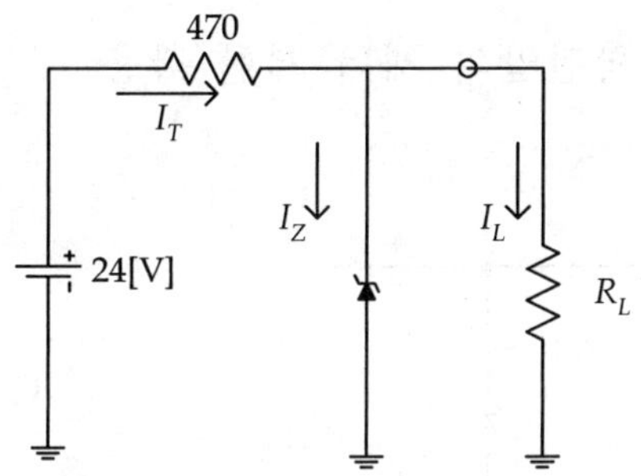

[그림 4-5] 부하 시 제너 안정화

$I_T = I_Z + I_L$; KCL에서, $I_L = 0$일 때 I_Z은 최대이고 $I_T = I_Z$가 되므로,

$$I_{Z(\max)} = I_T = \frac{V_{IN} - V_Z}{R}$$

$$= \frac{24[\mathrm{V}] - 12[\mathrm{V}]}{470[\Omega]}$$

$$= 25.5[\mathrm{mA}]$$

① 최소 부하전류($I_{L(\min)}$)

$$I_{L(\min)} = 0[\mathrm{A}] \quad (\because I_{Z(\max)} < I_{ZM})$$

② 최대 부하전류($I_{L(\max)}$)

$$I_{L(\max)} = I_T - I_{ZK}$$

$$= 25.5[\mathrm{mA}] - 1[\mathrm{mA}]$$

$$= 24.5[\mathrm{mA}]$$

③ 부하의 최소값($R_{L(\min)}$)

$$R_{L(\min)} = \frac{V_Z}{I_{L(\max)}}$$

$$= \frac{12[\mathrm{V}]}{24.5[\mathrm{mA}]}$$

$$= 490[\Omega]$$

(3) 정현파 입력전압의 제너 제한 작용

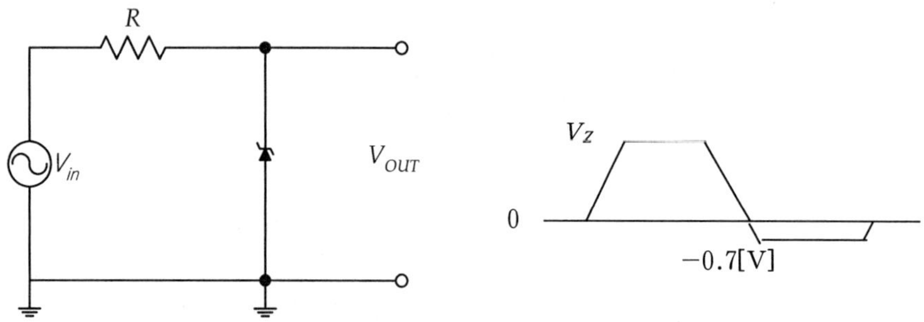

(a) 정(+)의 첨두제한, 부(-)를 -0.7[V]로 제한

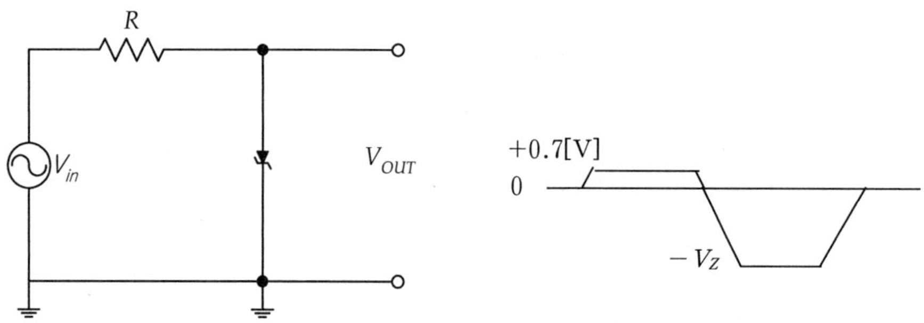

(b) 부(-)의 첨두제한, 정(+)을 +0.7[V]로 제한

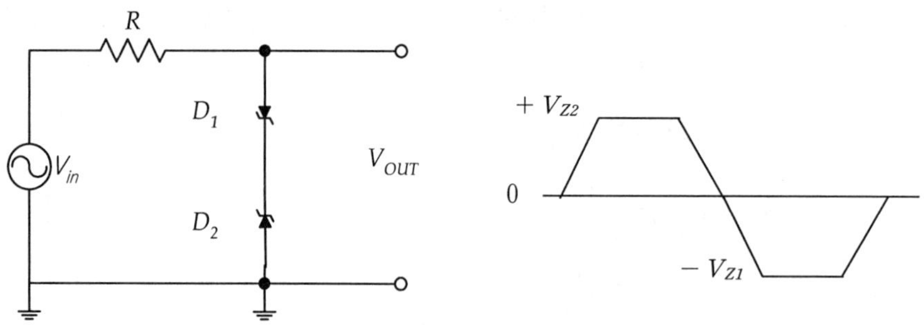

(c) 리미터 및 순방향 바이어스로의 역할

[그림 4-6] 제너 다이오드의 제한 작용

소요 부품

품　　목	정　　격	소요량
저　　항	100[Ω], 220[Ω]	각 1개
다이오드	1N4735	1개

실험 방법

1. 제너 다이오드의 특성 그래프

① [그림 4-7]의 회로를 결선한 후, 직류전압(V_{IN})을 조금씩 증가시키면서 제너 다이오드의 양단전압(V_Z) 및 흐르는 전류(I_Z)을 측정한 후, 〈표 1〉에 데이터를 기록하고 [그림 1]에 제너 다이오드의 특성 그래프를 도시한다. ☞ 제너 다이오드의 변곡점 전압 근처에서 서서히 증가시킨다.

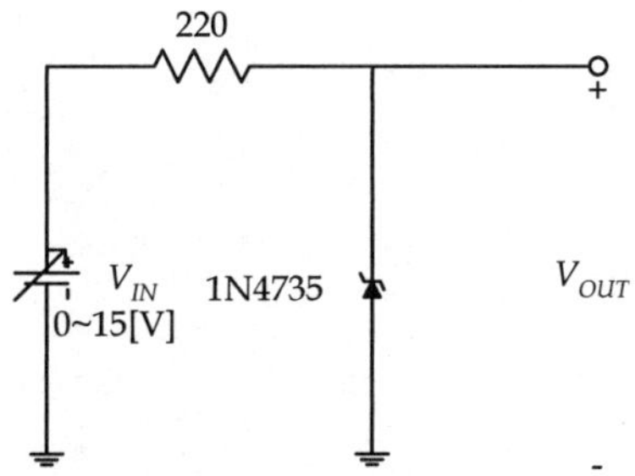

[그림 4-7] 가변 입력의 제너 안정화

2. 전압 안정기

① 전체 부하 : [그림 4-7]의 회로를 결선한 후, 직류전압(V_{IN})을 15[V] 인가하고 전원전류(I_S), 제너 전류(I_Z), 부하전류(I_L), 출력전압(V_{OUT})을 측정한 후, 〈표 2〉에 데이터를 기록하고 이론치를 계산하여 비교·검토한다.

② 무부하 : [그림 4-7]의 회로에서 부하를 제거한 후, 전원전류(I_S), 제너 전류(I_Z), 출력전압(V_{OUT})을 측정한 후, 〈표 2〉에 데이터를 기록하고 이론치를 계산하여 비교·검토한다.

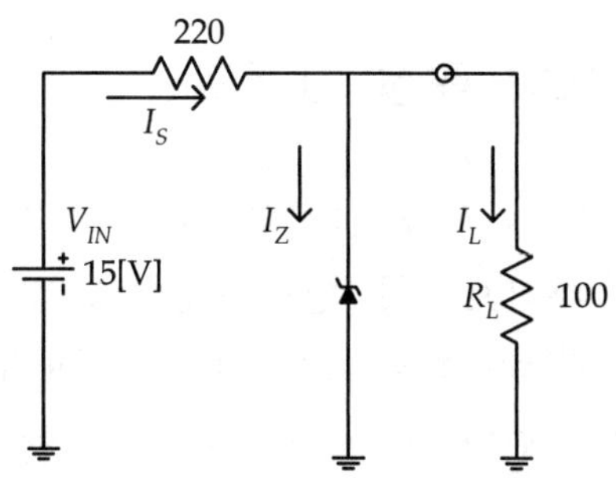

[그림 4-7] 부하 시 제너 안정화

실 험 결 과 보 고 서

실 험 일 자	년 월 일( )
제 출 일 자	년 월 일( )
실 험 제 목	제너 다이오드
담 당 교 수	

학 과	
조 편 성	
학 번	
성 명	

〈표 1〉 제너 다이오드의 특성 그래프

제너 전압(V_Z) [V]	제너 전류(I_Z) [mA]

〈표 2〉 전압 안정기

구 분	파라미터	측 정 치	이 론 치	오 차 율
전(全) 부하	I_S			
	I_Z			
	I_L			
	V_{OUT}			
무(無) 부하	I_S			
	I_Z			
	V_{OUT}			

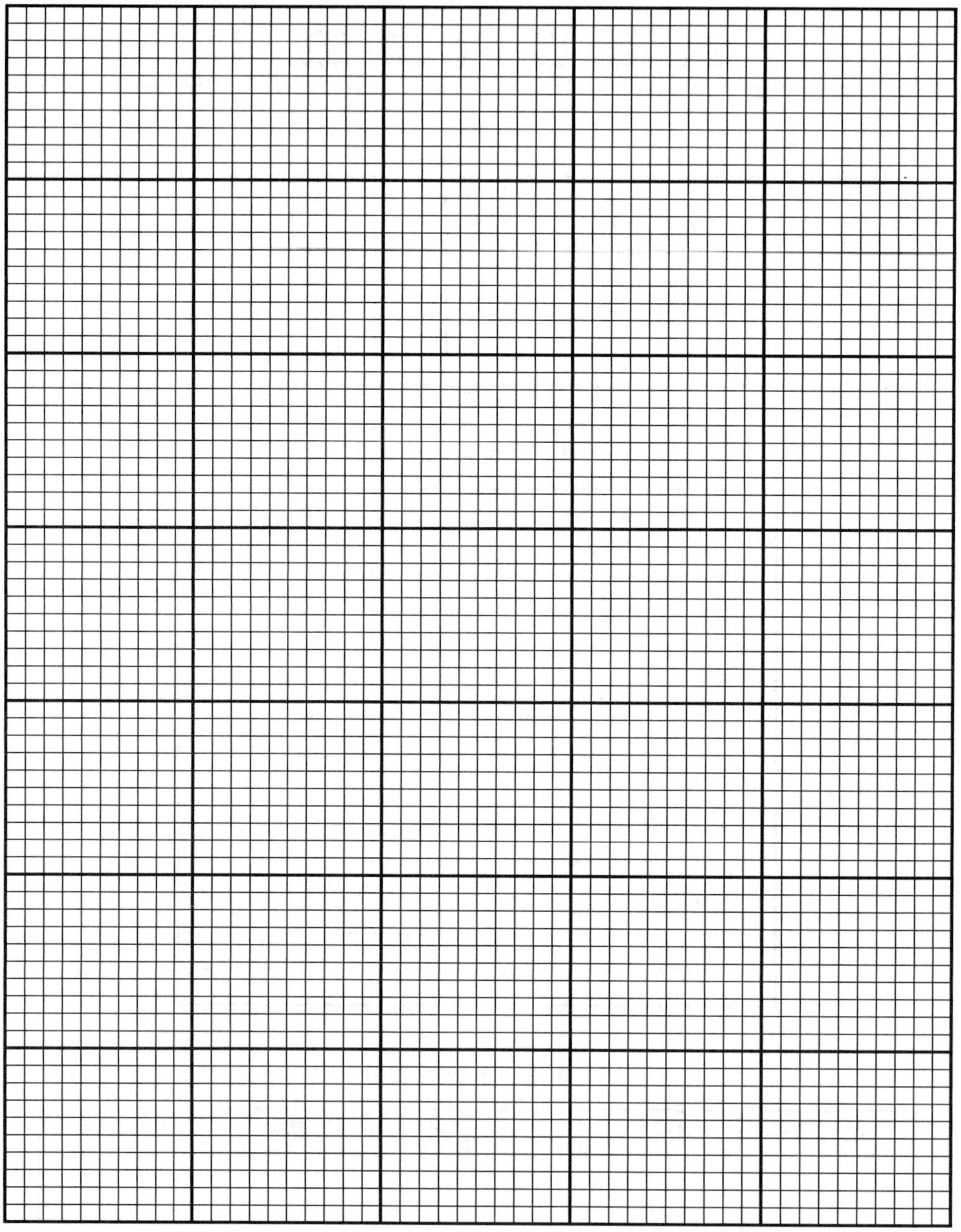

[그림 1] 제너 다이오드의 특성 그래프

토 의 내 용

실험 5

트랜지스터의 베이스 바이어스

실험 목적

트랜지스터(transistor)를 증폭기로 동작시키기 위해서는 적절히 바이어스되어야 한다. 따라서 이 장에서는 직류 동작점(Q점) 및 베이스 바이어스(base bias)된 트랜지스터의 특성 곡선에 대한 이해를 도모한다.

기초 이론

1. DC 동작점

트랜지스터가 증폭기로 동작하기 위해서는 DC 바이어스가 있어야 하고, DC 동작점(Q점 ; quiescent point))은 입력단자의 신호의 변화가 그대로 증폭되어 출력단자에 재생되도록 정해져야 한다.

(1) DC 바이어스

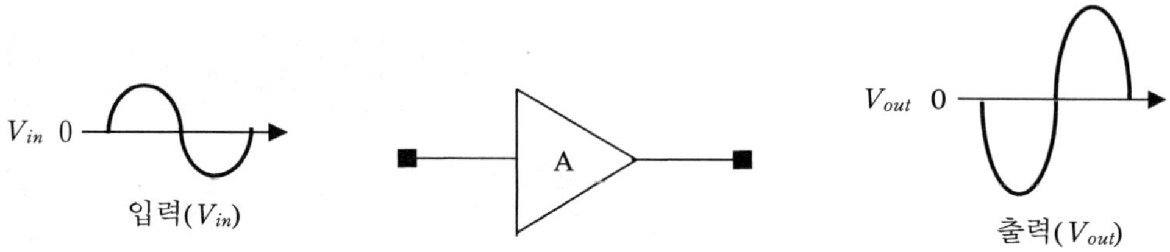

(a) 선형 동작; 위상 180° 변환하여 증폭

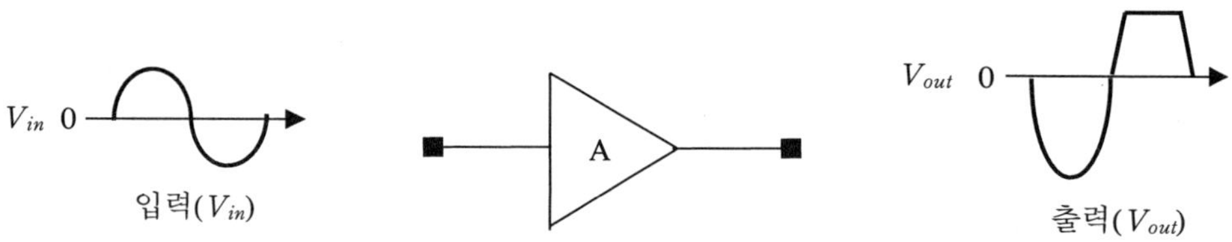

(b) 출력의 정(+)의 부분이 제한; Q가 차단점 가까이

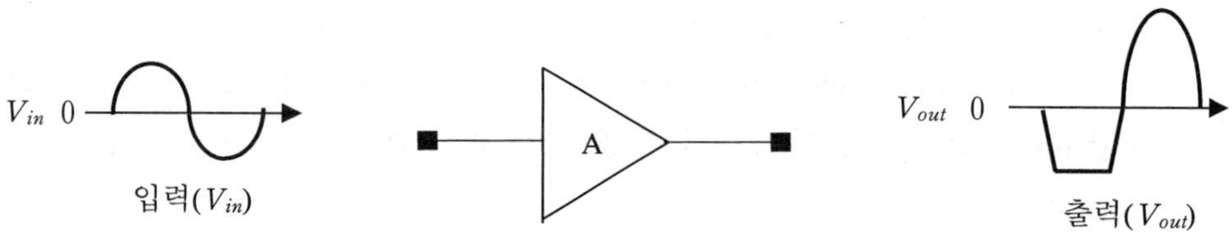

(c) 출력의 부(-)의 부분이 제한; Q가 포화점 가까이

[그림 5-1] 반전 증폭기의 동작

(2) DC 부하선

일례로 다음의 [그림 5-2]에서, DC 부하선을 도시하면 다음과 같다.

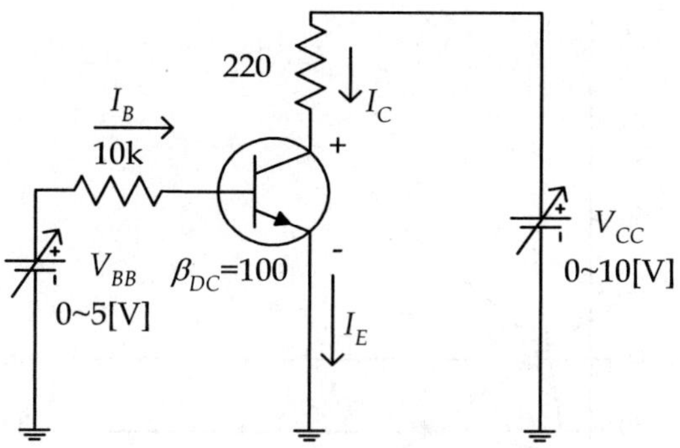

(a) 바이어스 회로

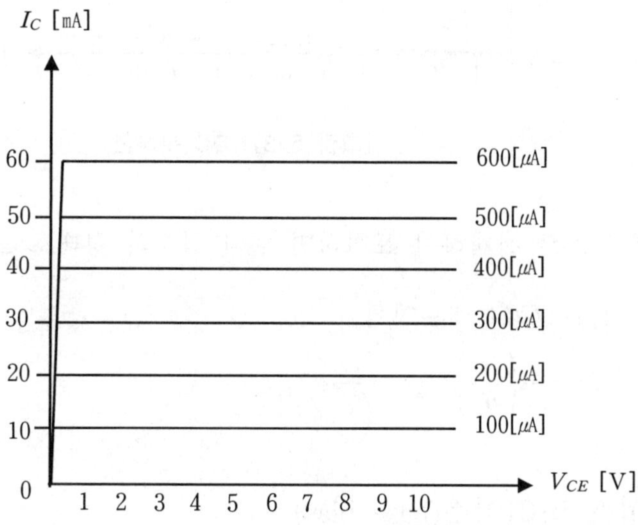

(b) I_C - V_{CE} 특성

[그림 5-2] 가변 바이어스 회로

i) $I_B = 200[\mu A]$, $I_C = 20[mA]$일 때 ; Q_1

$$V_{CE} = V_{CC} - I_C R_C = 10[V] - 20[mA] \times 220[\Omega] = 5.6[V]$$

ii) $I_B = 300[\mu A]$, $I_C = 30[mA]$일 때 ; Q_2

$$V_{CE} = V_{CC} - I_C R_C = 10[V] - 30[mA] \times 220[\Omega] = 3.4[V]$$

iii) $I_B = 400[\mu A]$, $I_C = 40[mA]$일 때 ; Q_3

$$V_{CE} = V_{CC} - I_C R_C = 10[V] - 40[mA] \times 220[\Omega] = 1.2[V]$$

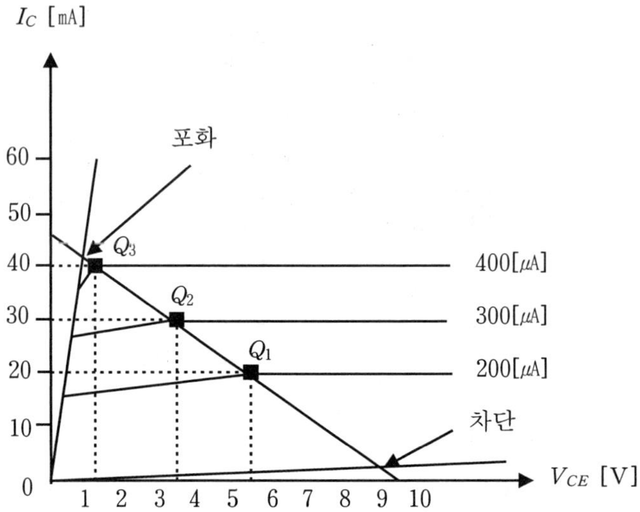

[그림 5-3] DC 부하선

수학적으로 전개하여 표현하면 일차 함수의 형태로 표현된다.

$V_{CC} = I_C R_C + V_{CE}$ 에서

$$\therefore I_C = -\left(\frac{1}{R_C}\right) V_{CE} + \frac{V_{CC}}{R_C} \tag{5-1}$$

2. 베이스 바이어스(base bias)

실용적으로 단일 전원(V_{CC})을 사용하여 바이어스 전압 인가한 것으로 회로도 및 간략화한 그림을 나타내면 [그림 5-4]와 같다.

여기에서,

$$I_B = \frac{V_{CC} - V_{BE}}{R_B} \tag{5-2}$$

$$I_C = \beta_{DC} I_B = \beta_{DC}\left(\frac{V_{CC} - V_{BE}}{R_B}\right) \tag{5-3}$$

$$V_{CE} = V_{CC} - V_{R_C} = V_{CC} - I_C R_C \tag{5-4}$$

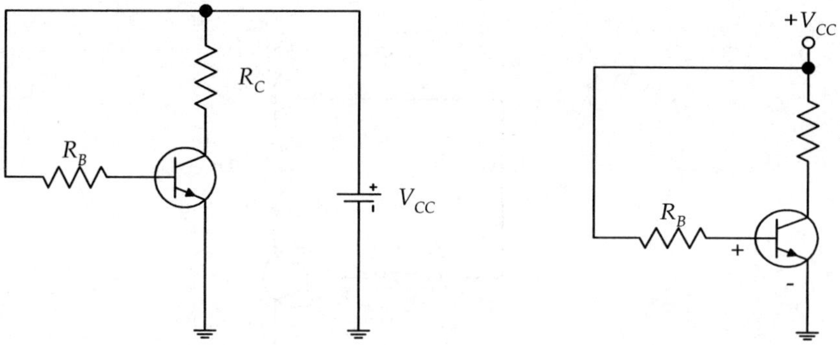

(a) 베이스 바이어스 인가회로 (b) 간략화한 회로

[그림 5-4] 베이스 바이어스 회로

소요 부품

품 목	정 격	소요량
저 항	1[kΩ], 560[kΩ]	각 1개
가변 저항	1[MΩ]	1개
트랜지스터	2N3904 (npn형)	1개

실험 방법

1. 베이스 바이어스

① [그림 5-5]의 회로를 결선한 후, 560[kΩ]에 흐르는 전류(IB), 1[kΩ]에 흐르는 전류(I_C)를 측정하여 전류이득(β_{DC})을 계산하여 〈표 1〉에 기록한다.

② V_B 및 V_{CE}를 측정하여 〈표 1〉에 기록하고, 각각의 이론치들을 구하여 측정치들과 비교·검토한다.

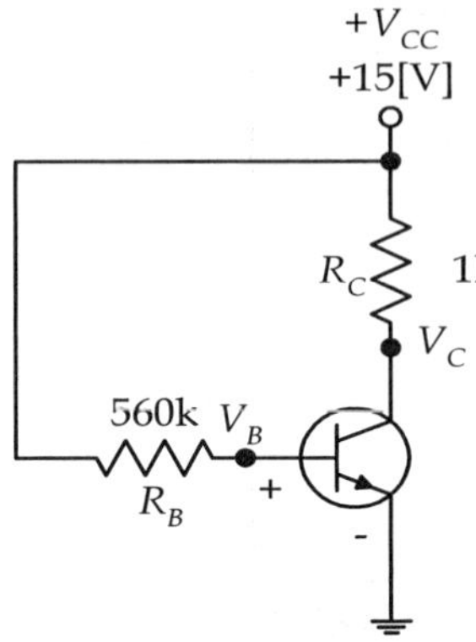

[그림 5-5] 베이스 바이어스

2. 직류 부하선

① 포화 : [그림 5-5]의 회로에서 560[kΩ]의 저항을 1[MΩ]의 가변저항으로 대체한 후, V_{CE}가 최소($V_{CE(sat)}$)에 도달하도록 가변저항을 조절하고 최소일 때의 전류($I_{C(sat)}$)를 측정하여 〈표 2〉에 기록한다.

② 중간 영역 : 포화상태에서 차단상태로 이르기까지 임의의 5개의 V_{CE} 및 I_C를 측정하고 이 값들이 직류 부하선에 놓여 있는지 확인한다.

③ 차단 : V_{CE}가 최대($V_{CE(cutoff)}$)에 도달하도록 가변저항을 조절하고 최대일 때의 전류($I_{C(cutoff)}$)를 측정하여 〈표 2〉에 기록한다.

④ 위의 데이터를 이용하여 [그림 1]에 $I_C - V_{CE}$ 그래프를 도시하고 직류 부하선을 표시한다.

실 험 결 과 보 고 서

실 험 일 자	년 월 일( )
제 출 일 자	년 월 일( )
실 험 제 목	베이스 바이어스
담 당 교 수	

학 과	
조 편 성	
학 번	
성 명	

〈표 1〉 베이스 바이어스

파 라 미 터	측 정 치	이 론 치	오 차 율
I_B			
I_C			
β_{DC}			
V_B		0.7 [V]	
V_{CE}			

〈표 2〉 직류 부하선

상 태	I_C			V_{CE}		
	측정치	이론치	오차율	측정치	이론치	오차율
포 화						
중 간						
차 단						

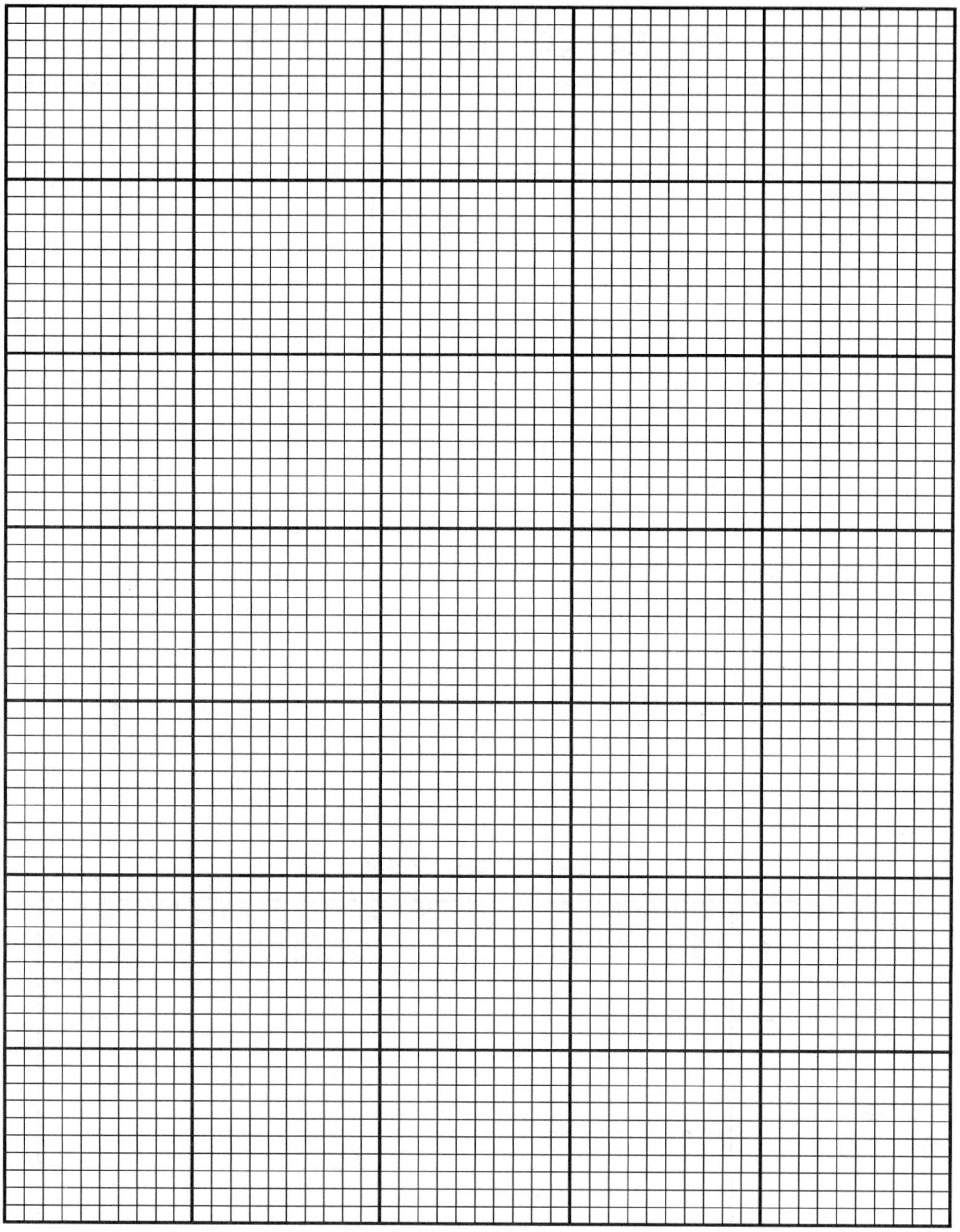

[그림 1] 베이스 바이어스의 I_C-V_{CE} 그래프

토 의 내 용

실험 6

트랜지스터의 이미터 바이어스

실험 목적

이미터 바이어스(emitter bias)는 다른 바이어스 구조와는 달리 정(+) 및 부(-)의 두 공급전원을 사용한다. 따라서 이 장에서는 이미터 바이어스된 트랜지스터의 전압과 전류를 확인하고 그 부하곡선에 대한 이해를 도모한다.

기초 이론

1. 이미터 바이어스

이미터 바이어스의 회로도 및 간략화한 그림을 나타내면 [그림 6-1]과 같다.

[그림 6-1]의 (b)에서 KVL을 적용하면,

$$V_{EE} = I_B R_B + V_{BE} + I_E R_E \tag{6-1}$$

$$I_C \cong I_E\text{에서, } I_B = \frac{I_C}{\beta_{DC}} \cong \frac{I_E}{\beta_{DC}} \tag{6-2}$$

식 (6-2)를 식 (6-1)에 대입하여 I_E에 대하여 정리하면,

$$\left(\frac{I_E}{\beta_{DC}}\right) R_B + V_{BE} + I_E R_E = V_{EE}$$

$$\left(\frac{R_B}{\beta_{DC}} + R_E\right) I_E = V_{EE} - V_{BE}$$

$$\therefore\ I_E = \frac{V_{EE} - V_{BE}}{\left(\frac{R_B}{\beta_{DC}} + R_E\right)} \cong I_C \tag{6-3}$$

$$V_E = -V_{EE} + I_E R_E \tag{6-4}$$

$$V_B = V_E + V_{BE} \tag{6-5}$$

$$V_C = V_{CC} - I_C R_C \tag{6-6}$$

$$\begin{aligned} V_{CE} &= V_C - V_E = V_{CC} - I_C R_C - (-V_{EE} + I_E R_E) \\ &= V_{CC} + V_{EE} - I_C(R_C + R_E)\ \ (\because I_C \cong I_E) \end{aligned} \tag{6-7}$$

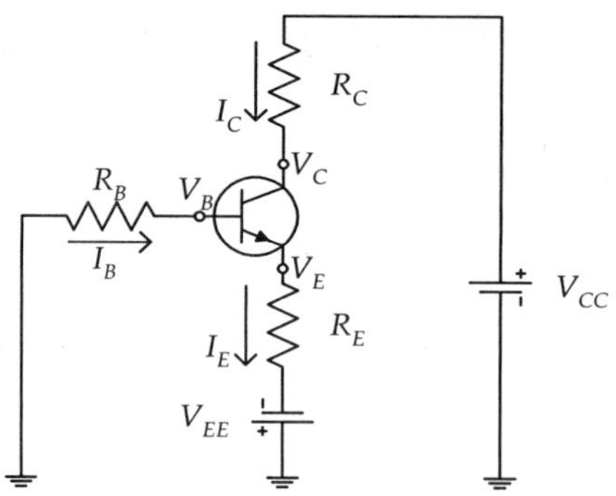

(a) 이미터 바이어스 인가회로

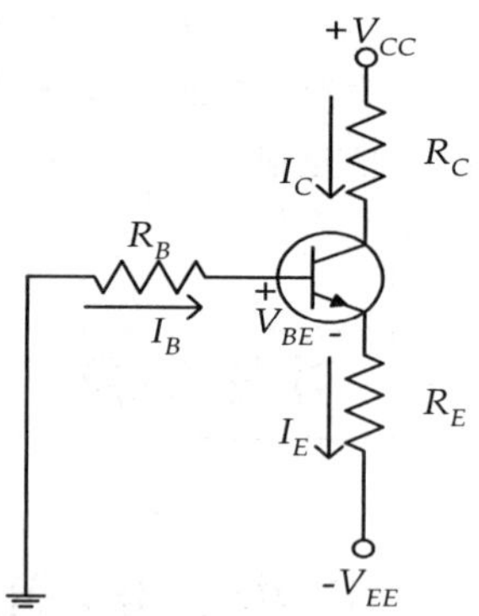

(b) 간략화한 회로

[그림 6-1] 이미터 바이어스 회로

소요 부품

품　　목	정　　　　격	소요량
저　항	1[kΩ] 4.7[kΩ]	2개 1개
트랜지스터	2N3904 (npn형)	1개

실험 방법

① [그림 6-2]의 회로를 결선한 후, 베이스 전압(V_B), 이미터 전압(V_E), 콜렉터 전압(V_C)을 측정하여 〈표 1〉에 기록한다.

② 4.7[kΩ]에 흐르는 전류(I_B), 1[kΩ]에 흐르는 전류(I_C)를 측정하고 전류이득(β_{DC})을 계산하여 〈표 1〉에 기록한다.

③ V_{CE}를 측정하여 〈표 1〉에 기록하고, 각각의 이론치들을 구하여 측정치들과 비교 · 검토한다.

④ 위의 데이터를 이용하여 $V_{CE(cutoff)}$ 및 $I_{C(sat)}$를 계산하여 〈표 2〉에 기록하고, [그림 1]에 $I_C - V_{CE}$ 그래프를 도시하여 직류 부하선을 표시한다.

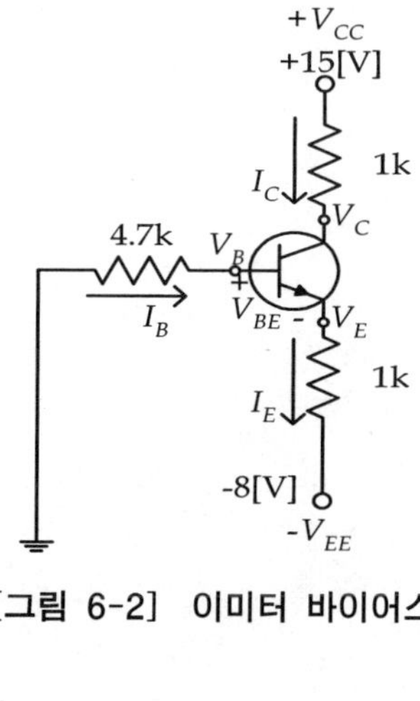

[그림 6-2] 이미터 바이어스

실 험 결 과 보 고 서

실 험 일 자	년 월 일( )
제 출 일 자	년 월 일( )
실 험 제 목	이미터 바이어스
담 당 교 수	

학 과	
조 편 성	
학 번	
성 명	

〈표 1〉 이미터 바이어스

파 라 미 터	측 정 치	이 론 치	오 차 율
I_B			
I_C			
β_{DC}		-	
V_B			
V_E			
V_C			
V_{CE}			

〈표 2〉 직류 부하선

파 라 미 터	이 론 치
$V_{CE(cutoff)}$	
$I_{C(sat)}$	

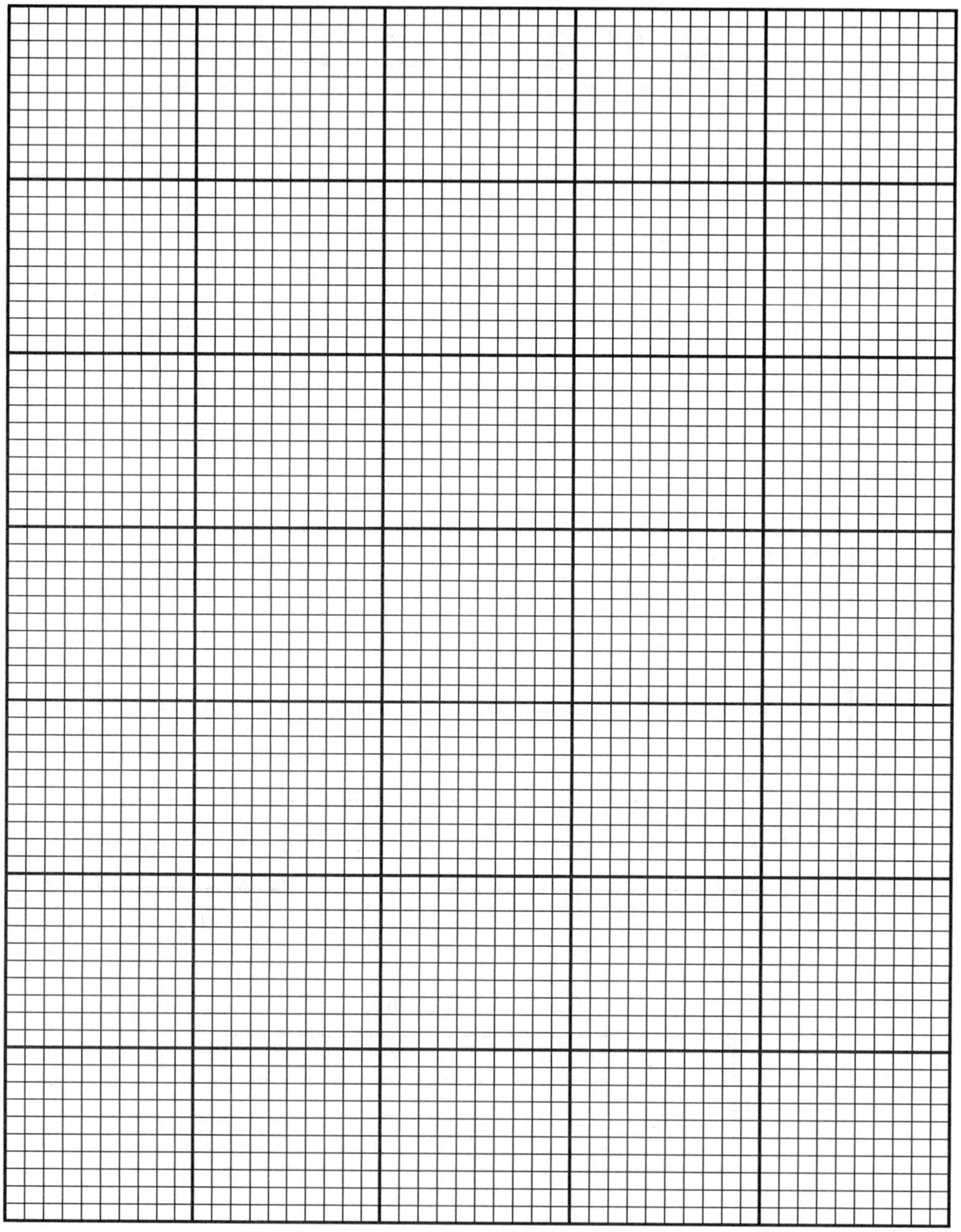

[그림 1] 이미터 바이어스의 I_C-V_{CE} 그래프

토 의 내 용

실험 7

트랜지스터의 전압분배 바이어스

실험 목적

전압분배 바이어스(voltage divider bias)는 가장 널리 사용되는 바이어스 방식으로 베이스 전류가 상대적으로 작기 때문에 콜렉터 전류는 전류이득의 변화에 대해 안정된다. 따라서 이 장에서는 전압분배 바이어스된 트랜지스터의 전압과 전류를 확인하고 그 부하곡선에 대한 이해를 도모한다.

기초 이론

1. 베이스에서 본 입력저항($R_{IN(\text{베})}$)

$$R_{IN(\text{베})} = \frac{V_{IN}}{I_{IN}} \tag{7-1}$$

KVL을 적용하면,

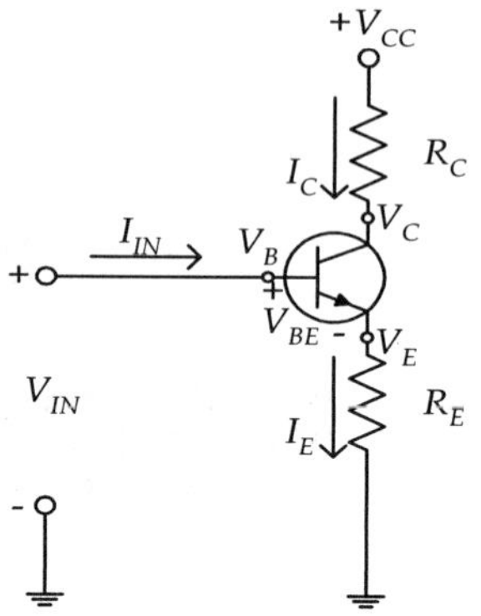

[그림 7-1] 직류 입력저항

$$V_{IN} = V_{BE} + I_E R_E \tag{7-2}$$

$I_E R_E \gg V_{BE}$라고 가정하면,

$$V_{IN} \cong I_E R_E \tag{7-3}$$

$I_E \cong I_C = \beta_{DC} I_B$에서

$$V_{IN} = \beta_{DC} I_B R_E = \beta_{DC} I_{IN} R_E \tag{7-4}$$

$$\therefore R_{IN(\triangle)} = \frac{\beta_{DC} I_{IN} R_E}{I_{IN}} = \beta_{DC} R_E \tag{7-5}$$

2. 전압분배 바이어스의 해석

$R_{IN(\triangle)} = \beta_{DC} R_E$, $R_T = R_2 \parallel \beta_{DC} R_E$이므로,

$$V_B = \frac{R_2 \parallel \beta_{DC} R_E}{R_1 + R_2 \parallel \beta_{DC} R_E} \times V_{CC} \tag{7-6}$$

여기서, $\beta_{DC} R_E \gg R_2$라고 가정하면, 다음과 같이 간소화된다.

$$V_B \cong \left(\frac{R_2}{R_1 + R_2} \right) \times V_{CC} \tag{7-7}$$

한편, $V_B = V_{BE} + V_E$이므로,

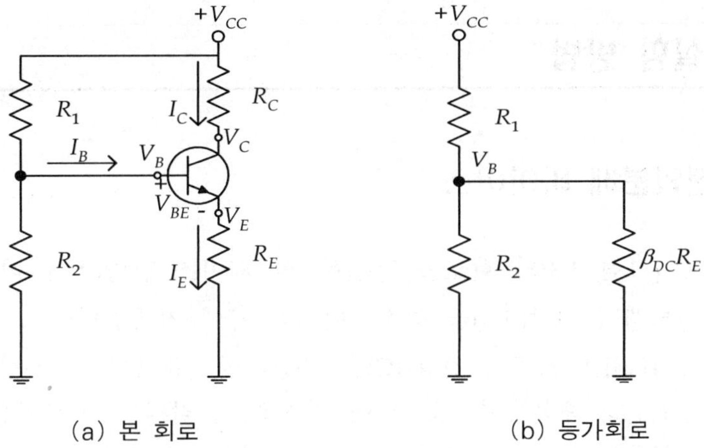

[그림 7-2] 전압분배 바이어스

$$I_E = \frac{V_E}{R_E} = \frac{V_B - V_{BE}}{R_E} \cong I_C \tag{7-8}$$

$$V_C = V_{CC} - V_{R_C} = V_{CC} - I_C R_C \tag{7-9}$$

$$V_{CE} = V_C - V_E \tag{7-10}$$

$$V_{CC} = I_C R_C + V_{CE} + I_E R_E$$

$$V_{CE} = V_{CC} - I_C R_C - I_E R_E = V_{CC} - I_C (R_C + R_E) \tag{7-11}$$

소요 부품

품　　목	정　　격	소요량
저　　항	1[kΩ] 4.7[kΩ] 10[kΩ]	2개 1개 1개
가변 저항	10[kΩ]	1개
트랜지스터	2N3904 (npn형)	1개

실험 방법

1. 전압분배 바이어스

① [그림 7-3]의 회로를 결선한 후, 베이스 전압(V_B), 이미터 전압(V_E), 콜렉터 전압(V_C)을 측정하여 〈표 1〉에 기록한다.

② 1[kΩ]에 흐르는 전류(IC)를 측정하여 〈표 1〉에 기록한다.

③ V_{CE}를 측정하여 〈표 1〉에 기록하고, 각각의 이론치들을 구하여 측정치들과 비교·검토한다.

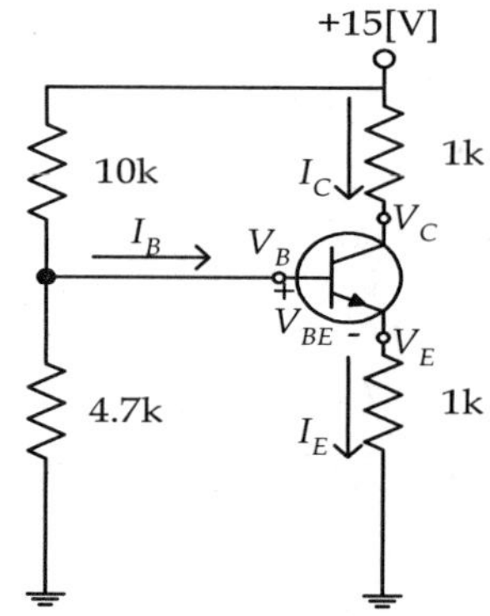

[그림 7-3] 전압분배 바이어스

2. 직류 부하선

① 포화 : [그림 7-3]의 회로에서 10[kΩ] 및 4.7[kΩ]의 저항을 10[kΩ]의 가변저항으로 대체하여 다음의 [그림 7-4]로 결선한 후, V_{CE}가 최소($V_{CE(sat)}$)에 도달하도록 가변저항을 조절하고 최소일 때의 전류($I_{C(sat)}$)를 측정하여 〈표 2〉에 기록한다.

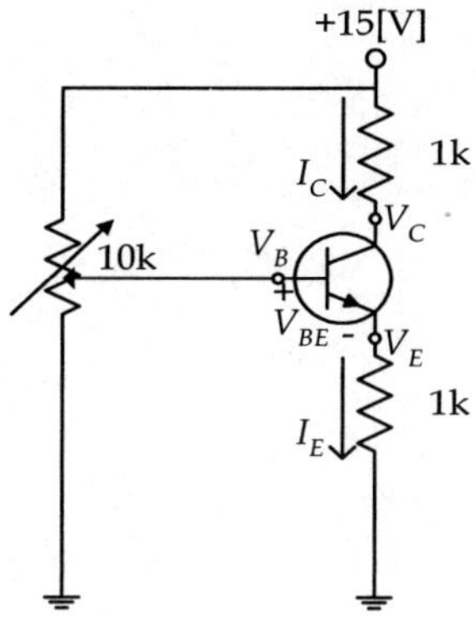

[그림 7-4] 가변저항으로 대체한 회로도

② 중간 영역 : 포화상태에서 차단상태로 이르기까지 임의의 5개의 V_{CE} 및 I_C를 측정하고 이 값들이 직류 부하선에 놓여 있는지 확인한다.

③ 차단 : V_{CE}가 최대($V_{CE(cutoff)}$))에 도달하도록 가변저항을 조절하고 최대일 때의 전류($I_{C(cutoff)}$)를 측정하여 〈표 2〉에 기록한다.

④ 위의 데이터를 이용하여 [그림 1]에 $I_C - V_{CE}$ 그래프를 도시하고 직류 부하선을 표시한다.

실 험 결 과 보 고 서

실 험 일 자	년 월 일( )	학 과	
제 출 일 자	년 월 일( )	조 편 성	
실 험 제 목	전압분배 바이어스	학 번	
담 당 교 수		성 명	

〈표 1〉 전압분배 바이어스

파 라 미 터	측 정 치	이 론 치	오 차 율
V_B			
V_C			
V_E			
V_{CE}			
I_C			

〈표 2〉 직류 부하선

상 태	I_C			V_{CE}		
	측정치	이론치	오차율	측정치	이론치	오차율
포 화						
중 간						
차 단						

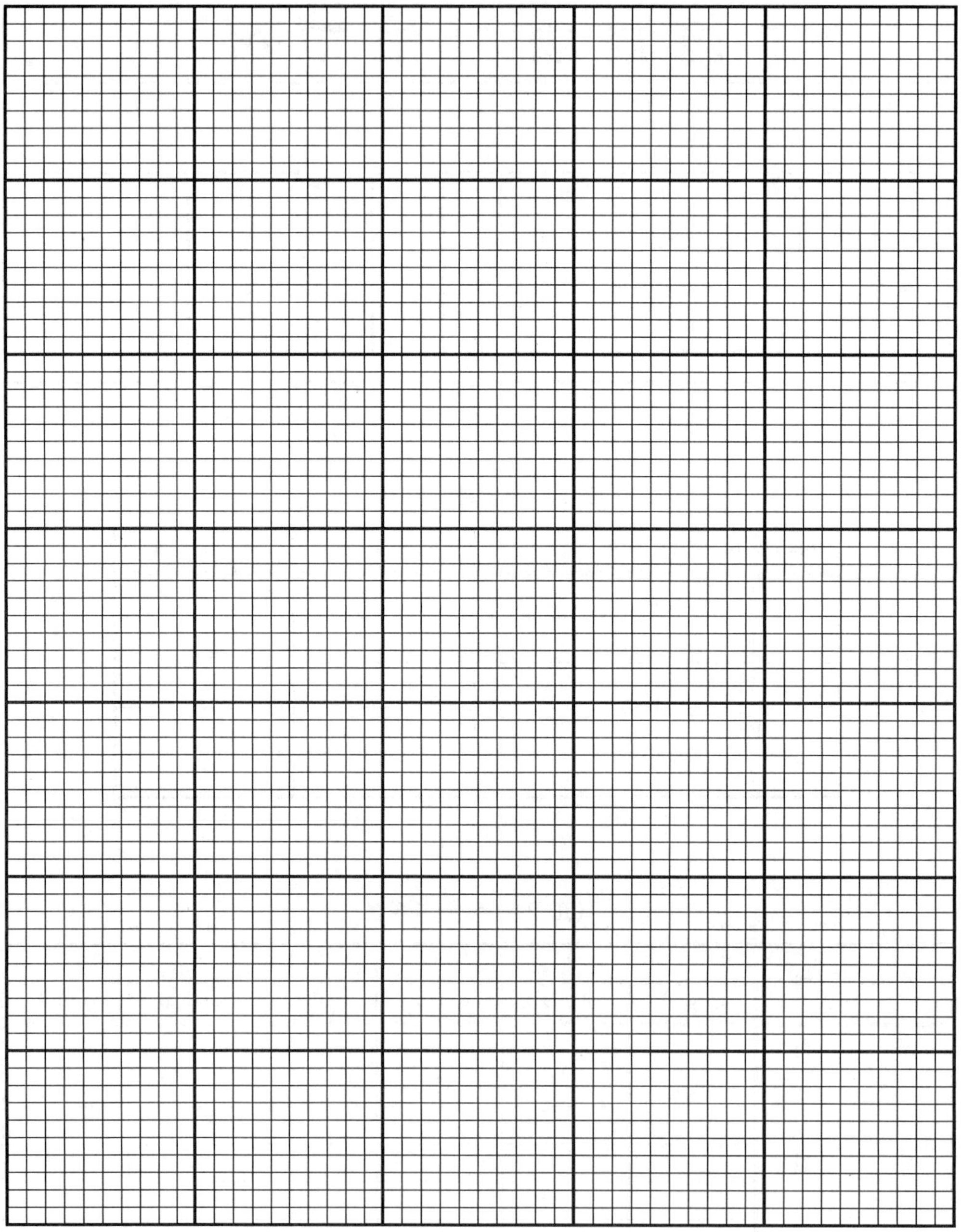

[그림 1] 전압분배 바이어스의 I_C-V_{CE} 그래프

토 의 내 용

실험 8

트랜지스터의 컬렉터 귀환 바이어스

실험 목적

컬렉터 귀환 바이어스(collector feedback bias)는 전류이득의 변화에 따른 영향을 줄임으로써 비교적 안정된 직류 동작점을 만드는 부귀환 회로이다. 따라서 이 장에서는 컬렉터 귀환 바이어스된 트랜지스터의 전압과 전류를 확인하고 그 부하곡선에 대한 이해를 도모한다.

기초 이론

$$V_C = I_B R_B + V_{BE} \rightarrow I_B = \frac{V_C - V_{BE}}{R_B} \tag{8-1}$$

$$V_C = V_{CC} - I_C R_C \tag{8-2}$$

식 (8-2)를 식 (8-1)에 대입하여 정리하면,

$$I_B = \frac{V_{CC} - I_C R_C - V_{BE}}{R_B} = \frac{I_C}{\beta_{DC}} \tag{8-3}$$

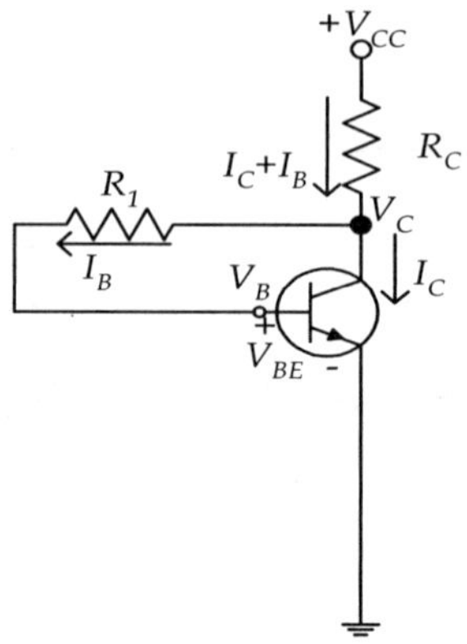

[그림 8-1] 컬렉터 귀환 바이어스

$$\frac{I_C}{\beta_{DC}} + \frac{I_C R_C}{R_B} = \left(\frac{1}{\beta_{DC}} + \frac{R_C}{R_B}\right) I_C = \frac{V_{CC} - V_{BE}}{R_B}$$

$$\left(\frac{R_B + \beta_{DC} R_C}{\beta_{DC} R_B}\right) I_C = \frac{V_{CC} - V_{BE}}{R_B}$$

$$\therefore I_C = \frac{\beta_{DC}}{R_B + \beta_{DC} R_C}(V_{CC} - V_{BE})$$

$$= \frac{1}{\dfrac{R_B}{\beta_{DC}} + R_C}(V_{CC} - V_{BE}) \tag{8-4}$$

$$\text{포화상태} : I_{C(sat.)} \cong \frac{V_{CC}}{R_C} \tag{8-5}$$

$$\text{차단상태} : V_{CE(cutoff)} = V_{CC} \tag{8-6}$$

소요 부품

품 목	정 격	소요량
저 항	4.7[kΩ] 560[kΩ]	1개 1개
트랜지스터	2N3904 (npn형)	1개

실험 방법

1. 컬렉터 귀환 바이어스

① [그림 8-2]의 회로를 결선한 후, 베이스 전류(I_B), 컬렉터 전류(I_C)를 측정하고, 이 값들로부터 전류이득(β_{DC})을 계산하여 〈표 1〉에 기록한다.

② 베이스 전압(V_B) 및 V_{CE}를 측정하여 〈표 1〉에 기록하고, 각각의 이론치들을 구하여 측정치들과 비교·검토한다.

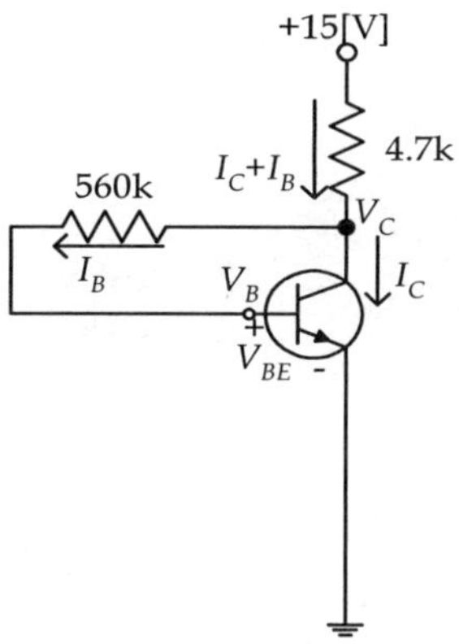

[그림 8-2] 회로도

2. 직류 부하선

① 식 (8-5) 및 식 (8-6)을 이용하여 직류 부하선의 포화점($I_{C(sat)}$)과 차단점($V_{C(cutoff)}$)을 구하여 〈표 2〉에 기록한다.

② 〈표 1〉 및 〈표 2〉의 데이터를 이용하여 [그림 1]에 $I_C - V_{CE}$ 그래프를 도시하고 직류 부하선을 표시한다.

실 험 결 과 보 고 서

실 험 일 자	년 월 일( )
제 출 일 자	년 월 일( )
실 험 제 목	컬렉터 귀환 바이어스
담 당 교 수	

학 과	
조 편 성	
학 번	
성 명	

〈표 1〉 컬렉터 귀환 바이어스

파 라 미 터	측 정 치	이 론 치	오 차 율
I_B			
I_C			
β_{DC}		-	
V_B		0.7[V]	
V_{CE}			

〈표 2〉 직류 부하선

파 라 미 터	이 론 치
$V_{CE(cutoff)}$	
$I_{C(sat)}$	

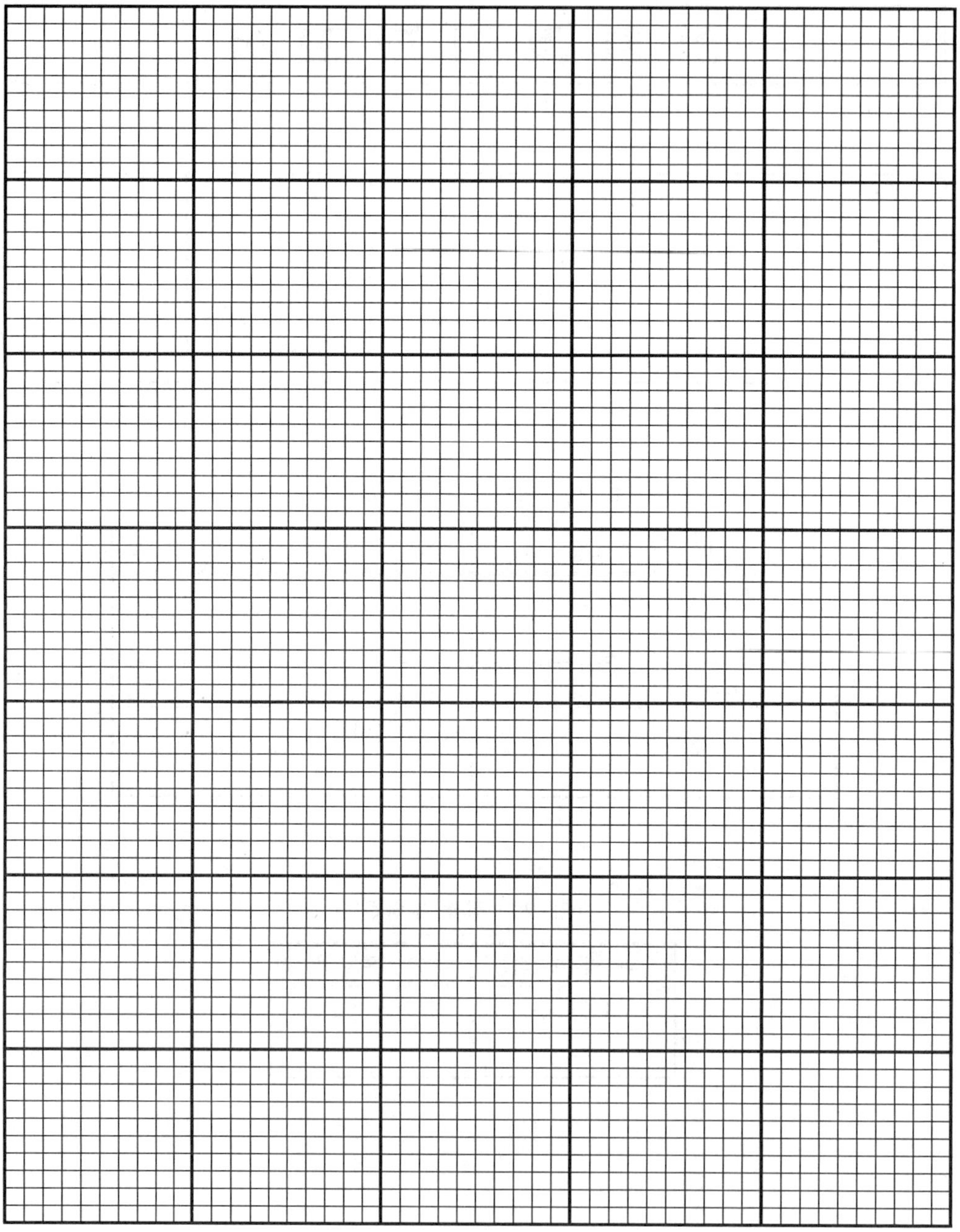

[그림 1] 컬렉터 귀환 바이어스의 I_C-V_{CE} 그래프

토 의 내 용

실험 9

공통 이미터 증폭기

실험 목적

공통 이미터 증폭기(common emitter amplifier)는 증폭기의 입력신호를 베이스 단자에 가하고 출력은 컬렉터 단자에서 얻는 특성이 있다. 따라서 이 장에서는 공통 이미터(CE) 증폭기의 동작과 특성을 확인하고 전압이득에 영향을 주는 요인에 대한 이해를 도모한다.

기초 이론

공통 이미터(CE) 증폭기는 높은 전압, 전류이득을 가지며, 전압분배 바이어스를 갖는 회로를 다음의 [그림 9-1]에 나타내었다.

기본적인 특성은 입출력 사이에 위상반전이 있고, C_1과 C_3는 입출력 신호결합 커패시터이며 C_2는 이미터 바이패스 커패시터이다. 또한, 모든 커패시터는 동작 주파수에서 무시할 수 있을 만큼의 리액턴스를 갖는다.

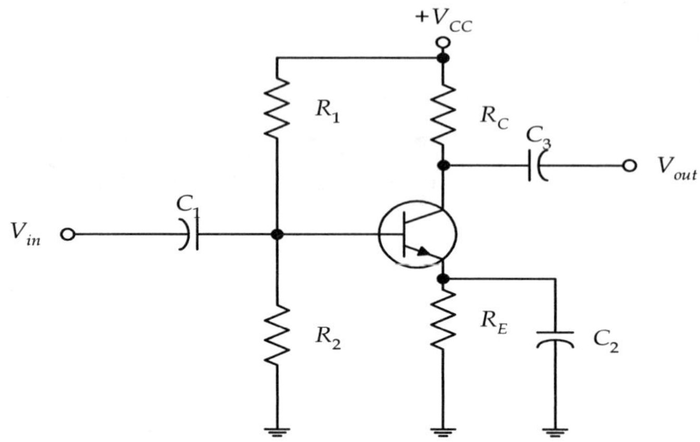

[그림 9-1] 공통 이미터(CE) 증폭기

DC 및 AC 등가회로에 대해서 정리하면 다음과 같다.

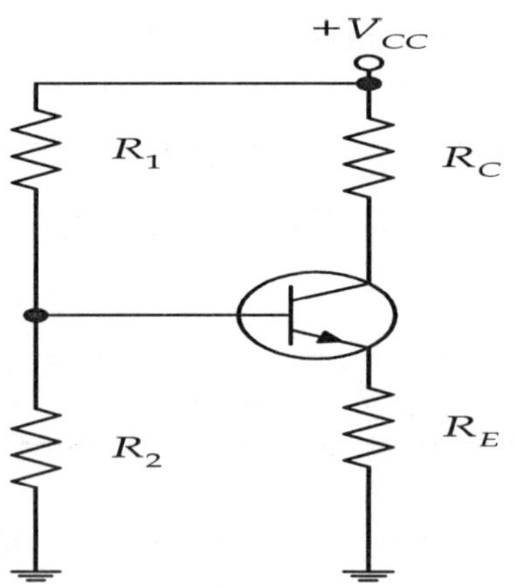

[주요공식]

① $V_B = \left(\dfrac{R_2 \parallel \beta_{DC} R_E}{R_1 + R_2 \parallel \beta_{DC} R_E} \right) V_{CC}$

② $V_E = V_B - V_{BE}$

③ $I_E = \dfrac{V_E}{R_E}$

④ $V_C = V_{CC} - I_C R_C$

[그림 9-2] DC 등가회로

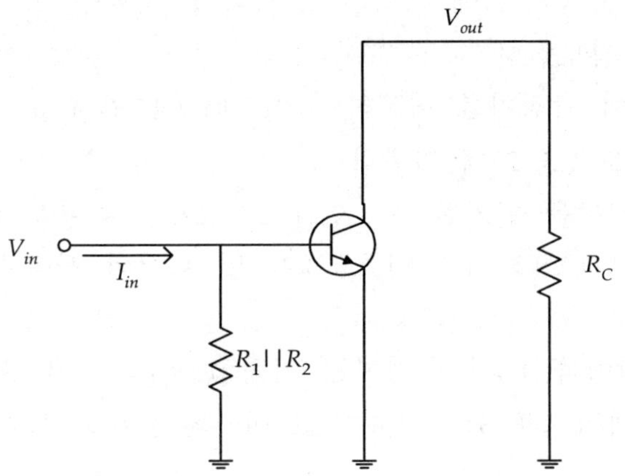

[주요공식]

① $r'_e = \dfrac{25[\text{mV}]}{I_E}$

② $R_{in(⌂)} = \beta_{ac} r'e$

③ $R_{out} \cong R_C$

④ $A_v = \dfrac{R_C}{r'_e} \cong \dfrac{R_c}{R_{E1}}$

⑤ $A'_v = \left(\dfrac{V_b}{V_s}\right) A_v$

⑥ $A_i = \dfrac{I_c}{I_{in}}$

⑦ $A_p = A_v' \cdot A_i$

[그림 9-3] AC 등가회로

소요 부품

품 목	정 격	소요량
저 항	150[Ω] 2.7[kΩ] 3.9[kΩ] 4.7[kΩ] 10[kΩ]	1개 1개 2개 1개 1개
콘덴서	2.2[μF] 10[μF]	2개 1개
트랜지스터	2N3904 (npn형)	1개

실험 방법

① [그림 9-4]의 회로를 결선한 후, 신호 발생기의 전원은 켜지 말고 V_{CC}를 15[V] 인가하여 베이스 전압(V_B), 이미터 전압(V_E), 컬렉터

전압(V_C)을 측정하여 〈표 1〉에 기록하고, 각각의 이론치들을 구하여 측정치들과 비교 · 검토한다.

② 이미터 전압(V_B)의 측정치를 이용하여 이미터 전류(I_E) 및 이미터 저항(r'_e)을 계산하고 〈표 2〉에 기록한다.

③ 신호 발생기의 전원을 인가한 후, 오실로스코프를 이용하여 입력 레벨(V_{in}) 및 출력 레벨(V_{out})을 신호 크기 및 위상의 관점에서 비교 · 검토한다.

㉠ 정상상태 : 전압이득(A_v)의 측정치는 입력 레벨(V_{in}) 및 출력 레벨(V_{out})을 측정하여 〈표 3〉에 기록하고 이론치는 아래의 식을 이용하여 계산한다.

$$A_v = \frac{R_C \parallel R_L}{R_{E1} + r'_e}$$

㉡ 무부하 상태 : 부하(R_L)을 제거하고 입력 레벨(V_{in}) 및 출력 레벨(V_{out})을 측정하여 전압이득(A_v)의 계산하여 〈표 3〉에 기록하고 이론치는 아래의 식을 이용하여 계산한다.

$$A_v = \frac{R_C}{R_{E1} + r'_e}$$

㉢ 바이패스 콘덴서를 제거한 상태 : 바이패스 콘덴서(10[μF])를 제거하고 입력 레벨(V_{in}) 및 출력 레벨(V_{out})을 측정하여 전압이득(A_v)을 계산하여 〈표 3〉에 기록하고 이론치는 아래의 식을 이용하여 계산한다.

$$A_v = \frac{R_C \parallel R_L}{R_{E1} + R_{E2} + r'_e}$$

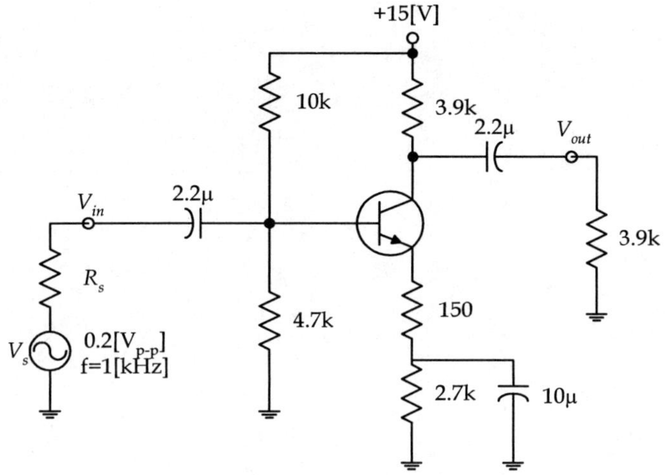
+15[V]
10k
3.9k
2.2μ
V_{out}
V_{in}
2.2μ
3.9k
R_s
150
4.7k
V_s
0.2[V_{p-p}]
f=1[kHz]
2.7k
10μ

[그림 9-4] CE 증폭기

실험결과보고서

실험일자	년 월 일( )
제출일자	년 월 일( )
실험제목	공통 이미터 증폭기
담당교수	

학 과	
조편성	
학 번	
성 명	

〈표 1〉

파라미터	측정치	이론치	오차율
V_B			
V_E			
V_C			

〈표 2〉

파라미터	이론치
I_E	
r'_e	

〈표 3〉

상태	입력전압 (V_{in})	출력전압 (V_{out})	전압이득(A_v)		
			측정치	이론치	오차율
정상					
무부하					
바이패스 콘덴서 제거					

토 의 내 용

실험 10

공통 컬렉터 증폭기

실험 목적

공통 컬렉터 증폭기(common collector amplifier)는 증폭기의 입력신호는 결합 커패시터를 통해 베이스 단자에 가하고 출력은 이미터 단자에서 얻는 특성이 있다. 따라서 이 장에서는 공통 컬렉터(CC) 증폭기의 동작과 특성을 확인하고 전압이득에 영향을 주는 요인에 대한 이해를 도모한다.

기초 이론

공통 컬렉터(CC) 증폭기는 이미터 폴로워(EF)라고도 지칭되며, 입력은 결합 커패시터를 통하여 베이스에 공급되고 출력은 이미터가 된다. 전압이득은 거의 1이며, 높은 입력저항 및 전류이득을 얻을 수 있는 이점을 가지고 있다. 다음의 [그림 10-1]에 전압분배 바이어스를 갖는 회로를 나타내었다.

기본적인 특성은 입력을 베이스에 인가하고 입·출력 사이에 위상반전이 없으며, 입력저항은 높고 출력저항은 낮으며, 최대 전압이득은 1이다. 한편, 동작 주파수에서 무시할 수 있는 커패시터를 가져야 한다.

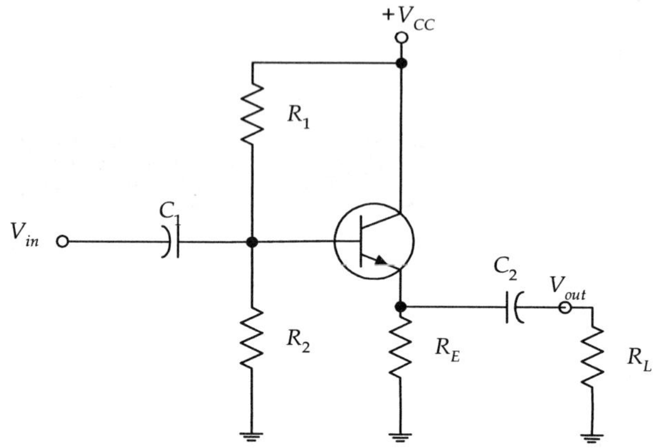

[그림 10-1] 공통 컬렉터(CC) 증폭기

DC 및 AC 등가회로에 대해서 정리하면 다음과 같다.

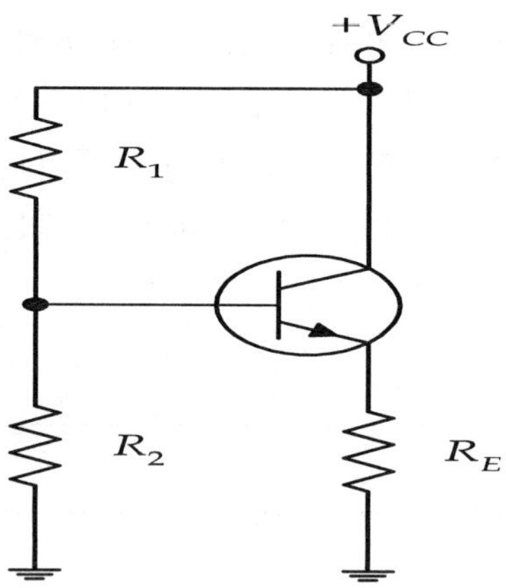

[주요공식]

① $V_B = \left(\frac{R_2 \parallel \beta_{DC} R_E}{R_1 + R_2 \parallel \beta_{DC} R_E} \right) V_{CC}$

② $V_E = V_B - V_{BE}$

③ $I_E = \frac{V_E}{R_E}$

④ $V_C = V_{CC}$

[그림 10-2] DC 등가회로

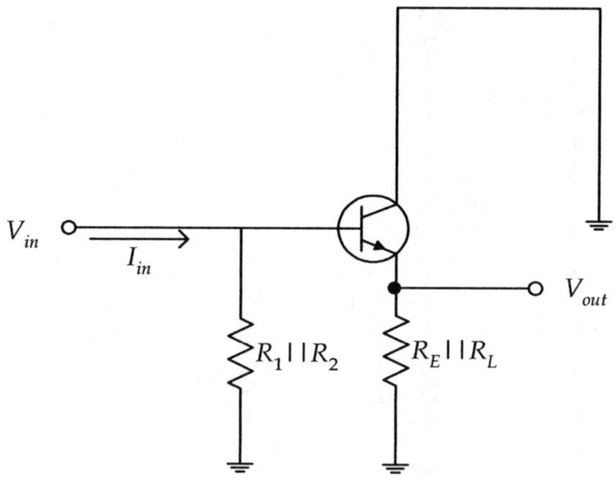

[주요공식]

① $r'_e = \dfrac{25[\text{mV}]}{I_E}$

② $R_{in(\text{⌂})} = \beta_{ac}(r_e' + R_e) \cong \beta_{ac} R_e$

③ $R_{out} \cong \left(\dfrac{R_s}{\beta_{ac}}\right) \parallel R_E$

④ $A_v = \dfrac{R_e}{r'_e + R_e}$

⑤ $A_i = \dfrac{I_e}{I_{in}}$

⑥ $A_p = A_i$

[그림 10-3] AC 등가회로

소요 부품

품　　목	정　　격	소요량
저　항	100[Ω] 1[kΩ] 22[kΩ] 27[kΩ]	1개 2개 1개 1개
콘덴서	2.2[μF] 100[μF]	1개 1개
트랜지스터	2N3904 (npn형)	1개

실험 방법

① [그림 10-4]의 회로를 결선한 후, 신호 발생기의 전원은 켜지 말고 V_{CC}를 15[V] 인가하여 베이스 전압(V_B), 이미터 전압(V_E)을 측정하여 〈표 1〉에 기록하고, 각각의 이론치들을 구하여 측정치들과 비교 · 검토한다.

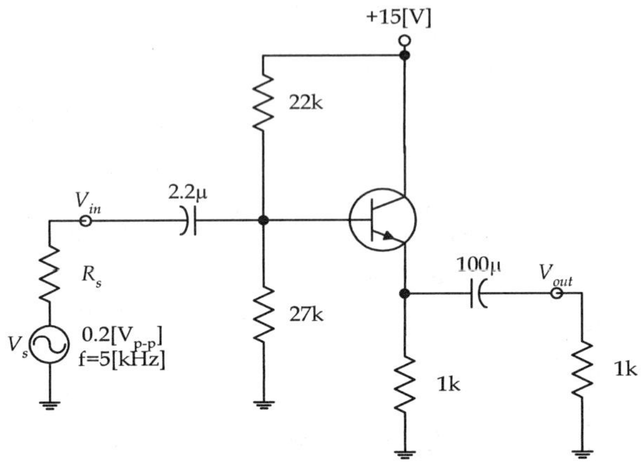

[그림 10-4] CC 증폭기

② 이미터 전압(V_B)의 측정치를 이용하여 이미터 전류(I_E) 및 이미터 저항(r'_e)을 계산하고 〈표 2〉에 기록한다.

③ 신호 발생기의 전원을 인가한 후, 오실로스코프를 이용하여 입력 레벨(V_{in}) 및 출력 레벨(V_{out})을 신호 크기 및 위상의 관점에서 비교·검토한다.

④ 전압이득(A_v)의 측정치는 입력 레벨(V_{in}) 및 출력 레벨(V_{out})을 측정하여 〈표 3〉에 기록하고 이론치는 아래의 식을 이용하여 계산한다.

$$A_v = \frac{R_E \| R_L}{(R_E \| R_L) + r'_e}$$

⑤ 부하저항을 100[Ω]으로 대체하여 위의 전압이득(A_v)의 측정치 및 이론치를 각각 도출하여 〈표 3〉에 기록하고 부하저항에 따른 변화를 비교·검토한다.

실 험 결 과 보 고 서

실 험 일 자	년 월 일( )
제 출 일 자	년 월 일( )
실 험 제 목	공통 컬렉터 증폭기
담 당 교 수	

학 과	
조 편 성	
학 번	
성 명	

〈표 1〉

파 라 미 터	측 정 치	이 론 치	오 차 율
V_B			
V_E			

〈표 2〉

파 라 미 터	이 론 치
I_E	
r'_e	

〈표 3〉

부하저항 (R_L)	입력전압 (V_{in})	출력전압 (V_{out})	전압이득(A_v)		
			측정치	이론치	오차율
1[kΩ]					
100[Ω]					

토 의 내 용

실험 11

공통 베이스 증폭기

실험 목적

공통 베이스 증폭기(common base amplifier)는 증폭기의 입력신호는 결합 커패시터를 통해 이미터 단자에 가하고 출력은 콜렉터로부터 커패시터로 결합되어 부하에 공급된다. 따라서 이 장에서는 공통 베이스(CB) 증폭기의 동작과 특성을 확인하고 전압이득에 영향을 주는 요인에 대한 이해를 도모한다.

기초 이론

공통 베이스(CB) 증폭기는 높은 전압이득 및 1인 전류이득을 만든다. 낮은 입력저항을 갖기 때문에 신호원이 매우 낮은 저항출력을 갖는 고주파 응용에 사용된다. 다음의 [그림 11-1]에 전압분배 바이어스를 갖는 회로를 나타내었다.

기본적인 특성은 입력은 이미터에 출력은 콜렉터에 있고 입출력 사이에 위상반전은 없으며, 입력저항은 낮고 출력저항은 높다. 또한, 최대 전류이득은 1이고 베이스는 교류접지이다.

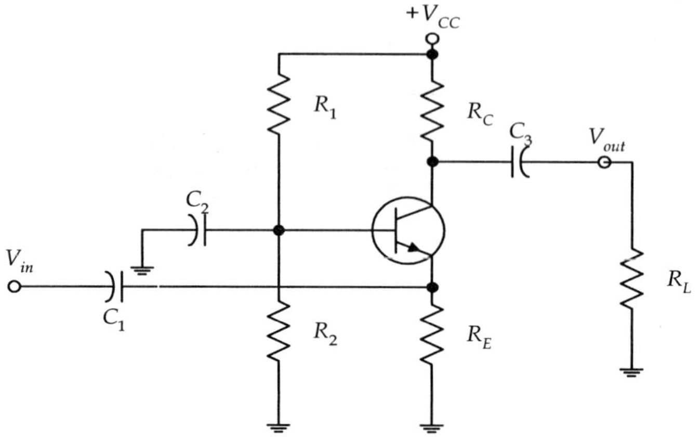

[그림 11-1] 공통 베이스(CB) 증폭기

DC 및 AC 등가회로에 대해서 정리하면 다음과 같다.

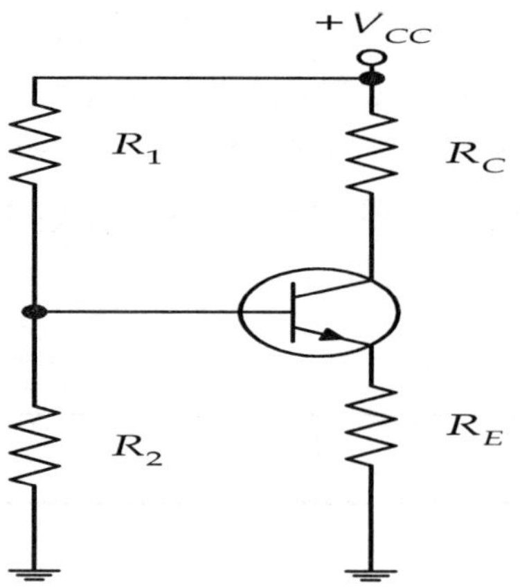

[주요공식]

① $V_B = \left(\frac{R_2 \parallel \beta_{DC} R_E}{R_1 + R_2 \parallel \beta_{DC} R_E}\right) V_{CC}$

② $V_E = V_B - V_{BE}$

③ $I_E = \frac{V_E}{R_E}$

④ $V_C = V_{CC} - I_C R_C$

[그림 11-2] DC 등가회로

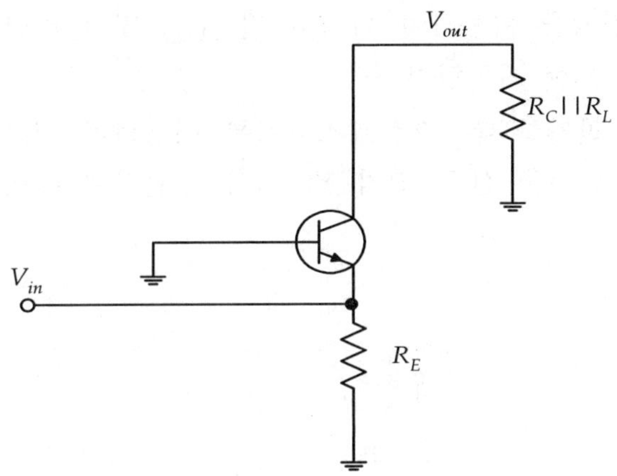

[주요공식]

① $r'_e = \dfrac{25[\text{mV}]}{I_E}$

② $R_{in(emitter)} \cong r_e'$

③ $R_{out} \cong R_C$

④ $A_v = \dfrac{R_c}{r'_e}$

⑤ $A_i = 1$

⑥ $A_p \cong A_v$

[그림 11-3] AC 등가회로

소요 부품

품 목	정 격	소요량
저 항	100[Ω] 1[kΩ] 10[kΩ]	1개 2개 1개
콘덴서	2.2[μF] 100[μF]	1개 1개
트랜지스터	2N3904 (npn형)	1개

실험 방법

① [그림 11-4]의 회로를 결선한 후, 신호 발생기의 전원은 켜지 말고 V_{CC}를 +9[V], V_{EE}를 −9[V]로 각각 인가하여 이미터 전압(V_E), 컬렉터 전압(V_C)을 측정하여 〈표 1〉에 기록하고, 각각의 이론치들을 구하여 측정치들과 비교·검토한다.

② 이미터 전압(V_B)의 측정치를 이용하여 이미터 전류(I_E) 및 이미터 저항(r'_e)을 계산하고 〈표 2〉에 기록한다.

③ 신호 발생기의 전원을 인가한 후, 오실로스코프를 이용하여 입력 레벨(V_{in}) 및 출력 레벨(V_{out})을 신호 크기 및 위상의 관점에서 비교 · 검토한다.

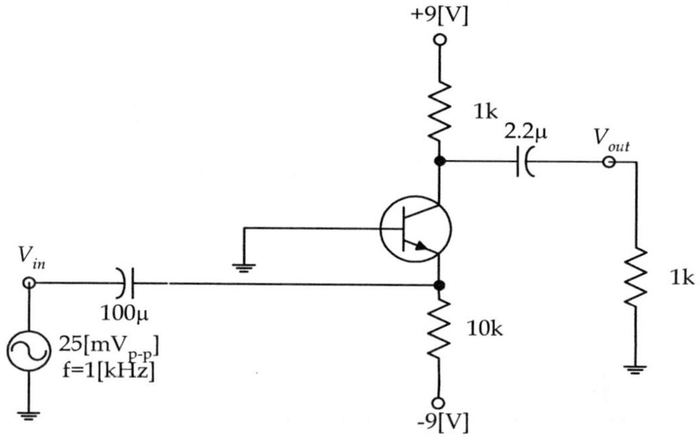

[그림 11-4] 회로도

④ 전압이득(A_v)의 측정치는 입력 레벨(V_{in}) 및 출력 레벨(V_{out})을 측정하여 〈표 3〉에 기록하고 이론치는 아래의 식을 이용하여 계산한다.

$$A_v = \frac{R_C \parallel R_L}{r'_e}$$

⑤ 부하저항을 100[Ω]으로 대체하여 위의 전압이득(A_v)의 측정치 및 이론치를 각각 도출하여 〈표 3〉에 기록하고 부하저항에 따른 변화를 비교 · 검토한다.

실 험 결 과 보 고 서

실 험 일 자	년 월 일 ( )
제 출 일 자	년 월 일 ( )
실 험 제 목	공통 베이스 증폭기
담 당 교 수	

학 과	
조 편 성	
학 번	
성 명	

〈표 1〉

파 라 미 터	측 정 치	이 론 치	오 차 율
V_B			
V_E			

〈표 2〉

파 라 미 터	이 론 치
I_E	
r'_e	

〈표 3〉

부하저항 (R_L)	입력전압 (V_{in})	출력전압 (V_{out})	전압이득(A_v)		
			측정치	이론치	오차율
1[kΩ]					
100[Ω]					

토 의 내 용

실험 12

접합 전계효과 트랜지스터의 특성 그래프

실험 목적

접합 전계효과 트랜지스터(Junction Field Effect Transistor : JFET)는 채널의 전류를 제어하기 위하여 역바이어스 접합으로 동작하는 FET의 한 형태이다. 따라서 이 장에서는 게이트-소스 전압이 일정(단락)할 때의 드레인 특성 및 전달 특성 그래프를 확인하고 드레인 전류(I_{DSS}), 게이트-소스 차단전압($V_{GS(off)}$), 순방향 전달 컨덕턴스(g_{m0}) 등의 파라미터들에 대한 이해를 도모한다.

기초 이론

1. 접합 전계효과 트랜지스터

JFET는 채널의 전류를 제어하기 위하여 역바이어스되는 접합으로 동작한다.

(1) JFET의 구조 및 표기

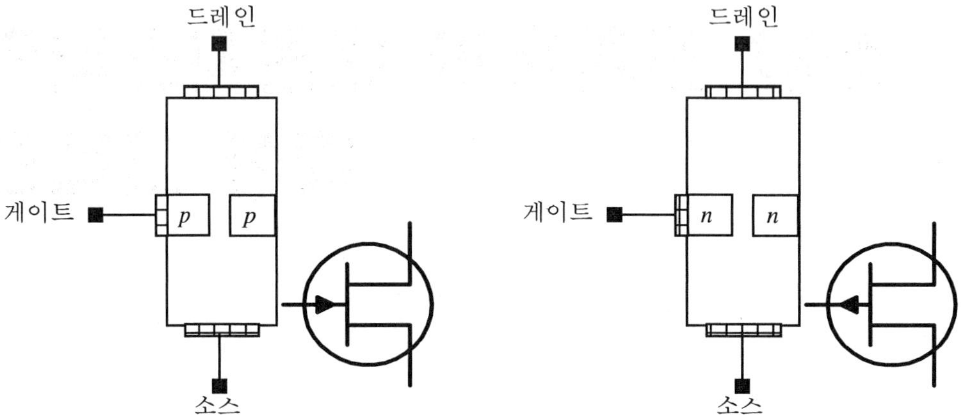

(a) n 채널 (b) p 채널

[그림 12-1] JFET의 구조 및 표기

(2) JFET의 동작

다음의 [그림 12-2]에서와 같이 V_{DD}는 드레인-소스 전압을 공급하여 I_D가 흐르도록 하고, V_{GG}는 게이트와 소스 사이에 역방향 바이어스 전압을 인가한다.

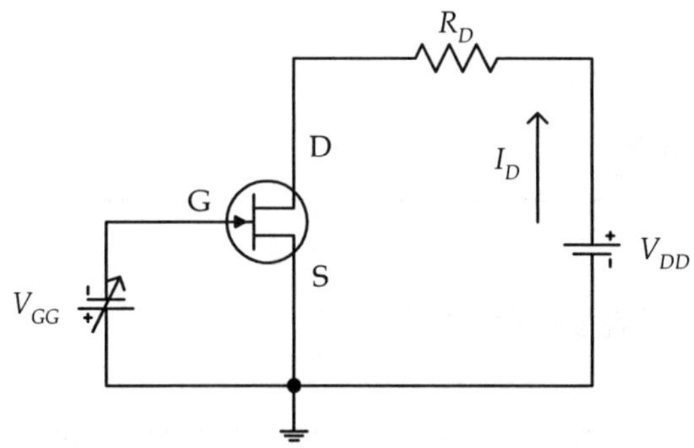

[그림 12-2] JFET의 기본 동작(n 채널)

① V_{GG}가 증가할 때 : JFET는 게이트와 소스 사이에 *pn*접합을 역방향 바이어스로 동작시키므로, 게이트와 소스 사이에 공핍층이 두터워지고 채널 폭은 좁아져서 I_D가 감소한다.

② V_{GG}가 감소할 때 : JFET는 게이트와 소스 사이에 공핍층이 얇아지고 채널 폭은 넓어져서 I_D가 증가한다. ☜ 즉, 채널 폭은 V_{GG}에 의해 제어되므로 결국 I_D가 제어된다.

2. JFET의 드레인 특성

[그림 12-2]에서 게이트-소스 전압(V_{GS})이 0[V]일 때, $I_D - V_{DS}$ 특성 그래프를 다음의 [그림 12-3]에 나타내었다.

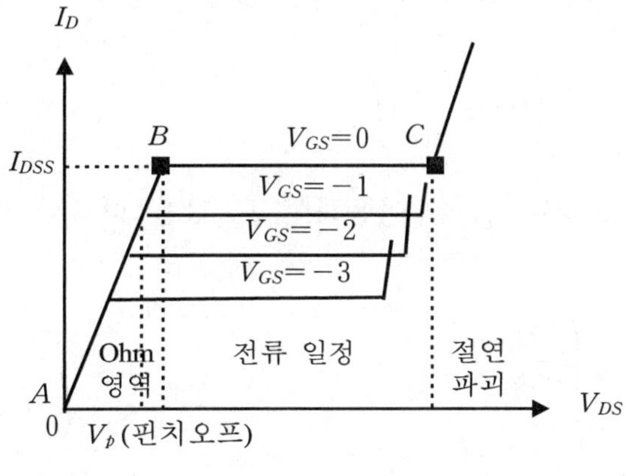

[그림 12-3] V_{GS}에 따른, I_D-V_{DS} 특성

V_{GS}가 0[V]일 때 V_{DD}를 증가시키면 공핍층이 충분치 않아서 I_D가 비례하여 증가하고(오옴 영역 ; $A \sim B$), 그때까지의 전압을 핀치 오프(pinch-off) 전압(V_P)이라고 한다. V_P 이상으로 증가하면 I_D가 거의 일정하게 되는데, 이 영역($B \sim C$ 영역)에서 JFET는 동작하여야 한다. 한편, 계속 전압이 증가하여 C 지점에 이르면 I_D가 급증하는 절연파괴가 일어나는데 이는 소자에 치명적인 손상을 줄 수 있다. 차단전압 $V_{GS(off)}$는 I_D가 거의 흐르지 않을 때의 값이다. ☜ 일반적으로 I_{DSS}는 $V_{GS}=0$일 때의 드레인 전류를 의미하며 $V_{GS(off)}=-V_P$이다.

3. JFET의 전달 특성

JFET의 전달 특성 곡선은 거의 포물선 형태에 가까우며, 이를 근사적으로 표현하면 다음과 같은 식으로 주어진다.

$$I_D = I_{DSS}\left(1 - \frac{V_{GS}}{V_{GS(off)}}\right)^2 \tag{12-1}$$

이 식으로부터 $V_{GS(off)}$와 I_{DSS}를 알면 임의 V_{GS}에 대한 I_D를 구할 수 있는데, $V_{GS(off)}$와 I_{DSS}는 JFET의 규격표를 참조하면 알 수 있다.

한편, JFET의 규격표로부터 $V_{GS}=0[V]$일 때의 전달 컨덕턴스(g_{m0})값이 주어지면, 다음의 공식을 이용하여 전달 특성 그래프 상에 임의 지점에서의 근사적인 전달 컨덕턴스(g_{m0})값을 계산할 수 있다.

$$g_m = g_{m0}\left(1 - \frac{V_{GS}}{V_{GS(off)}}\right)^2 \tag{12-2}$$

또한, $V_{GS(off)}$와 I_{DSS}를 이용하여 g_{m0}값을 다음의 공식을 통하여 계산할 수 있다.

$$g_{m0} = \left(\frac{2I_{DSS}}{|V_{GS(off)}|}\right) \tag{12-3}$$

소요 부품

품　　목	정　　　　격	소요량
저　　항	100[Ω]	1개
다이오드	1N4001	1개
JFET	2N3823 (n채널)	1개

실험 방법

① [그림 12-4]의 회로를 결선한 후, 오실로스코프를 이용하여 V_{DS}(CH 1) 및 100[Ω] 양단전압(CH 2)을 각각 측정한다. 핀치 전압(V_P)을 읽으면 이 전압값은 수치적으로 $V_{GS(off)}$와 같으며, 오옴의 법칙을 이용하여 100[Ω]에 흐르는 전류(I_{DSS})를 계산하여 〈표 1〉에 기록한다.

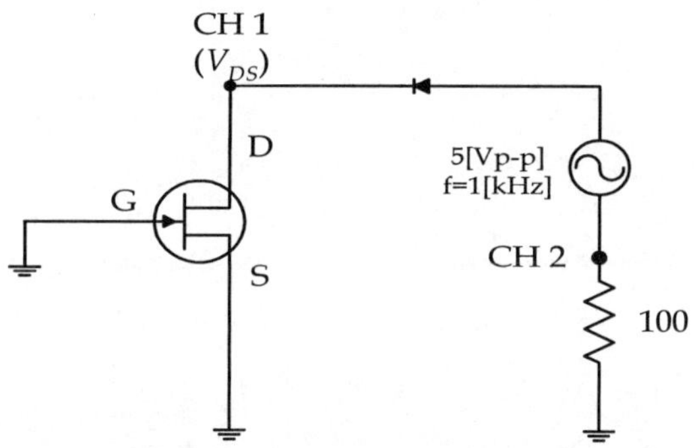

[그림 12-4] 드레인 특성의 회로도

② [그림 12-5]의 회로를 결선한 후, 오실로스코프를 이용하여 $V_{GS(off)}$(CH 1) 및 100[Ω] 양단전압(CH 2)을 각각 측정한다. 오옴의 법칙을 이용하여 100[Ω]에 흐르는 전류(I_{DSS})를 계산하여 〈표 1〉에 기록한다.

③ 실험 ①에서 얻은 $V_{GS(off)}$ 및 I_{DSS}를 비교·검토한다.

④ 식 (12-3)을 이용하여 g_{m0}를 계산하여 〈표 2〉에 기록한다.

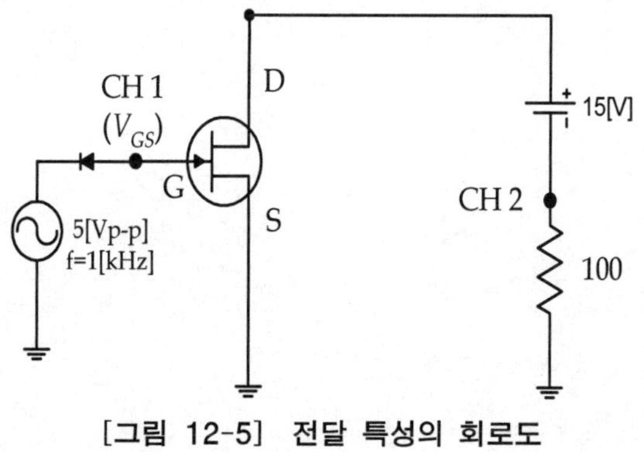

[그림 12-5] 전달 특성의 회로도

실험결과보고서

실 험 일 자	년 월 일( )
제 출 일 자	년 월 일( )
실 험 제 목	JFET의 특성 그래프
담 당 교 수	

학 과	
조 편 성	
학 번	
성 명	

〈표 1〉

$V_{GS(off)}$	
I_{DSS}	

〈표 2〉

$V_{GS(off)}$	
I_{DSS}	
g_{m0}	

토 의 내 용

실험 13

접합 전계효과 트랜지스터의 자기 바이어스

실험 목적

바이어스의 목적은 원하는 드레인 전류값을 얻기 위한 적절한 직류 게이트-소스 전압을 선택하는 데 있다. 따라서 이 장에서는 자기 바이어스(self-bias)를 이용한 JFET 회로의 전압과 전류에 대한 이해를 도모한다.

기초 이론

1. 자기 바이어스

JFET가 동작하기 위해서는 게이트-소스 접합이 역방향 바이어스이어야 하므로 n채널은 음(-)의 V_{GS}가 필요하고 p채널은 양(+)의 V_{GS}가 필요하다. 이러한 조건은 [그림 13-1]과 같이 자기 바이어스(self-bias)를 이용하여 얻을 수 있다.

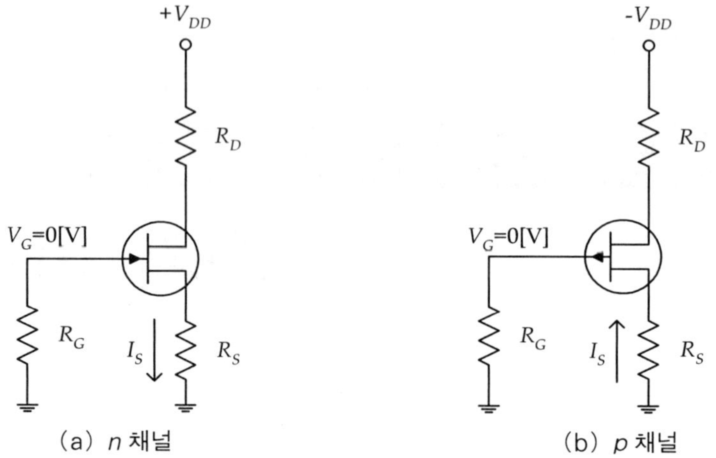

[그림 13-1] 자기 바이어스된 JFET($I_S = I_D$)

여기에서,

$$V_{GS} = V_G - V_S = 0 - I_S R_S$$

$$= -I_S R_S = -I_D R_S \quad ☜ \because I_S = I_D \qquad (13\text{-}1)$$

$$V_D = V_{DD} - I_D R_D \qquad (13\text{-}2)$$

$$V_S = I_S R_S = I_D R_S \qquad (13\text{-}3)$$

$$V_{DS} = V_D - V_S = V_{DD} - I_D R_D - I_D R_S$$

$$= V_{DD} - I_D(R_D + R_S) \qquad (13\text{-}4)$$

2. 자기 바이어스된 JFET의 Q점

JFET의 바이어스 점을 결정하기 위해서는 소스 저항(R_S)이 필요하며 다음의 식으로 구할 수 있다.

$$R_S = \left| \frac{V_{GS}}{I_D} \right| \qquad (13\text{-}5)$$

소요 부품

품 목	정 격	소요량
저 항	1[kΩ] 100[kΩ]	2개 1개
가변 저항	5[kΩ]	1개
JFET	2N3823 (n채널)	1개

실험 방법

① [그림 13-2]의 회로를 결선한 후, 실험 12에서 측정한 $V_{GS(off)}$, I_{DSS}, g_{m0}의 값들을 〈표 1〉에 기록한다.

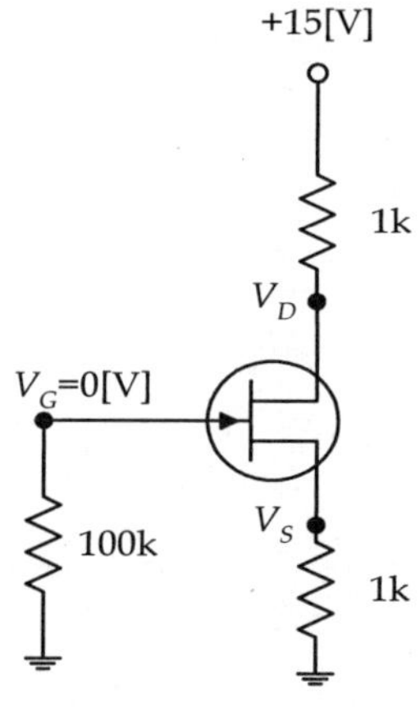

[그림 13-2] 회로도

② 드레인 전류(I_D)를 측정하고 〈표 1〉의 데이터로부터 다음의 공식을 이용하여 이론치를 계산한 후, 〈표 2〉에 기록한다.

$$I_D = 2I_{DSS}\left[\frac{(R_S g_{m0}+1)-(2R_S g_{m0}+1)^{\frac{1}{2}}}{(R_S g_{m0})^2}\right]$$

③ Q점에서의 게이트 전압(V_G), 소스 전압(V_S), 드레인 전압(V_G), 드레인-소스 전압(V_{DS}), 게이트-소스 전압(V_{GS})을 측정하고 각각의 이론치를 구하여 데이터를 비교·검토한다.

④ 〈표 1〉의 데이터를 이용하여 전달 특성 그래프를 [그림 1]에 그린 후, 위에서 측정한 드레인 전류(I_D) 및 게이트-소스 전압(V_{GS})으로 그래프 상에 Q점을 표시한다.

⑤ 소스 저항(R_S)을 5[kΩ]의 가변저항으로 대체한 후, 가변저항을 조절하여 임의의 5개의 I_D 및 V_{GS}를 측정하여 〈표 3〉에 기록하고 위에서 도시한 [그림 1]에 표시한다.

실 험 결 과 보 고 서

실 험 일 자	년 월 일( )
제 출 일 자	년 월 일( )
실 험 제 목	JFET의 자기 바이어스
담 당 교 수	

학 과	
조 편 성	
학 번	
성 명	

〈표 1〉

$V_{GS(off)}$	
I_{DSS}	
g_{m0}	

〈표 2〉

파라미터	측 정 치	이 론 치	오 차 율
I_D			
V_G			
V_S			
V_D			
V_{DS}			
V_{GS}			

〈표 3〉

V_{GS}	I_D

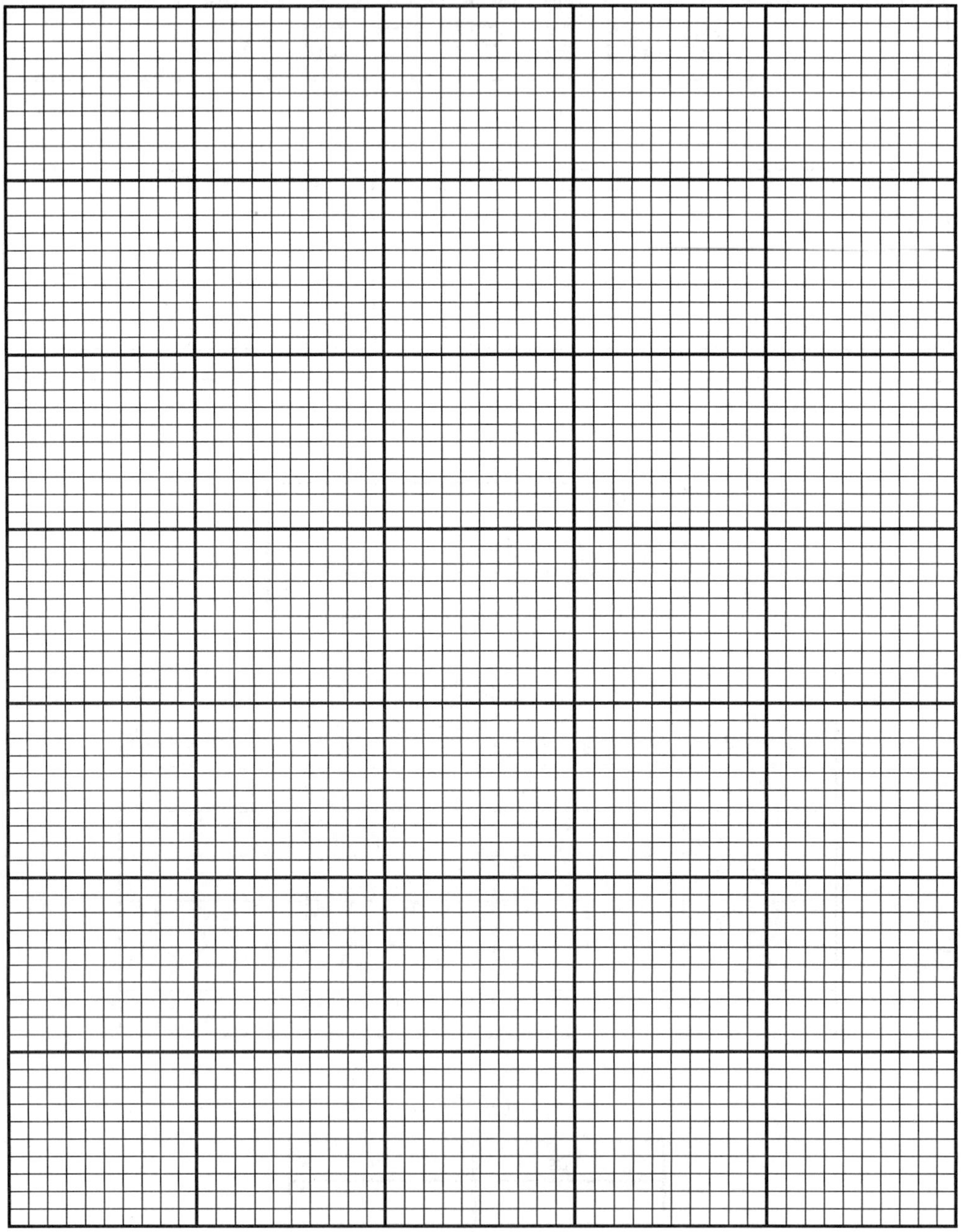

[그림 1] JFET의 전달 특성 그래프: V_{GS}-I_D

토 의 내 용

실험 14

공핍형 금속산화물 반도체 전계효과 트랜지스터

실험 목적

공핍형 금속산화물 반도체 전계효과 트랜지스터(D-type Metal Oxide Semiconductor Field Effect Transistor : D-MOSFET)는 게이트-소스 전압을 음(-)으로 가하면 공핍형으로 동작하고 양(+)으로 가하면 증가형으로 동작하므로 종종 공핍-증가형 MOSFET라고도 불린다. 따라서 이 장에서는 D-MOSFET의 전달 특성 그래프에 대한 이해를 도모한다.

기초 이론

1. D-MOSFET의 구조 및 기호

증가형 모드에서 동작될 때를 제외하고는 JFET의 특성과 같으며, 전달 특성식도 동일하다.

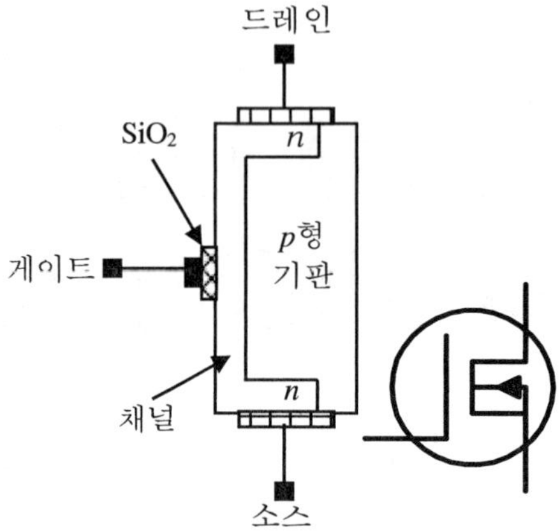

(a) n 채널

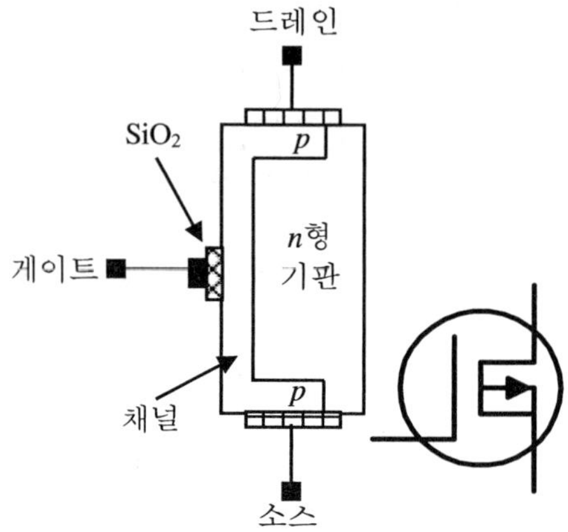

(b) p 채널

[그림 14-1] D-MOSFET의 구조 및 표기

[그림 14-1 (a)]에서 게이트-소스 전압(V_{GS})이 음(-)으로 가해지면 MOSFET는 공핍형으로 동작되고(척력), 양(+)으로 가해지면 MOSFET는 증가형으로 동작된다(인력). 즉, 공핍형에서는 전도도가 떨어지고 나아가 V_{GS}를 매우 크게 하면 I_D가 흐르지 않는다. n채널 JFET와 마찬가지로 n채널 D-MOSFET는 V_{GS}가 $V_{GS(off)}$와 0 사이일 때, I_D를 흐르게 한다. 이에 반해서 증가형에서는 채널로 많은 전자를 잡아당겨 채널의 전도도가 증가한다.

2. D-MOSFET의 바이어스

D-MOSFET는 V_{GS}가 양 또는 음으로 동작된다. 왼쪽의 [그림 14-2]와 같이 0으로 바이어스(zero bias)된 MOSFET에서 $V_{GS}=0[V]$, $I_D=I_{DSS}$이므로, 드레인-소스 전압(V_{DS})은 다음과 같다.

$$V_{DS}=V_{DD}-I_DR_D=V_{DD}-I_{DSS}R_D \tag{14-1}$$

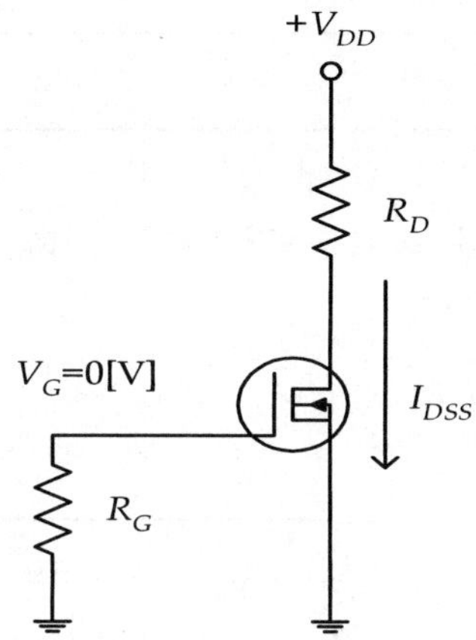

[그림 14-2] zero 바이어스된 D-MOSFET

또한, 순방향 전달 컨덕턴스(g_{m0})는

$$g_{m0} = -\frac{2I_{DSS}}{V_{GS(off)}} \quad (14\text{-}2)$$

이며, 전달 특성식은 다음과 같다.

$$I_D = I_{DSS}\left(1 - \frac{V_{GS}}{V_{GS(off)}}\right)^2 \quad (14\text{-}3)$$

소요 부품

품　목	정　격	소요량
저　항	10[kΩ]	2개
가변 저항	5[kΩ] 10[kΩ]	1개 1개
MOSFET	40673 (n채널)	1개

실험 방법

① [그림 14-2]의 회로를 결선한 후, $V_{DS}=10$[V]가 되도록 5[kΩ]의 가변저항을 조절한다.

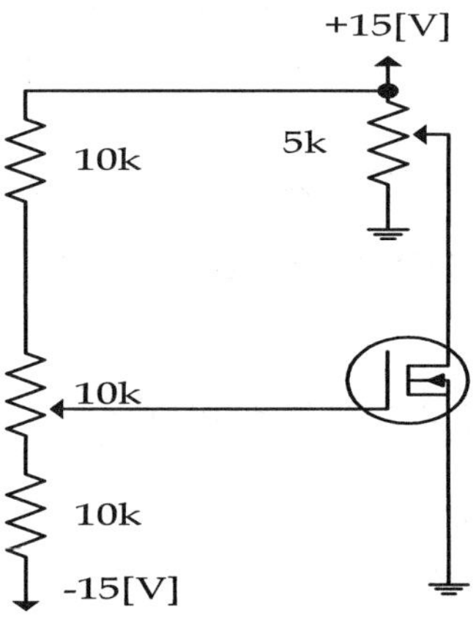

[그림 14-2] 회로도

② 10[kΩ]의 가변저항을 조절하여 〈표 1〉에 나타낸 게이트-소스 전압(V_{GS})값이 되도록 한 후, 각각의 값에 대한 드레인 전류(I_D)를 측정하여 〈표 1〉에 기록한다.

③ 〈표 1〉의 데이터를 이용하여 전달 특성 그래프($I_D - V_{GS}$)를 [그림 1]에 그린다.

④ [그림 1]에서 드레인 전류(I_D)가 0[mA]에서의 게이트-소스 전압($V_{GS(off)}$)을 구하고 게이트-소스 전압(V_{GS})이 0[V]에서의 드레인 전류(I_{DSS})를 구하여 〈표 2〉에 기록한다.

⑤ 위에서 구한 데이터를 식 (14-2)에 대입하여 전달 컨덕턴스(g_{m0})를 구한 후, 〈표 2〉에 기록한다.

실 험 결 과 보 고 서

실 험 일 자	년 월 일( )
제 출 일 자	년 월 일( )
실 험 제 목	D-MOSFET
담 당 교 수	

학 과	
조 편 성	
학 번	
성 명	

〈표 1〉

V_{GS} [V]	I_D [㎃]
-10	
-8	
-6	
-4	
-2	
-1	
0	
1	
2	
4	
6	
8	
10	

〈표 2〉

$V_{GS(off)}$	
I_{DSS}	
g_{m0}	

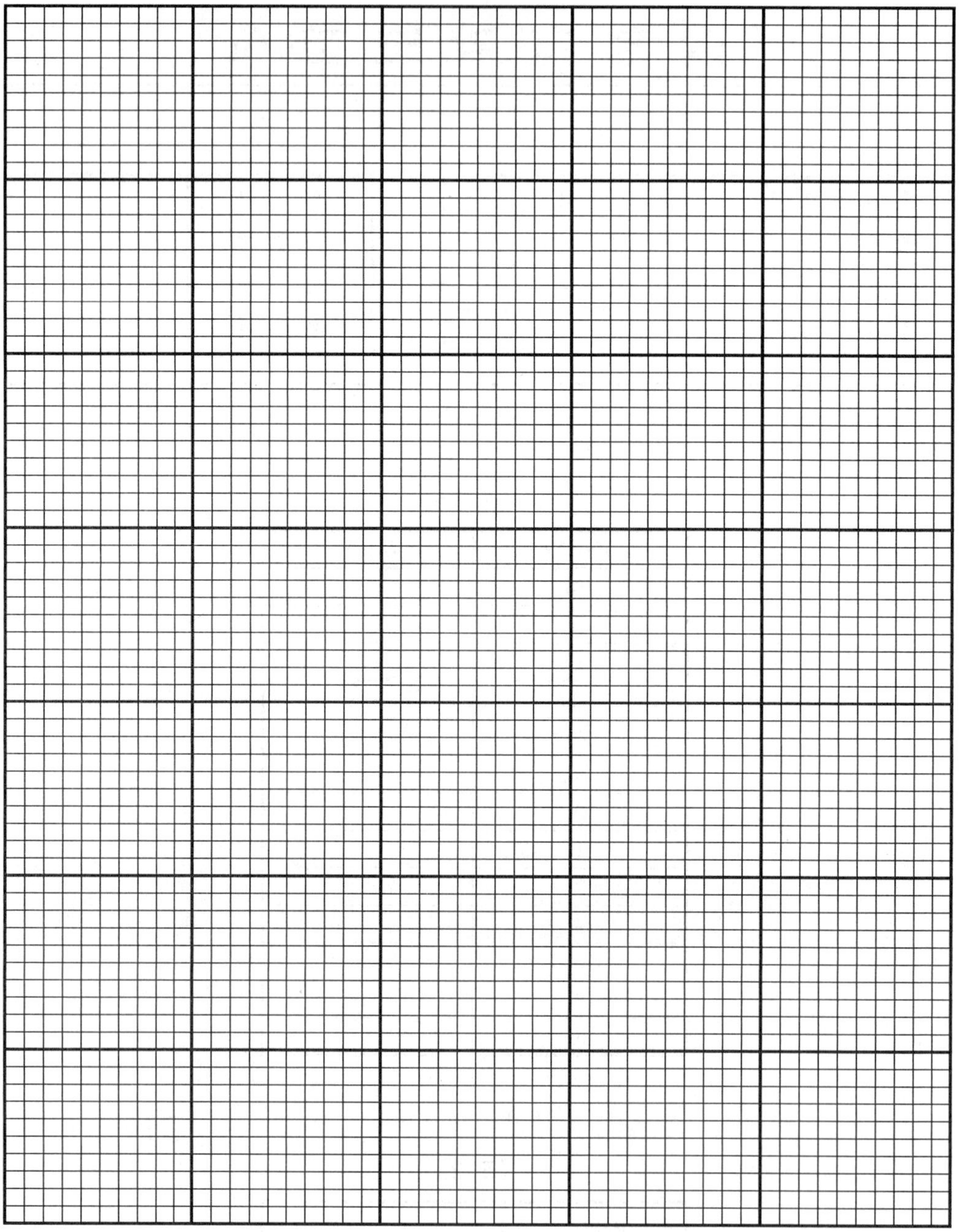

[그림 1] D-MOSFET의 전달 특성 그래프: V_{GS}-I_D

토 의 내 용

실험 15

증가형 금속산화물 반도체 전계효과 트랜지스터

실험 목적

증가형 금속산화물 반도체 전계효과 트랜지스터(E-type Metal Oxide Semiconductor Field Effect Transistor : E-MOSFET)는 게이트-소스 전압이 임계전압을 넘을 때, 드레인 전류가 흐르며 증가형으로만 동작하고 공핍형으로는 동작하지 않는다. 따라서 이 장에서는 E-MOSFET의 전달 특성 그래프에 대한 이해를 도모한다.

기초 이론

1. E-MOSFET의 구조 및 기호

E-MOSFET는 증가형으로만 동작하고 공핍형으로는 동작하지 않는다. 또한, 물리적인 채널을 갖지 않으므로 [그림 15-1]에서와 같이 기판이 SiO_2 층까지 완전히 확장되어 있다.

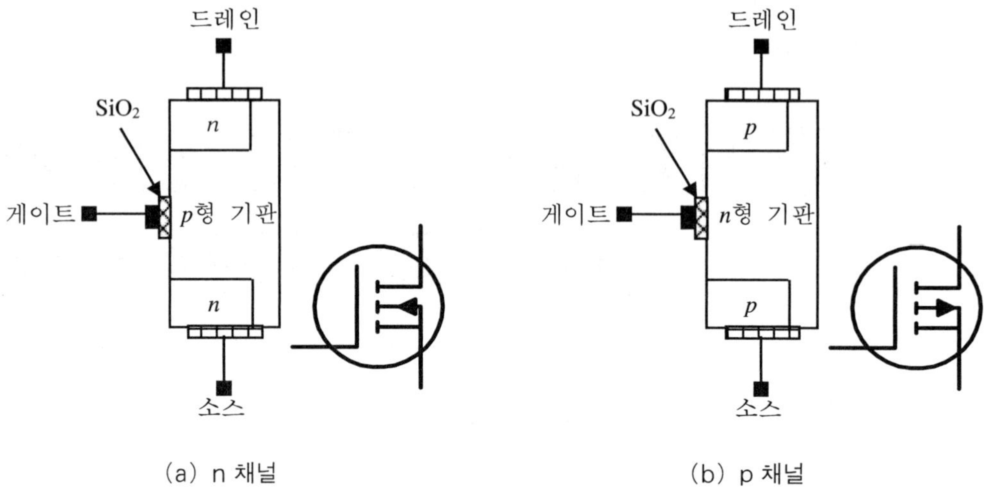

[그림 15-1] E-MOSFET의 구조 및 표기

전달 특성식은 다음과 같이 주어진다.

$$I_D = K(V_{GS} - V_{GS(th)})^2 \tag{15-1}$$

여기서, $K = \dfrac{I_{D(on)}}{(V_{GS} - V_{GS(th)})^2}$ 이다.

2. E-MOSFET의 바이어스

다음의 [그림 15-2]에 E-MOSFET의 전압분배 바이어스 및 드레인 귀환 바이어스를 각각 나타내었다.

그림 15-2의 (a)에서,

$$V_{GS} = \left(\frac{R_2}{R_1 + R_2}\right) V_{DD} \tag{15-2}$$

$$I_D = K(V_{GS} - V_{GS(th)})^2 \tag{15-3}$$

여기서, $V_{GS(th)}$는 V_{GS}의 임계값이며, $K = \dfrac{I_{D(on)}}{(V_{GS} - V_{GS(th)})^2}$ 이다.

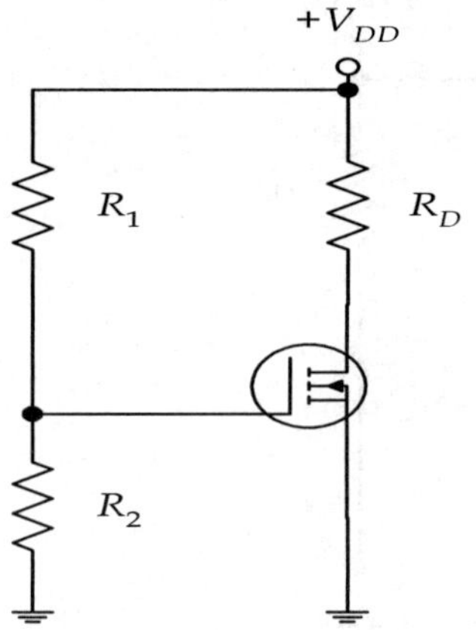

(a) 전압분배 바이어스

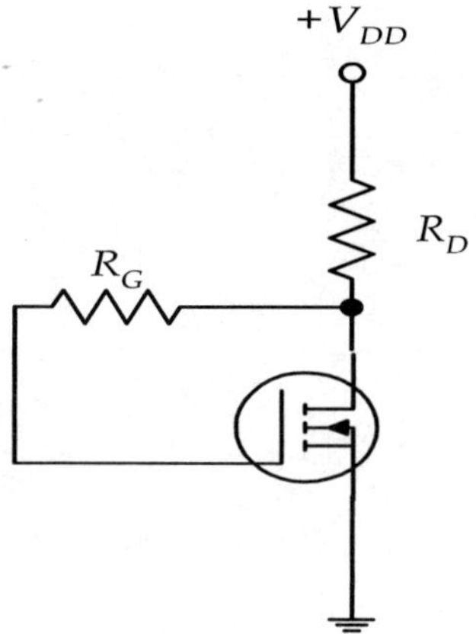

(b) 드레인 귀환 바이어스

[그림 15-2] E-MOSFET 바이어스

소요 부품

품 목	정 격	소요량
저 항	1[kΩ] 100[kΩ]	1개 1개
가변 저항	1[MΩ]	1개
MOSFET	NTE465 (n채널)	1개

실험 방법

① [그림 15-3]의 회로를 결선한 후, 게이트-소스 전압(V_{GS})이 0[V]가 되도록 1[MΩ]의 가변저항을 조절한다. 가변저항을 천천히 조정하여 드레인 전류(I_D)가 흐르기 시작하는 점에서의 임계 게이트-소스 전압($V_{GS(th)}$)을 측정하여 〈표 1〉에 기록한다.

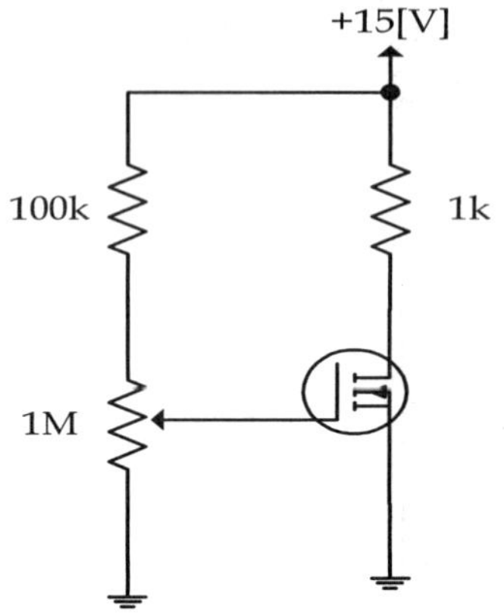

[그림 15-3] 회로도

② 1[MΩ]의 가변저항을 조절하여 〈표 2〉에 나타낸 게이트-소스 전압(V_{GS})값이 되도록 한 후, 각각의 값에 대한 드레인 전류(I_D)를 측정하여 〈표 2〉에 기록하고 전달 특성 그래프를 [그림 1]에 그린다.

실 험 결 과 보 고 서

실험일자	년 월 일( )		학 과	
제출일자	년 월 일( )		조편성	
실험제목	E-MOSFET		학 번	
담당교수			성 명	

〈표 1〉

$V_{GS(th)}$	

〈표 2〉

V_{GS} [V]	I_D [mA]
0	
1	
2	
3	
4	
5	
6	
7	
8	
9	
10	

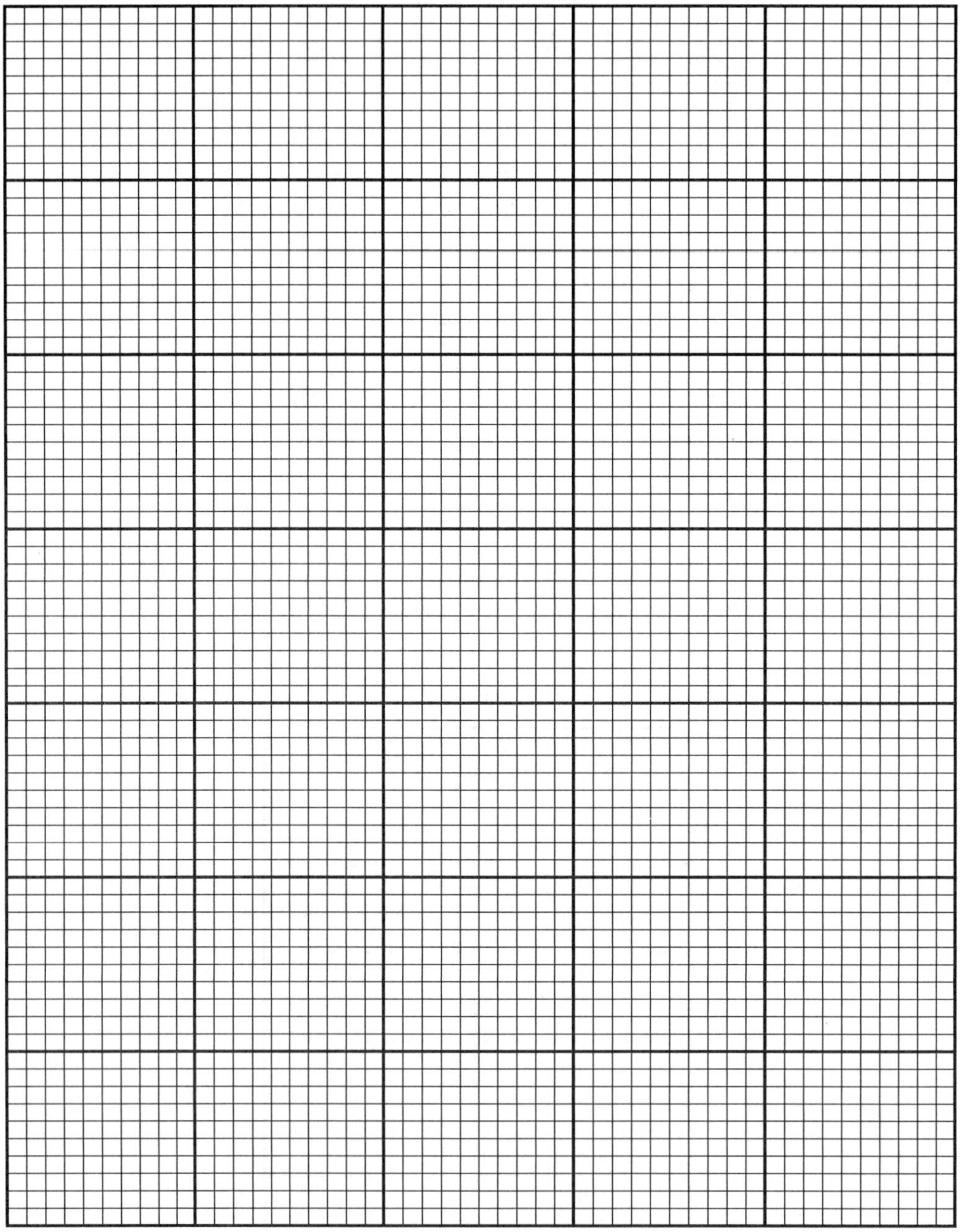

[그림 1] E-MOSFET의 전달 특성 그래프; V_{GS}-I_D

토 의 내 용

실험 16

공통 소스 증폭기

실험 목적

공통 소스(Common Source : CS) FET 증폭기의 개념은 공통 이미터(CE) BJT 증폭기와 유사하여 입력신호를 게이트 단자에 가하고 출력은 드레인 단자에서 얻는 특성이 있다. 따라서 이 장에서는 CS 증폭기의 동작과 특성을 확인하고 전압이득에 영향을 주는 요인에 대한 이해를 도모한다.

기초 이론

1. FET의 증폭

이 절에서는 FET의 증폭 특성과 동작 파라미터를 얻기 위한 등가회로에 대해서 알아본다.

(1) 등가회로

전달 컨덕턴스는 다음의 식으로 정의된다.

$$g_m = \frac{\Delta I_D}{\Delta V_{GS}}$$

이것을 교류로 표현하면 다음과 같다.

$$g_m = \frac{I_d}{V_{gs}}$$

$$\therefore I_d = g_m V_{gs} \tag{16-1}$$

위의 식에 대한 등가회로를 [그림 16-1]에 나타내었다.

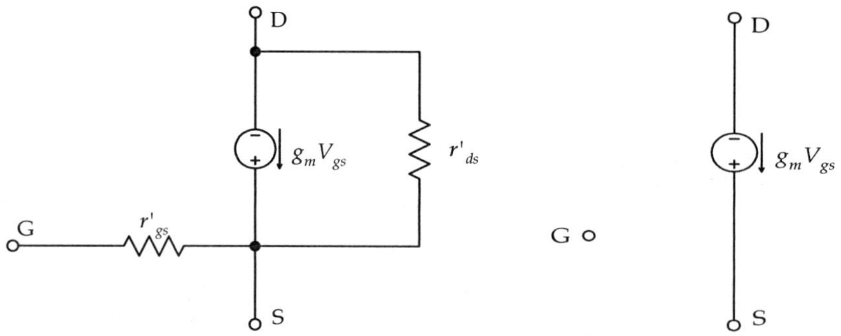

(a) 완전 등가 (b) 간략화된 등가

[그림 16-1] FET의 등가회로

(2) 전압이득

[그림 16-2]는 외부 교류 드레인 저항을 갖는 FET의 이상적인 등가회로이다.

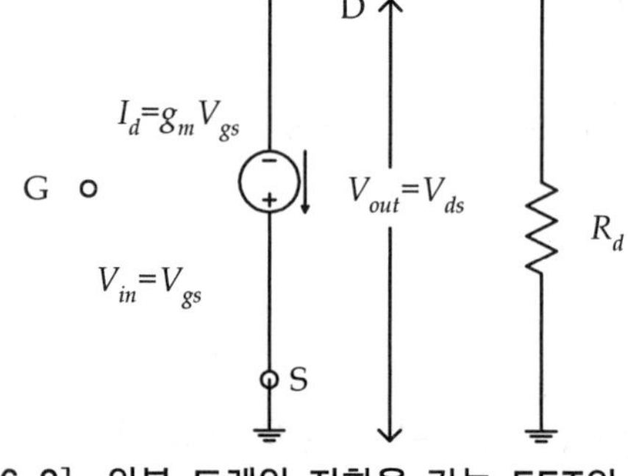

[그림 16-2] 외부 드레인 저항을 갖는 FET의 등가회로

전압이득은 다음과 같다.

$$A_v = \frac{V_{out}}{V_{in}} = \frac{V_{ds}}{V_{gs}} \tag{16-2}$$

$$V_{ds} = I_d R_d \tag{16-3}$$

전달 컨덕턴스에 대한 정의로부터,

$$V_{gs} = \frac{I_d}{g_m} \tag{16-4}$$

대입하여 정리하면 소스 저항이 바이패스된 경우에는

$$A_v = \frac{V_{out}}{V_{in}} = \frac{V_{ds}}{V_{gs}} = \frac{I_d R_d}{I_d / g_m} = g_m R_d \tag{16-5}$$

소스 저항이 바이패스되지 않은 경우에는

$$A_v = \frac{g_m R_d}{1 + g_m R_s} \tag{16-6}$$

2. JFET 공통 소스 증폭기

(1) 직류 해석

자기 바이어스를 갖는 JFET 공통 소스 증폭기 회로를 다음의 [그림 16-3]에 나타내었다.

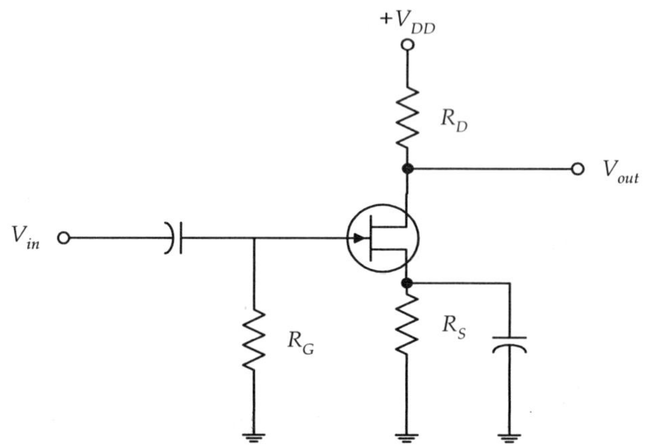

(a) 회로도

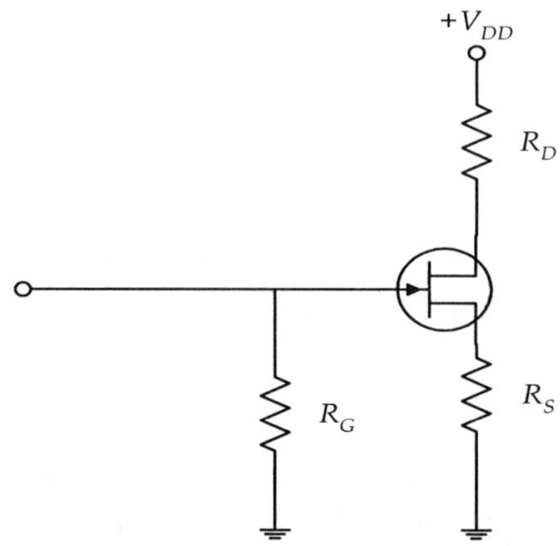

(b) DC 등가회로

[그림 16-3] JFET의 공통 소스(CS) 증폭기 ; 자기 바이어스

$$I_D = I_{DSS}\left(1 - \frac{I_D R_S}{V_{GS(off)}}\right)^2 \tag{16-7}$$

$$V_S = -V_{GS} = -I_D R_S \tag{16-8}$$

$$V_D = V_{DD} - I_D R_D \tag{16-9}$$

$$V_{DS} = V_D - V_S \tag{16-10}$$

(2) 교류 해석

증폭기의 신호 동작을 해석하기 위하여 다음의 [그림 16-4]에 나타내었다.

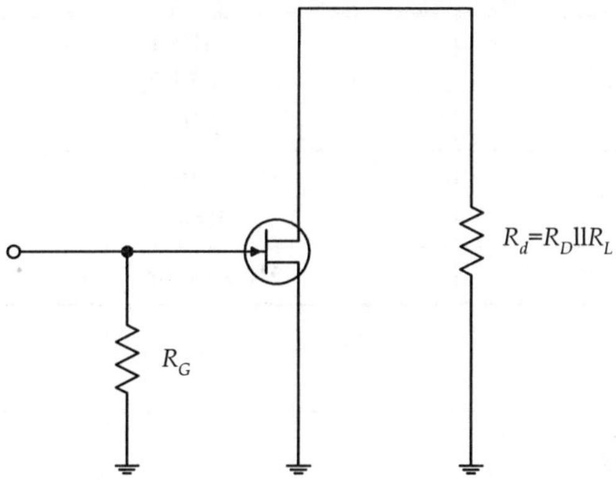

(a) AC 등가회로

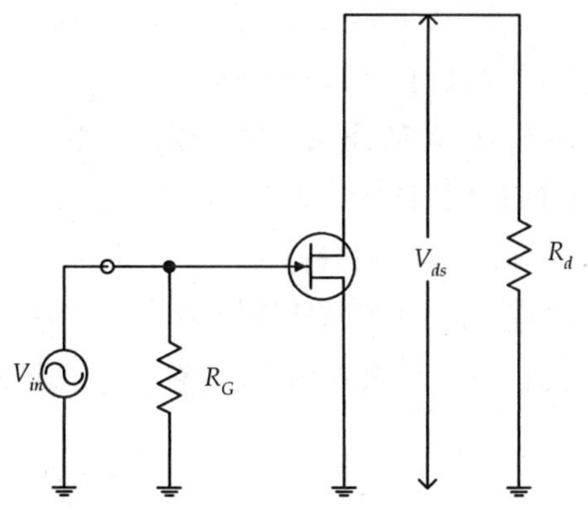

(b) AC 전압원 인가

[그림 16-4] JFET의 공통 소스(CS) 증폭기의 AC 등가회로

$$R_d = R_D \parallel R_L \tag{16-11}$$

$$V_{gs} = V_{in} \tag{16-12}$$

$A_v = \dfrac{V_{out}}{V_{in}} = \dfrac{V_{ds}}{V_{gs}} = \dfrac{I_d R_d}{I_d/g_m} = g_m R_d$ 의 관계로부터

$$\text{출력전압 } V_{out} = V_{ds} = A_v V_{in} = A_v V_{gs} = g_m R_d V_{in} \tag{16-13}$$

소요 부품

품 목	정 격	소요량
저 항	1[kΩ] 4.7[kΩ] 100[kΩ]	2개 1개 1개
콘덴서	2.2[μF] 100[μF]	2개 1개
JFET	2N3823 (n채널)	1개

실험 방법

① JFET의 특성 그래프(12장)에서 구한 데이터($g_{m0}, V_{GS(off)}, I_{DSS}$)를 인용하기 위하여 〈표 1〉에 기록한다.

② [그림 16-5]의 회로를 결선한 후, 신호 발생기의 전원은 켜지 말고 V_{DD}를 15[V] 인가하여 드레인 전류(I_D)와 게이트-소스 전압(V_{GS})을 측정하여 〈표 2〉에 기록하고, 각각의 이론치들을 구하여 측정치들과 비교·검토한다. 전달 컨덕턴스(g_m)의 이론치를 12장에서 구한 데이터($g_{m0}, V_{GS(off)}$)를 이용하여 계산한 후, 〈표 2〉에 기록한다.

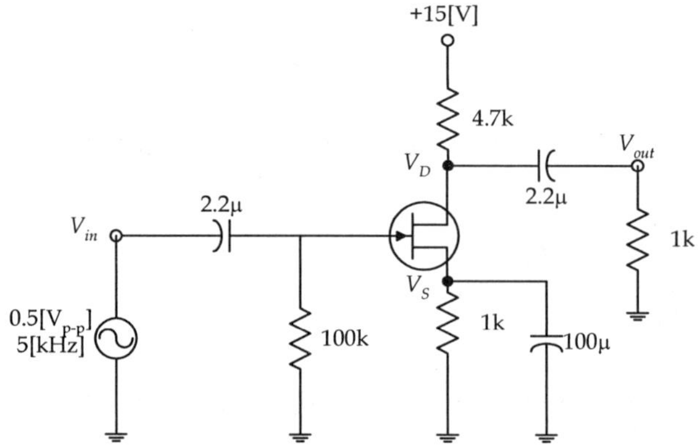

[그림 16-5] 회로도

③ 신호 발생기의 전원을 인가한 후, 오실로스코프를 이용하여 입력 레벨(V_{in}) 및 출력 레벨(V_{out})을 신호 크기 및 위상의 관점에서 비교·검토한다.

㉠ 정상상태 및 무부하 상태; 전압이득(A_v)의 측정치는 입력 레벨(V_{in}) 및 출력 레벨(V_{out})을 측정하여 〈표 3〉에 기록하고 이론치는 식 (16-5)를 이용하여 계산한다.

㉡ 바이패스 콘덴서를 제거한 상태; 바이패스 콘덴서(100[μF])를 제거하고 입력 레벨(V_{in}) 및 출력 레벨(V_{out})을 측정하여 전압이득(A_v)을 계산한다. 〈표 3〉에 기록하고 이론치는 식 (16-6)을 이용하여 계산한다.

실험결과보고서

실험일자	년 월 일( )
제출일자	년 월 일( )
실험제목	공통 소스 증폭기
담당교수	

학 과	
조편성	
학 번	
성 명	

〈표 1〉

$V_{GS(off)}$	
I_{DSS}	
g_{m0}	

〈표 2〉

파라미터	측정치	이론치	오차율
I_D			
V_{GS}			
g_m	-		-

〈표 3〉

상 태	입력전압 (V_{in})	출력전압 (V_{out})	전압이득(A_v)		
			측정치	이론치	오차율
정 상					
무 부 하					
바이패스 콘덴서 제거					

토 의 내 용

실험 17

공통 드레인 증폭기

실험 목적

공통 드레인(Common Drain : CD) FET 증폭기의 개념은 공통 컬렉터(CC) BJT 증폭기와 유사하여 입력신호를 게이트 단자에 가하고 출력은 소스 단자에서 얻는 특성이 있다. 따라서 이 장에서는 CD 증폭기의 동작과 특성을 확인하고 전압이득에 영향을 주는 요인에 대한 이해를 도모한다.

기초 이론

1. 전압이득

JFET 공통 드레인 증폭기는 소스 폴로워(source-follower)라고도 하며, 다음의 [그림 17-1]에 나타내었다.

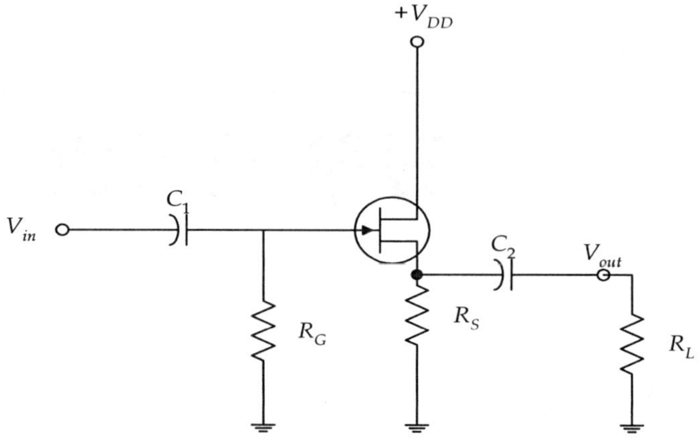

[그림 17-1] JFET 공통 드레인(CD) 증폭기

게이트-소스 전압이득을 구하기 위하여 입력 및 출력 전압을 각각 구하면,

$$V_{in} = V_{gs} + I_d R_s,\ V_{out} = I_d R_s \tag{17-1}$$

$I_d = g_m V_{gs}$ 를 각각 대입하여 정리하면,

$$A_v = \frac{V_{out}}{V_{in}} = \frac{g_m V_{gs} R_s}{V_{gs} + g_m V_{gs} R_s} = \frac{g_m R_s}{1 + g_m R_s} \tag{17-2}$$

여기에서, $R_s = R_S \| R_L$ 이며, 이득은 항상 1보다 약간 적고 $g_m R_s \gg 1$이면 $A_v \cong 1$이다. 소스에 출력이 있으므로 입력전압과 동상이다.

2. 입력저항

입력신호가 게이트에 공급되므로 입력저항은 CS 증폭기와 같이 매우 높다.

$$R_{in} = R_G \| R_{IN(gate)} \tag{17-3}$$

여기에서,

$$R_{IN(gate)} = \frac{V_{GS}}{I_{GSS}}$$

이다.

소요 부품

품 목	정 격	소요량
저 항	1[kΩ] 100[kΩ]	2개 1개
콘덴서	2.2[μF]	2개
JFET	2N3823 (n채널)	1개

실험 방법

① JFET의 특성 그래프(12장)에서 구한 데이터(g_{m0}, $V_{GS(off)}$, I_{DSS})를 인용하기 위하여 〈표 1〉에 기록한다.

② [그림 17-2]의 회로를 결선한 후, 신호 발생기의 전원은 켜지 말고 V_{DD}를 15[V] 인가하여 드레인 전류(I_D)와 게이트-소스 전압(V_{GS})을 측정하여 〈표 2〉에 기록하고, 각각의 이론치들을 구하여 측정치들과 비교 · 검토한다. 전달 컨덕턴스(g_m)의 이론치를 12장에서 구한 데이터(g_{m0}, $V_{GS(off)}$)를 이용하여 계산한 후, 〈표 2〉에 기록한다.

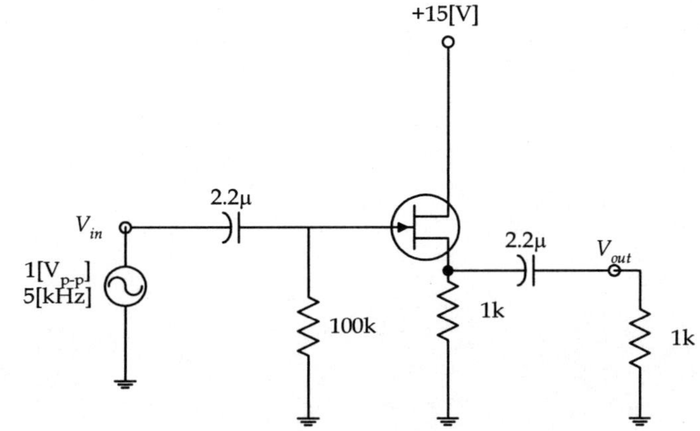

[그림 17-2] 회로도

③ 신호 발생기의 전원을 인가한 후, 오실로스코프를 이용하여 입력 레벨(V_{in}) 및 출력 레벨(V_{out})을 신호 크기 및 위상의 관점에서 비교·검토한다.

㉠ 정상상태 : 전압이득(A_v)의 측정치는 입력 레벨(V_{in}) 및 출력 레벨(V_{out})을 측정하여 〈표 3〉에 기록하고 이론치는 식 (17-2)를 이용하여 계산한다.

㉡ 무부하 상태 : 부하(1[kΩ])를 제거하고 입력 레벨(V_{in}) 및 출력 레벨(V_{out})을 측정하여 전압이득(A_v)의 계산하여 〈표 3〉에 기록하고 이론치는 식 (17-2)를 이용하여 계산한다.

실험결과보고서

실험일자	년 월 일( )
제출일자	년 월 일( )
실험제목	공통 드레인 증폭기
담당교수	

학 과	
조편성	
학 번	
성 명	

〈표 1〉

$V_{GS(off)}$	
I_{DSS}	
g_{m0}	

〈표 2〉

파라미터	측정치	이론치	오차율
I_D			
V_{GS}			
g_m	-		-

〈표 3〉

상 태	입력전압 (V_{in})	출력전압 (V_{out})	전압이득(A_v)		
			측정치	이론치	오차율
정 상					
무 부 하					

토 의 내 용

실험 18

공통 게이트 증폭기

실험 목적

공통 게이트(Common Gate : CG) FET 증폭기의 개념은 공통 베이스(CB) BJT 증폭기와 유사하여 입력신호는 결합 커패시터를 통해서 소스 단자에 공급되고 출력은 드레인 단자에서 얻는 특성이 있다. 따라서 이 장에서는 CG 증폭기의 동작과 특성을 확인하고 전압이득에 영향을 주는 요인에 대한 이해를 도모한다.

기초 이론

1. 전압이득

[그림 18-1]은 JFET 공통 게이트(CG) 증폭기의 회로도인데, 여기에서 소스-드레인 전압이득을 구하기 위하여 입력 및 출력 전압을 각각 구하면,

$$V_{in} = V_{gs}\,,\ \ V_{out} = I_d R_d\,,\ \ R_d = R_D \parallel R_L \tag{18-1}$$

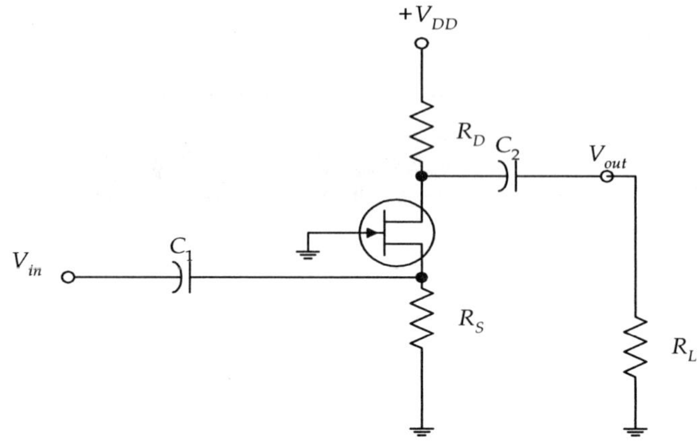

[그림 18-1] JFET 공통 게이트(CG) 증폭기

$I_d = g_m V_{gs}$ 를 각각 대입하여 정리하면,

$$A_v = \frac{V_d}{V_{gs}} = \frac{I_d R_d}{V_{gs}} = \frac{g_m V_{gs} R_d}{V_{gs}} = g_m R_d \tag{18-2}$$

2. 입력저항

게이트가 입력단자로 되는 CS 및 CD 접속은 입력저항이 매우 높으나, CG 접속에서는 다음의 설명에서 알 수 있듯이 매우 낮은 입력저항을 갖는다.

$$I_{in} = I_s = I_d = g_m V_{gs}, \ V_{in} = V_{gs}$$

이므로, 입력저항은

$$R_{in(source)} = \frac{V_{in}}{I_{in}} = \frac{V_{gs}}{g_m V_{gs}} = \frac{1}{g_m} \tag{18-3}$$

소요 부품

품　　목	정　　　격	소요량
저　항	220[Ω] 1[kΩ] 1[MΩ]	1개 2개 1개
콘덴서	1[μF] 100[μF]	2개 1개
JFET	2N3823 (n채널)	1개

실험 방법

① JFET의 특성 그래프(12장)에서 구한 데이터($g_{m0}, V_{GS(off)}, I_{DSS}$)를 인용하기 위하여 〈표 1〉에 기록한다.

② [그림 18-2]의 회로를 결선한 후, 신호 발생기의 전원은 켜지 말고 V_{DD}를 15[V] 인가하여 드레인 전류(I_D)와 게이트-소스 전압(V_{GS})을 측정하여 〈표 2〉에 기록하고, 각각의 이론치들을 구하여 측정치들과 비교 · 검토한다. 전달 컨덕턴스(g_m)의 이론치를 12장에서 구한 데이터($g_{m0}, V_{GS(off)}$)를 이용하여 계산한 후, 〈표 2〉에 기록한다.

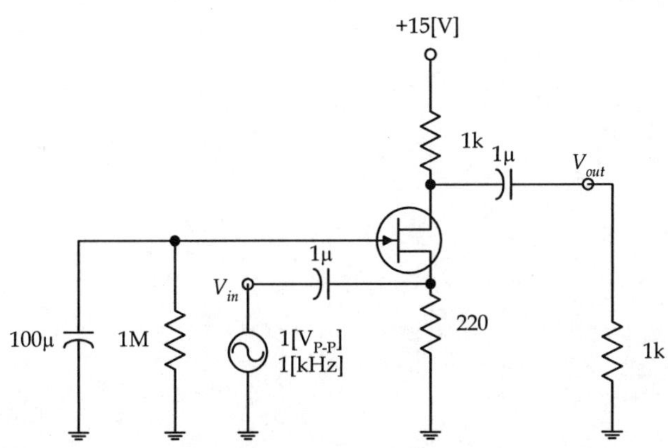

[그림 18-2] 회로도

③ 신호 발생기의 전원을 인가한 후, 오실로스코프를 이용하여 입력 레벨(V_{in}) 및 출력 레벨(V_{out})을 신호 크기 및 위상의 관점에서 비교·검토한다.

㉠ 정상상태 : 전압이득(A_v)의 측정치는 입력 레벨(V_{in}) 및 출력 레벨(V_{out})을 측정하여 〈표 3〉에 기록하고 이론치는 식 (18-2)를 이용하여 계산한다.

㉡ 무부하 상태 : 부하(1[kΩ])를 제거하고 입력 레벨(V_{in}) 및 출력 레벨(V_{out})을 측정하여 전압이득(A_v)의 계산하여 〈표 3〉에 기록하고 이론치는 식 (18-2)를 이용하여 계산한다.

실 험 결 과 보 고 서

실험일자	년 월 일( )	학 과	
제출일자	년 월 일( )	조편성	
실험제목	공통 게이트 증폭기	학 번	
담당교수		성 명	

〈표 1〉

$V_{GS(off)}$	
I_{DSS}	
g_{m0}	

〈표 2〉

파라미터	측정치	이론치	오차율
I_D			
V_{GS}			
g_m	-		-

〈표 3〉

상태	입력전압 (V_{in})	출력전압 (V_{out})	전압이득(A_v)		
			측정치	이론치	오차율
정 상					
무부하					

토 의 내 용

실험 19

연산 증폭기의 특성

실험 목적

연산 증폭기(Operational Amplifier : OP Amp)는 주로 수학적인 연산(가산, 감산, 미분, 적분 등)에 주로 사용되었으며, 초기 소자들은 고전압에서 동작하는 진공관으로 구성된 반면에 최근의 소자들은 비교적 낮은 공급전원을 사용하는 선형 집적회로(IC)를 사용하고 있다. 따라서, 이 장에서는 OP Amp의 동작과 기본 특성을 확인하기 위하여 입력 바이어스 전류, 입력 오프셋 전압, 입력 임피던스, 슬루율(slew rate), 동상 신호 제거비(CMRR) 등에 대한 이해를 도모한다.

기초 이론

1. 연산 증폭기의 기호와 단자

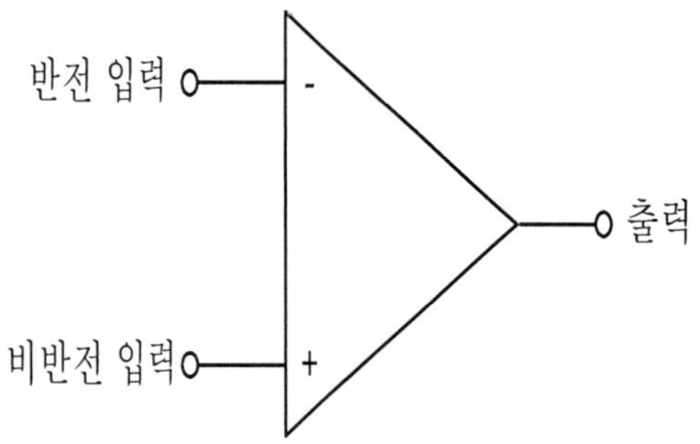

(a) 기호

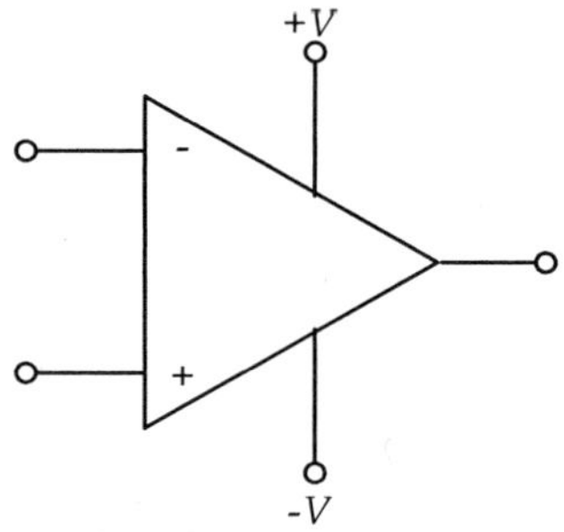

(b) 단자

[그림 19-1] 연산 증폭기의 기호 및 단자

2. 기본적인 회로 구성

OP Amp의 회로 구성은 여러 가지로 고려할 수 있으나 기본적인 회로 구성의 일례를 나타내면 [그림 19-2]와 같다. 입력단은 차동 증폭기(differential amplifier)로 구성되며 반전 입력과 비반전 입력이라는 2개의 입력단자를 가지고 있다. 차동 증폭기의 출력은 고이득 증폭기로 증폭되어 레벨 시프트 회로에 의해 0입력에 대해서 출력이 0으로 되도록 레벨 조정을 하며 출력단 증폭기를 통해서 출력된다.

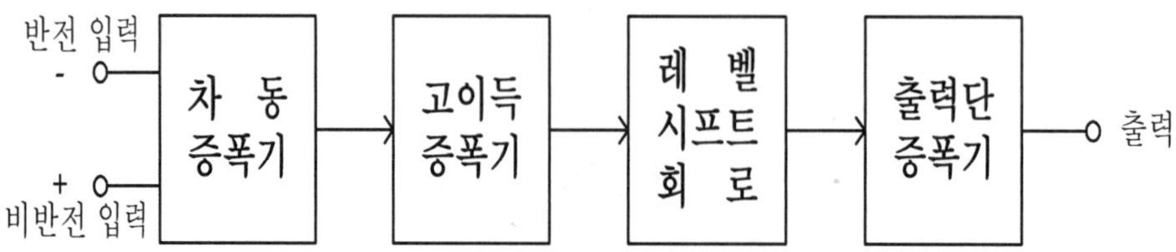

[그림 19-2] 연산 증폭기의 기본적인 회로 구성

3. 이상적 모델과 실제 모델

OP Amp의 내부회로는 다소 복잡하므로 등가 모델을 이용하여 간소화시키면 [그림 19-3]과 같이 나타낼 수 있다.

이상적인 경우 무한대의 전압이득과 대역폭을 가지며 개방 상태에서는 입력 임피던스(Z_{in})가 무한대이기 때문에 공급전원이 OP Amp 내부로 공급되지 않고 출력 임피던스(Z_{out})는 0이다. 실제의 경우 OP Amp는 전압이득과 입력 임피던스(Z_{in})가 매우 높으며, 출력 임피던스(Z_{out})는 매우 작다.

일반적으로 OP Amp는 저항, 콘덴서, 다이오드 등을 사용하여 귀환연산 증폭기를 구성하고 여러 가지 연산회로로서 사용된다.

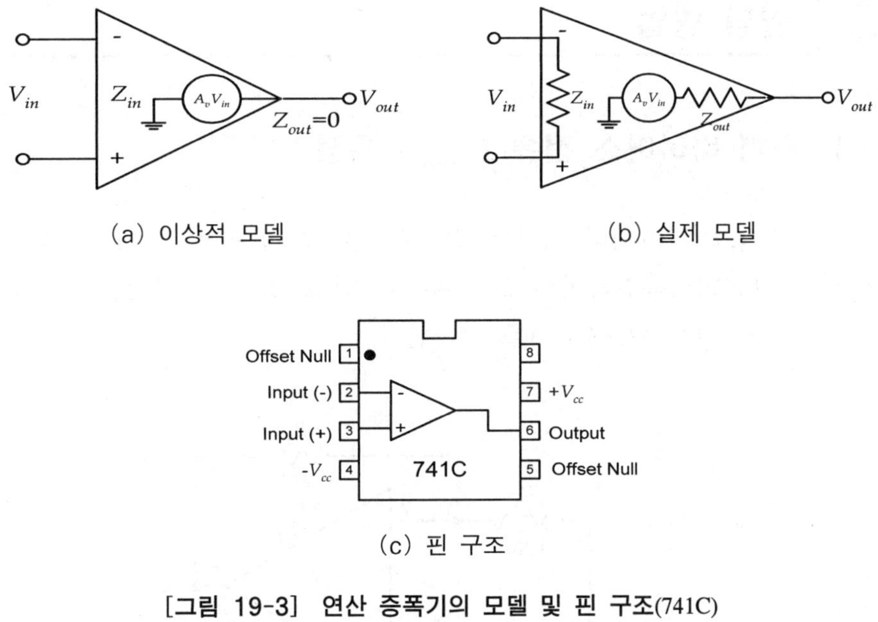

(a) 이상적 모델 (b) 실제 모델

(c) 핀 구조

[그림 19-3] 연산 증폭기의 모델 및 핀 구조(741C)

소요 부품

품　　목	정　　격	소요량
저　항	100[Ω] 10[kΩ] 100[kΩ] 1[MΩ]	2개 2개 2개 1개
가변 저항	5[MΩ]	1개
OP Amp	741C	1개

실험 방법

1. 입력 바이어스 전류($I_{in(bias)}$) 측정

① [그림 19-4]의 회로를 결선한 후, R_1 양단전압(V_1) 및 R_2 양단전압(V_2)을 측정하여 〈표 1〉에 기록하고, 오옴의 법칙을 이용하여 각각의 입력전류(I_1, I_2)를 계산한다.

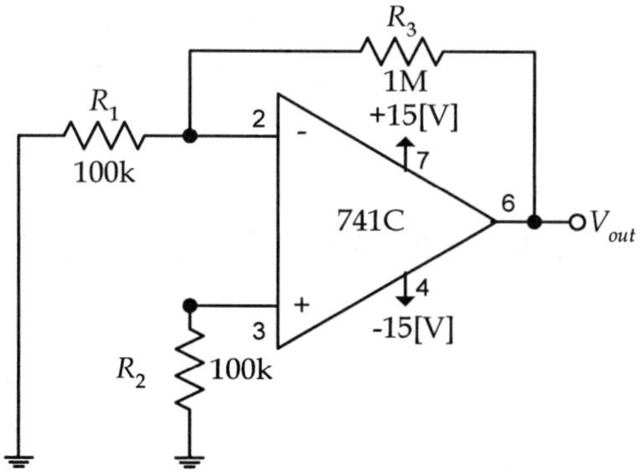

[그림 19-4] 입력 바이어스 전류 측정

② 입력 오프셋 전류($I_{in(off)}$) 및 입력 바이어스 전류($I_{in(bias)}$)를 다음의 식을 이용하여 계산하여 〈표 1〉에 기록한다.

$$I_{in(off)} = I_1 - I_2 \qquad I_{in(bias)} = \frac{I_1 + I_2}{2}$$

2. 입력 오프셋 전압($V_{in(offset)}$) 측정

① [그림 19-5]의 회로를 결선한 후, 출력전압(V_{out})을 측정하여 〈표 2〉에 기록한다.

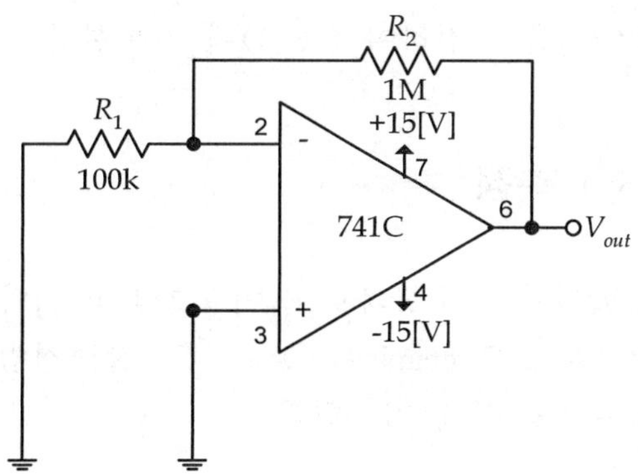

[그림 19-5] 입력 오프셋 전압 측정

② 다음의 식을 이용하여 폐루프 전압이득(A_{CL}) 및 입력 오프셋 전압($V_{in(off)}$)를 계산한 후, 〈표 2〉에 기록한다.

$$A_{CL} = \frac{R_2}{R_1} \qquad V_{in(off)} = \frac{V_{out}}{A_{CL}}$$

3. 입력 임피던스(Z_{in}) 측정

① [그림 19-6]의 회로를 결선하고 오실로스코프를 AC couple에 놓은 후, 가변저항을 조정하여 V'_{in}의 진폭이 V_{in}의 진폭의 $\frac{1}{2}$이 되도록 한다.

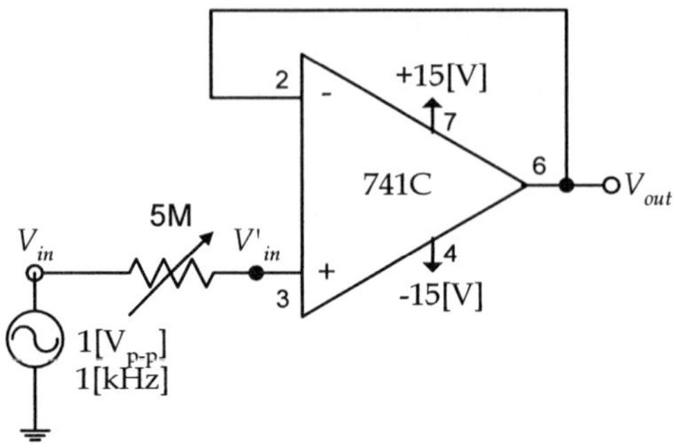

[그림 19-6] 입력 임피던스 측정

② 회로의 전원을 차단하고 가변저항을 open시킨 후, 저항값(입력 임피던스(Z_{in})을 측정하여 〈표 3〉에 기록한다.

4. 슬루율(S_R) 측정

① 함수 발생기를 구형파로 하여 [그림 19-7]의 회로를 결선하고 오실로스코프를 AC couple에 놓은 후, 출력전압의 피크-피크값(ΔV)을 측정하여 〈표 4〉에 기록한다.

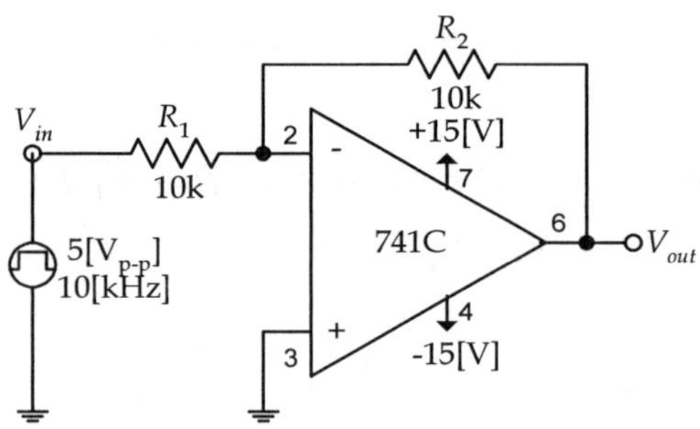

[그림 19-7] 슬루율 측정(Slew Rate : S_R)

② 출력전압의 최소치에서 최대치까지의 변화시간(Δt)을 측정하여 〈표 4〉에 기록한다.

③ 다음의 식을 이용하여 슬루율을 계산한 후, 〈표 4〉에 기록한다.

$$S_R = \frac{\Delta V}{\Delta t}$$

5. 동상 신호 제거비(Common-Mode Rejection Ratio : *CMRR*) 측정

① [그림 19-8]의 회로를 결선하고 함수 발생기를 정현파 60~100[Hz]로 조정하고 동상 입력전압($V_{in(cm)}$)이 2[V_{rms}]이 되도록 조정한다.

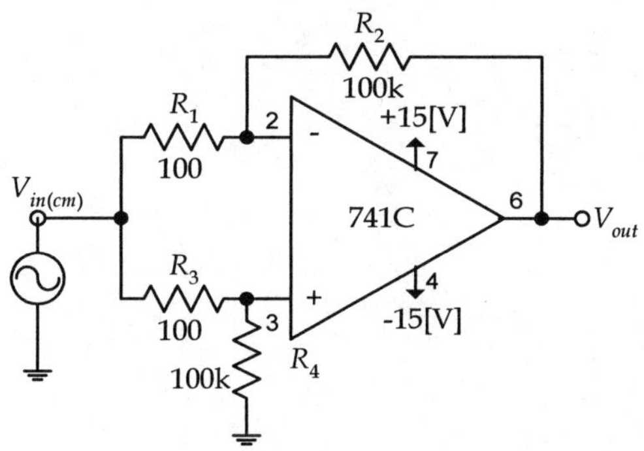

[그림 19-8] 동상 신호 제거비 측정

② 동상 입력전압($V_{in(cm)}$) 및 동상 출력전압($V_{out(cm)}$)을 각각 측정하여 〈표 5〉에 기록한다.

③ 다음의 식을 이용하여 차동이득(A_d), 동상이득(A_{cm}), 동상 신호 제거비(*CMMR*) 등을 각각 계산하여 〈표 5〉에 기록한다.

$$A_d = \frac{R_2}{R_1} = \frac{R_4}{R_3}$$

$$A_{cm} = \frac{V_{out(cm)}}{V_{in(cm)}}$$

$$CMMR = 20\log\frac{A_d}{A_{cm}}$$

실 험 결 과 보 고 서

실 험 일 자	년 월 일 ( )	학 과	
제 출 일 자	년 월 일 ( )	조 편 성	
실 험 제 목	연산 증폭기의 특성	학 번	
담 당 교 수		성 명	

〈표 1〉

R_1의 양단전압(V_1)	
R_2의 양단전압(V_2)	
I_1	
I_2	
입력 오프셋 전류($I_{in(off)}$)	
입력 바이어스 전류($I_{in(bias)}$)	

〈표 2〉

출력전압(V_{out})	
폐루프 전압이득(A_{CL})	
입력 오프셋 전압($V_{in(off)}$)	

〈표 3〉

입력 임피던스(Z_{in})	

〈표 4〉

ΔV	
Δt	
슬루율(S_R)	

〈표 5〉

항목	값
동상 입력전압($V_{in(cm)}$)	
동상 출력전압($V_{out(cm)}$)	
차동이득(A_d)	
동상이득(A_{cm})	
동상 신호 제거비($CMRR$)	

토 의 내 용

실험 20

비반전 및 반전 증폭기

실험 목적

OP Amp의 비반전(non-inverse) 및 반전(inverse) 증폭회로는 폐루프 모드로 동작하는데 비반전 증폭기의 경우 폐루프 전압이득은 항상 1보다 크며 입력신호와 출력신호는 동상이다. 한편, 반전 증폭기의 경우에 폐루프 전압이득은 1이거나 또는 작거나 클 수 있으며 입력신호와 출력신호는 180°의 위상차를 갖는다. 따라서, 이 장에서는 비반전 및 반전 증폭기의 동작과 기본 특성에 대한 이해를 도모한다.

기초 이론

1. 비반전 증폭기

OP Amp를 폐루프로 구성한 경우, 전압이득을 조절할 수 있는 비반전 증폭기(non-inverse amplifier)가 되는데 이를 [그림 20-1]에 나타내었고 입력전압과 귀환전압의 차이는 차동입력임을 [그림 20-2]에 나타내었다.

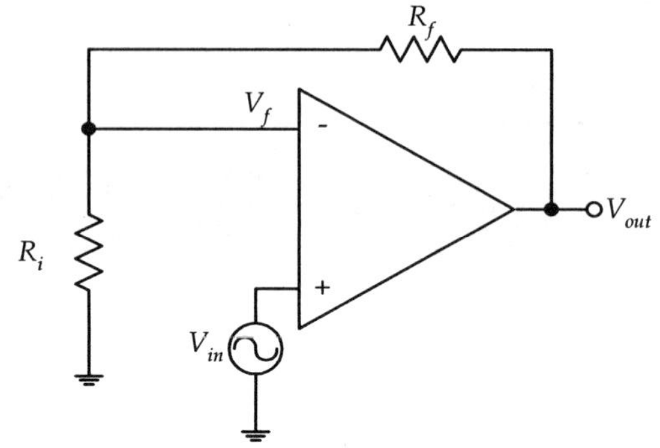

[그림 20-1] 비반전 증폭기

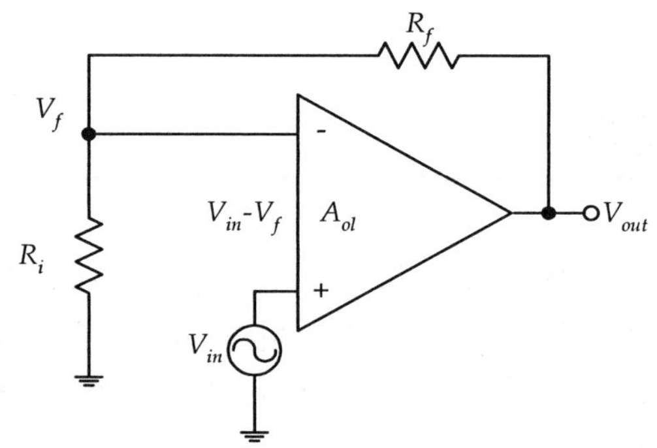

[그림 20-2] 차동입력

입력신호는 비반전 입력단자에 인가되며 출력은 R_i와 R_f로 구성된 귀환회로를 통하여 반전 입력단자로 귀환한다. R_i와 R_f는 전압 분배기를 이루고, 이로 인해 V_{out}이 감소되고 귀환전압을 표현하면 다음과 같다.

$$V_f = \left(\frac{R_i}{R_i + R_f} \right) V_{out} \tag{20-1}$$

[그림 20-2]에서 개방 루프 이득(A_{ol})에 의해 차동전압이 증폭되므로,

$$V_{out} = A_{ol}(V_{in} - V_f) \tag{20-2}$$

여기에서 귀환율(B)을 $B = R_i/(R_i + R_f)$로 정의하면,

$$V_{out} = A_{ol}(V_{in} - V_f) = A_{ol}(V_{in} - BV_{out})$$

$$V_{out} + A_{ol}BV_{out} = A_{ol}V_{in}$$
$$V_{out}(1+A_{ol}B) = A_{ol}V_{in}$$
$$\therefore \ \frac{V_{out}}{V_{in}} = \frac{A_{ol}}{1+A_{ol}B} \tag{20-3}$$

$A_{ol}B \gg 1$ 이므로,

$$\frac{V_{out}}{V_{in}} = \frac{A_{ol}}{1+A_{ol}B} = \frac{A_{ol}}{A_{ol}B} = \frac{1}{B} \tag{20-4}$$

비반전 증폭기의 폐루프 이득($A_{d(NI)}$)은 다음과 같다.

$$A_{d(NI)} = \frac{V_{out}}{V_{in}} = \frac{1}{B} = \frac{R_i+R_f}{R_i} = 1+\frac{R_f}{R_i} \tag{20-5}$$

(1) 입력 임피던스

입력 임피던스($Z_{in(NI)}$)를 구하기 위하여 [그림 20-2]를 변형하여 나타낸 것이 [그림 20-3]이다.

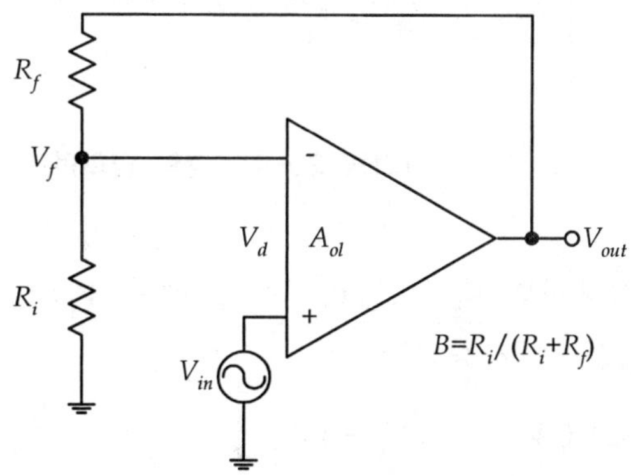

[그림 20-3] 입력 임피던스

$V_{in} = V_d + V_f$에서 $V_f = BV_{out}$ 이므로,

$$V_{in} = V_d + BV_{out} \tag{20-6}$$

$V_{out} \cong A_{ol}V_d$ 이므로

$$V_{in} = V_d + A_{ol}BV_d = (1+A_{ol}B)\ V_d \tag{20-7}$$

$V_d = I_{in}Z_{in}$으로 치환하면,

$$V_{in} = (1+A_{ol}B)\ V_d = (1+A_{ol}B)\ I_{in}Z_{in}$$

$$\therefore\ \frac{V_{in}}{I_{in}} = (1+A_{ol}B)\ Z_{in} = Z_{in(NI)} \tag{20-8}$$

(2) 출력 임피던스

출력 임피던스($Z_{out(NI)}$)를 구하기 위하여 [그림 20-2]를 변형하여 나타낸 것이 [그림 20-4]이다.

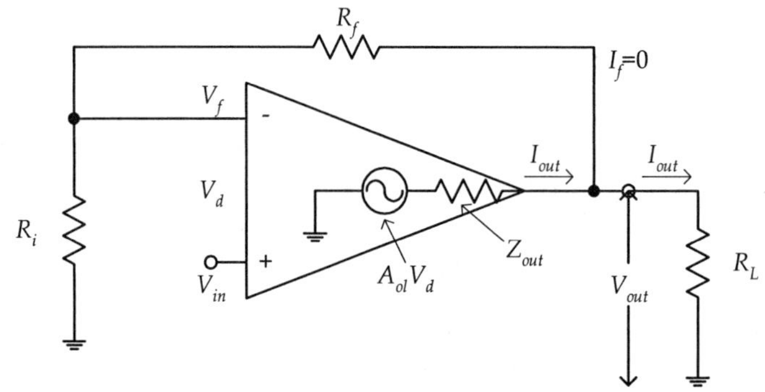

[그림 20-4] 출력 임피던스

KVL을 적용하면, $V_{out} = A_{ol}\,V_d - Z_{out}\,I_{out}$에서 $V_d = V_{in} - V_f$ 이고 $A_{ol}\,V_d \gg Z_{out}\,I_{out}$ 로 가정하면,

$$V_{out} \cong A_{ol}V_d = A_{ol}(V_{in} - V_f) \tag{20-9}$$

$V_f = BV_{out}$ 이므로,

$$V_{out} \cong A_{ol}V_d = A_{ol}(V_{in} - BV_{out})$$

$$V_{out} = A_{ol}V_{in} - A_{ol}BV_{out}$$

$$A_{ol}V_{in} = V_{out} + A_{ol}BV_{out} = (1+A_{ol}B)\,V_{out} \tag{20-10}$$

$V_{out} = I_{out}\,Z_{out(NI)}$이므로, 대입하여 정리하면

$$A_{ol}V_{in} = (1 + A_{ol}B)I_{out}Z_{out(NI)}$$

$$\frac{A_{ol}V_{in}}{I_{out}} = \frac{V_{out}}{I_{out}} = Z_{out} = (1 + A_{ol}B)Z_{out(NI)}$$

$$\therefore\ Z_{out(NI)} = \frac{Z_{out}}{1 + A_{ol}B} \tag{20-11}$$

2. 반전 증폭기

OP Amp를 사용하여 전압이득이 조절 가능한 반전 증폭기(inverse amplifier) 회로를 [그림 20-5]에 나타내었다. 입력신호는 R_i를 통하여 반전 입력단자에 인가되며 출력은 R_f를 통하여 동일 입력단자로 귀환된다.

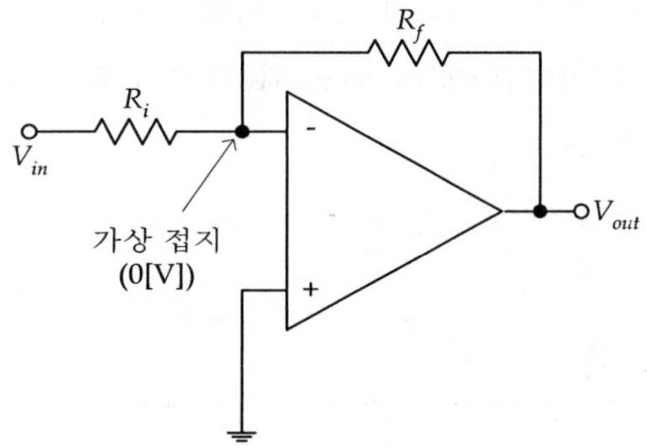

(a) 가상접지

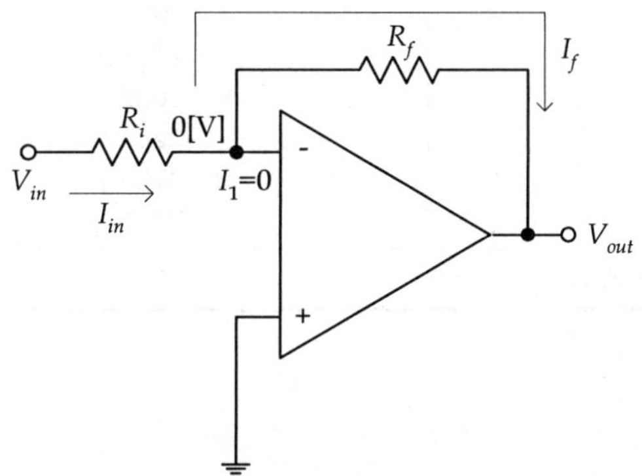

(b) $I_{in} = I_f$ 이므로, $I_1 = 0$

[그림 20-5] 반전 증폭기

[그림 20-5]에서 R_i가 가상접지되었으므로,

$$I_{in} = \frac{V_{in}}{R_i} \tag{20-12}$$

또한, 가상접지로 R_f의 양단전압은 $-V_{out}$과 같으므로

$$I_f = \frac{-V_{out}}{R_f} \tag{20-13}$$

$I_{in} = I_f$ 이므로 $\frac{V_{in}}{R_i} = \frac{-V_{out}}{R_f}$ 에서,

$$\therefore \frac{V_{out}}{V_{in}} = -\frac{R_f}{R_i} = A_{d(I)} \tag{20-14}$$

한편, 반전 증폭기에서의 입력 임피던스($Z_{in(I)}$) 및 출력 임피던스($Z_{out(I)}$)는 밀러의 정리(Miller's theorem)에 의하여 다음과 같다.

$$Z_{in(I)} \cong R_i \ , \ Z_{out(I)} \cong Z_{out} \tag{20-15}$$

소요 부품

품 목	정 격	소요량
저 항	1[kΩ] 4.7[kΩ] 10[kΩ] 22[kΩ] 47[kΩ] 100[kΩ]	1개 1개 2개 1개 1개 1개
OP Amp	741C	1개

실험 방법

1. 비반전 증폭기

① [그림 20-6]의 회로를 결선한 후, 오실로스코프를 이용하여 입력전압(V_{in})과 출력전압(V_{out})을 관측하여 진폭 및 위상에 있어서의 차이를 확인한다.

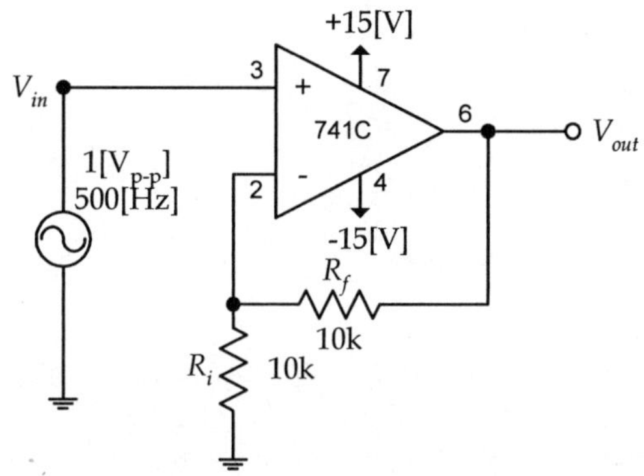

[그림 20-6] 비반전 증폭기

② 〈표 1〉에 주어진 것처럼 R_f를 대체하면서 출력전압(V_{out})을 측정하여 전압이득(A_v)의 측정치를 구하고, 식 (20-5)를 이용하여 이론치를 계산한 후 〈표 1〉에 기록한다.

2. 반전 증폭기

① [그림 20-7]의 회로를 결선한 후, 오실로스코프를 이용하여 입력전압(V_{in})과 출력전압(V_{out})을 관측하여 진폭 및 위상에 있어서의 차이를 확인한다.
② 〈표 2〉에 주어진 것처럼 R_f를 대체하면서 출력전압(V_{out})을 측정하여 전압이득(A_v)의 측정치를 구하고, 식 (20-14)를 이용하여 이론치를 계산한 후 〈표 2〉에 기록한다.

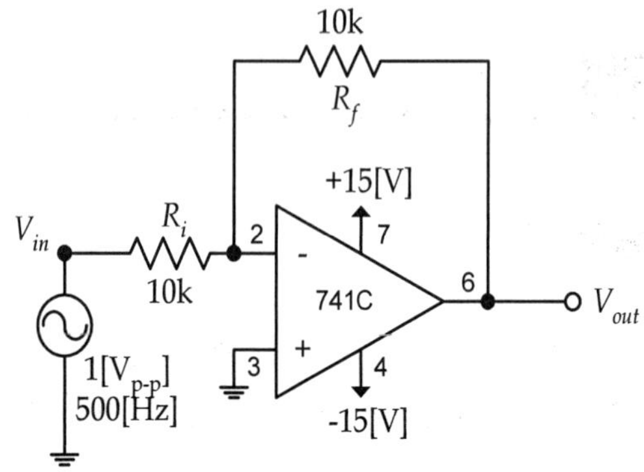

[그림 20-7] 반전 증폭기

실 험 결 과 보 고 서

실 험 일 자	년 월 일 ( )		학 과	
제 출 일 자	년 월 일 ( )		조 편 성	
실 험 제 목	비반전 및 반전 증폭기		학 번	
담 당 교 수			성 명	

〈표 1〉 비반전 증폭기

R_f[kΩ]	출력전압(V_{out})	전압이득(A_v)		
		측정치	이론치	오차율
1				
4.7				
10				
22				
47				
100				

〈표 2〉 반전 증폭기

R_f[kΩ]	출력전압(V_{out})	전압이득(A_v)		
		측정치	이론치	오차율
1				
4.7				
10				
22				
47				
100				

토 의 내 용

실험 21

비 교 기

실험 목적

OP Amp는 하나의 전압과 다른 전압을 비교하기 위한 비선형 장치로 이용되는데, 이때의 OP Amp는 개방 루프 회로로 구성되고 한쪽 입력에는 신호전압을 연결하고 다른 쪽 입력에는 기준전압을 연결한다. 따라서, 이 장에서는 0전위 검출기, 전압 레벨 검출기, 슈미트 트리거 등의 동작에 대한 이해를 도모한다.

기초 이론

1. 0전위 검출기

[그림 21-1 (a)]와 같이 반전 입력은 접지되고 비반전 입력에 입력 신호전압이 인가된다. 높은 개방 루프 전압 때문에 두 입력 사이에 전압차가 아주 작더라도 증폭기를 포화시켜 출력전압을 최대가 되게 한다. 0전위 검출기는 출력파형이 [그림 21-1 (b)]와 같이 나타나므로 정현파 입력을 구형파로 만드는 구형파 발생기로 사용된다.

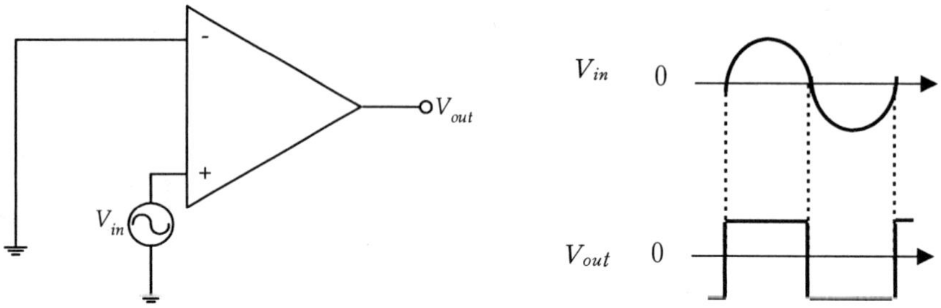

(a) 회로도 (b) 파형

[그림 21-1] 0전위 검출기

2. 전압 레벨 검출기(0이 아닌 전위 검출기)

[그림 21-2 (a)]와 같이 반전입력에 고정된 기준전압(V_{REF})을 연결하여 0이 아닌 전압을 검출할 수 있는 회로로 수정할 수 있다.

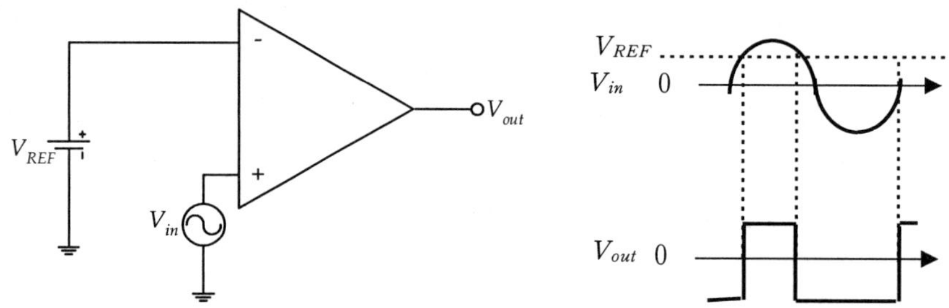

(a) 회로도 (b) 파형

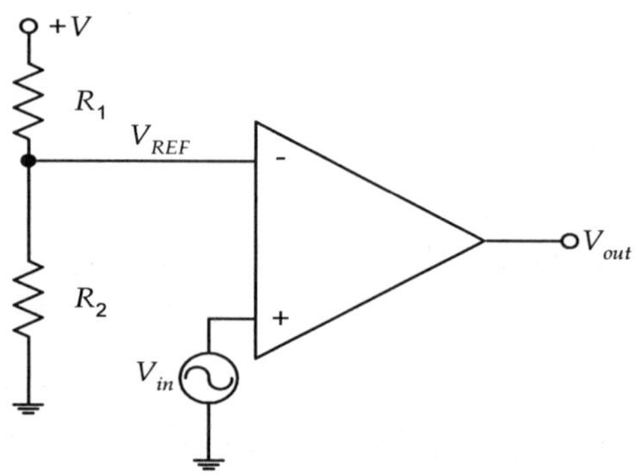

(c) 기준전압 분배기

[그림 21-2] 전압 레벨 검출기(0이 아닌 전위 검출기)

[그림 21-2 (b)]는 전압 분배기를 이용한 것으로 기준전압(V_{REF})은 다음과 같다.

$$V_{REF} = \frac{R_2}{R_1 + R_2} \times (+V) \qquad (21\text{-}1)$$

3. 슈미트 트리거(히스테리시스를 갖는 비교기)

히스테리시스란 입력전압이 높은 값에서 낮은 값으로 갈 때보다 낮은 값에서 높은 값으로 갈 때 높은 레벨이 됨을 의미한다. 두 기준전압은 상측 트리거 점(UTP)과 하측 트리거 점(LTP)이며 이 두 레벨 히스테리시스는 [그림 21-3]과 같이 정귀환으로 구성할 수 있다. 히스테리시스를 갖는 비교기를 '슈미트 트리거(Schmitt Trigger)'라고도 지칭한다.

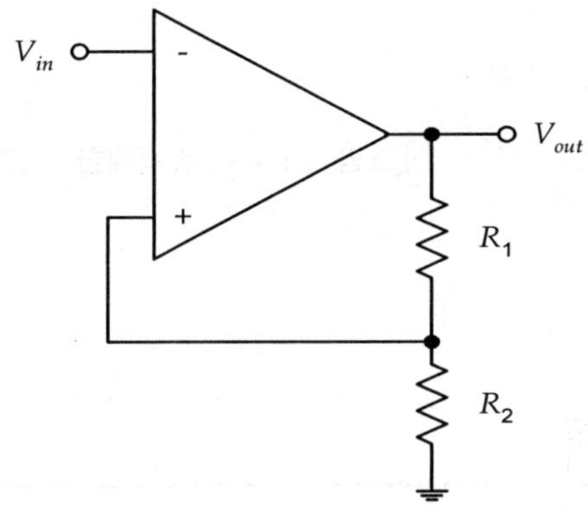

[그림 21-3] 슈미트 트리거(히스테리시스를 갖는 비교기)

출력을 $+V_{out(\max)}$라 하고 비반전 단자에 귀환하는 전압(V_{UTP})을 구하면

$$V_{UTP} = \frac{R_2}{R_1 + R_2}(+V_{out(\max)}) \qquad (21\text{-}2)$$

입력전압이 V_{UTP}를 넘으면 출력은 $-V_{out(\max)}$이 되어 V_{LTP}를 구하면

$$V_{LTP} = \frac{R_2}{R_1 + R_2}(-V_{out(\max)}) \qquad (21\text{-}3)$$

4. 출력제한 비교기

비교기의 출력을 포화출력($V_{out(\max)}$) 이하로 제한하고자 할 때, [그림 21-4]와 같이 제너 다이오드를 이용하면 출력을 제한할 수 있다.

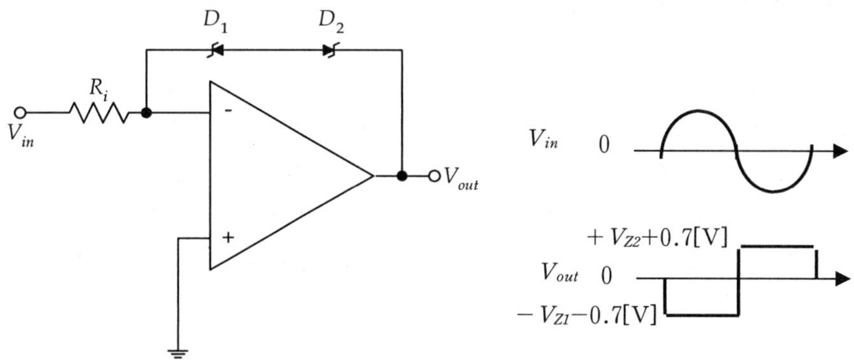

(a) 회로도 (b) 파형

[그림 21-4] 출력제한 비교기

소요 부품

품 목	정 격	소요량
저 항	1[kΩ] 3.3[kΩ] 10[kΩ] 22[kΩ] 100[kΩ]	2개 2개 2개 1개 1개
가변 저항	100[kΩ]	1개
OP Amp	741C	1개

실험 방법

1. 0전위 검출기

① [그림 21-5]의 회로를 결선한 후, 오실로스코프를 이용하여 입력전압(V_{in})과 출력전압(V_{out})을 관측하여 [그림 1]에 도시하고 출력 파형이 입력 파형의 어느 레벨을 통과할 때, 스위칭되는지 확인한다.

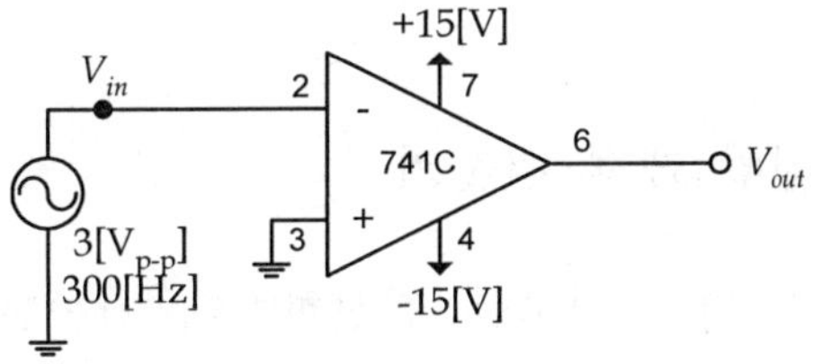

[그림 21-5] 0전위 검출기

② [그림 21-5]의 회로에서 입력단자의 결선을 서로 바꾼 후, 오실로스코프를 이용하여 입력전압(V_{in})과 출력전압(V_{out})을 관측하여 [그림 2]에 도시하고 출력 파형이 입력 파형의 어느 레벨을 통과할 때, 스위칭되는지 확인한다.

2. 전압 레벨 검출기

(1) 반전 전압 레벨 검출기

① [그림 21-6]의 회로를 결선한 후, 기준전압(V_{REF})를 측정하고 식 (21-1)을 이용하여 이론치를 계산하여 각각을 〈표 1〉에 기록한다.

② 출력전압(V_{out})을 측정하여 〈표 1〉에 기록하고($V_{in} < V_{REF}$), 출력전압(V_{out})이 변할 때까지 가변저항(R_1)을 조정하여 그때의 값을 〈표 1〉에 기록한다($V_{in} > V_{REF}$).

③ A지점의 공급전압(+15[V])선을 제거하고 -15[V]인 공급전원($-V_{CC}$)으로 대체하여 ① 및 ②의 과정을 반복한다.

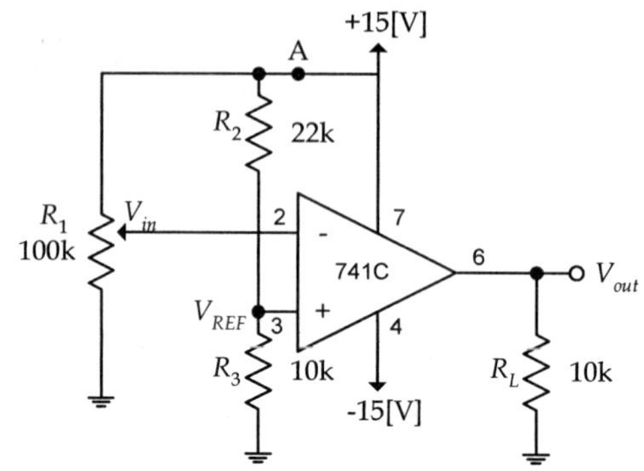

[그림 21-6] 반전 전압 레벨 검출기

(2) 비반전 전압 레벨 검출기

① [그림 21-7]의 회로를 결선한 후, 기준전압(V_{REF})을 측정하고 식 (21-1)을 이용하여 이론치를 계산하여 각각을 〈표 2〉에 기록한다.

② 출력전압(V_{out})을 측정하여 〈표 2〉에 기록하고($V_{in} < V_{REF}$), 출력전압(V_{out})이 변할 때까지 가변저항(R_1)을 조정하여 그때의 값을 〈표 2〉에 기록한다($V_{in} > V_{REF}$).

③ A지점의 공급전압(+15[V])선을 제거하고 -15[V]인 공급전원($-V_{CC}$)으로 대체하여 ① 및 ②의 과정을 반복한다.

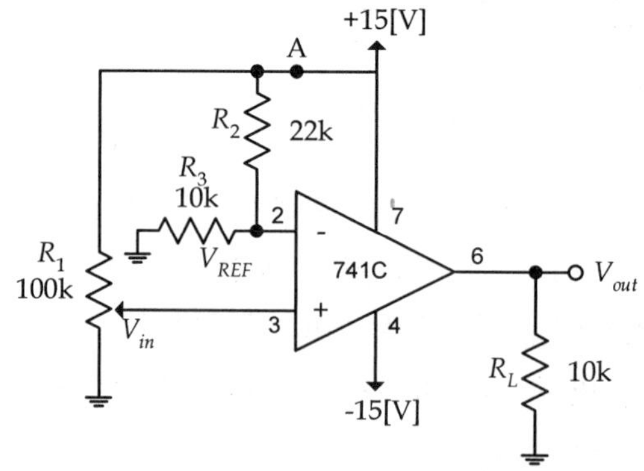

[그림 21-7] 비반전 전압 레벨 검출기

실 험 결 과 보 고 서

실 험 일 자	년 월 일( )
제 출 일 자	년 월 일( )
실 험 제 목	비 교 기
담 당 교 수	

학 과	
조 편 성	
학 번	
성 명	

채널 A (V_{in})

채널 B (V_{out})

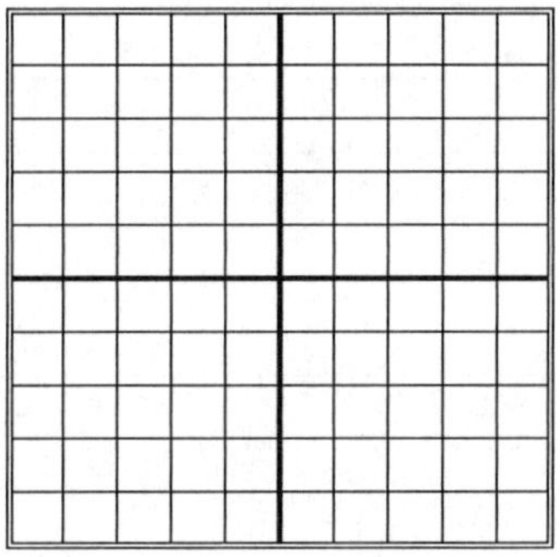

[그림 1] 반전 0전위 검출기

채널 A (V_{in})

채널 B (V_{out})

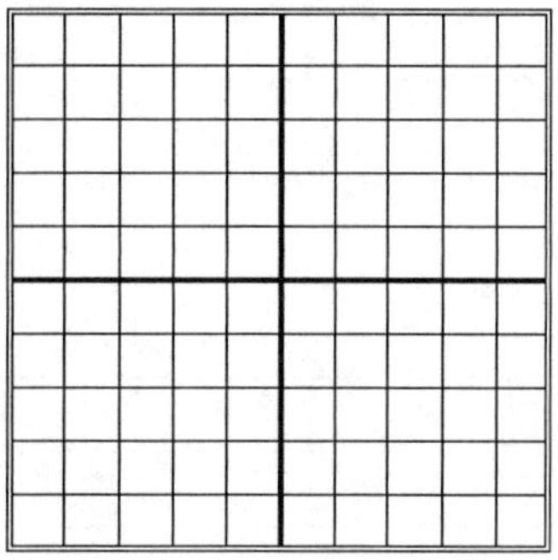

[그림 2] 비반전 0전위 검출기

〈표 1〉 반전 전압 레벨 검출기

구 분	기준전압(V_{REF})		출력전압(V_{out})	
	측정치	이론치	$V_{in} < V_{REF}$	$V_{in} > V_{REF}$
$+V_{CC}$일 때(+15[V])				
$-V_{CC}$일 때(−15[V])				

〈표 2〉 비반전 전압 레벨 검출기

구 분	기준전압(V_{REF})		출력전압(V_{out})	
	측정치	이론치	$V_{in} < V_{REF}$	$V_{in} > V_{REF}$
$+V_{CC}$일 때(+15[V])				
$-V_{CC}$일 때(−15[V])				

토 의 내 용

실험 22

가 산 기

실험 목적

OP Amp의 가산기(adder)는 둘 이상의 입력을 가지며, 출력전압은 입력전압의 부(-)의 대수 합에 비례한다. 따라서, 이 장에서는 0전위 검출기, 전압 레벨 검출기, 슈미트 트리거 등의 동작에 대한 이해를 도모한다.

기초 이론

[그림 22-1 (a)]는 2개의 입력을 갖는 가산기를 나타낸 것으로 무한대 입력 임피던스와 가상접지 개념을 도입하면 OP Amp의 반전입력은 0[V]이고, 전류가 흐르지 않아서 두 입력전류 I_1 및 I_2가 합쳐져 R_f를 통해 흐른다.

$$I_T = I_1 + I_2 \tag{22-1}$$

$$V_{OUT} = -I_T R_f = -(I_1 + I_2)R_f = -\left(\frac{V_{IN1}}{R_1} + \frac{V_{IN2}}{R_2}\right)R_f \tag{22-2}$$

만일 $R_1 = R_2 = R_f$ 라면,

$$V_{OUT} = -\left(\frac{V_{IN1}}{R_1} + \frac{V_{IN2}}{R_2}\right)R_f = -(V_{IN1} + V_{IN2}) \tag{22-3}$$

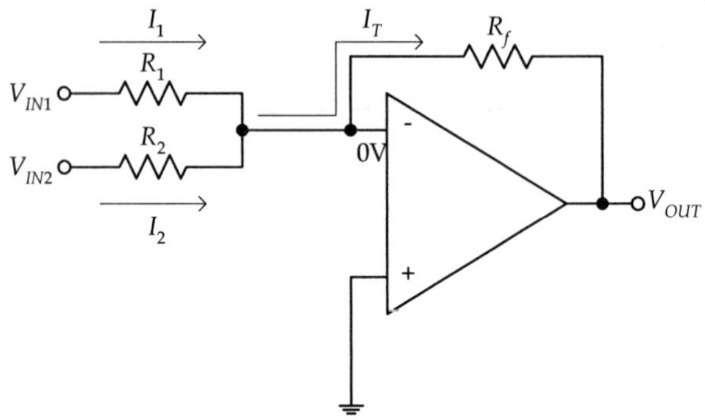

(a) 2개의 입력

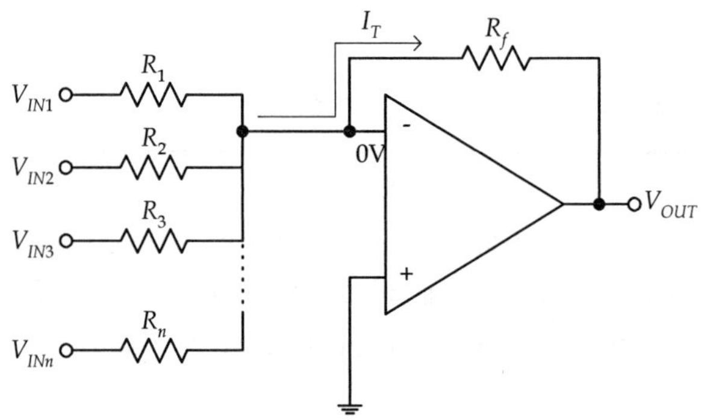

(b) n개의 입력

[그림 22-1] 가산기

일반적으로 n개의 입력을 갖는 가산기의 출력은 다음과 같다.

$$V_{OUT} = -(V_{IN1} + V_{IN2} + \cdots + V_{INn}) \tag{22-4}$$

R_f가 입력저항보다 클 때, 이득은 R_f/R가 되며 일반적인 출력식은 다음과 같다.

$$V_{OUT} = -\frac{R_f}{R}(V_{IN1} + V_{IN2} + \cdots + V_{INn}) \tag{22-5}$$

입력저항값이 다를 때의 출력식은 다음과 같다.

$$V_{OUT} = -\left(\frac{R_f}{R_1}V_{IN1} + \frac{R_f}{R_2}V_{IN2} + \cdots + \frac{R_f}{R_n}V_{INn}\right) \tag{22-6}$$

소요 부품

품 목	정 격	소요량
저 항	4.7[kΩ] 10[kΩ] 22[kΩ]	1개 7개 1개
가변 저항	100[kΩ]	2개
OP Amp	741C	1개

실험 방법

1. 기본 가산기

① [그림 22-2]의 회로를 결선한 후, 가변저항(R_3, R_4)을 조정하여 〈표 1〉에 나타낸 입력전압(V_1, V_2)이 되도록 한다. 각각의 경우에 대해서 출력전압(V_{OUT})의 측정치를 기록하고, 이론치는 식 (22-3)을 이용하여 계산한 후, 〈표 1〉에 기록한다.

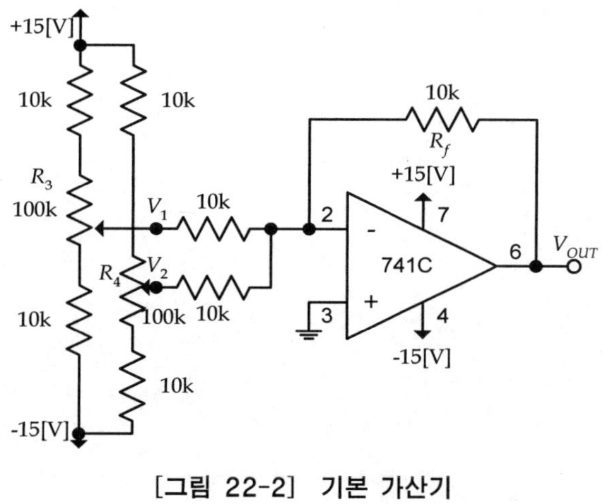

[그림 22-2] 기본 가산기

② R_f를 22[kΩ]으로 대체한 후, 과정 ①을 반복한다.

2. 척도 가산기

① [그림 22-3]의 회로를 결선한 후, 〈표 2〉에 나타낸 입력전압(V_1, V_2)이 되도록 한다. 각각의 경우에 대해서 출력전압(V_{OUT})의 측정치를 기록하고, 이론치는 식 (22-6)을 이용하여 계산한 후, 〈표 2〉에 기록한다.

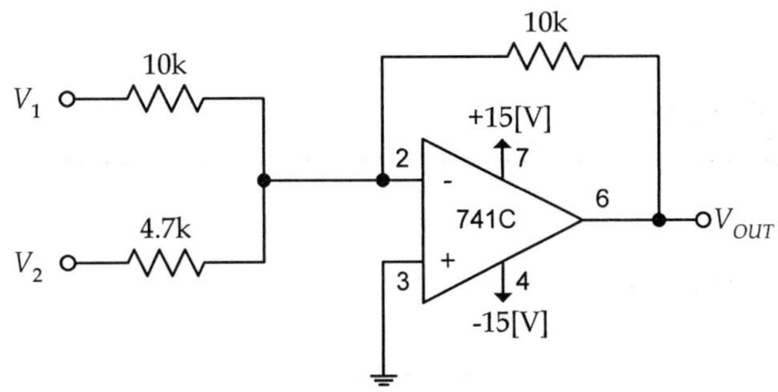

[그림 22-3] 척도 가산기

실 험 결 과 보 고 서

실 험 일 자	년 월 일( )	학 과	
제 출 일 자	년 월 일( )	조 편 성	
실 험 제 목	가 산 기	학 번	
담 당 교 수		성 명	

〈표 1〉 기본 가산기

입력전압(V_{IN}) [V]		출력전압(V_{OUT}) [V] (R_f=10[kΩ]일 때)		출력전압(V_{OUT}) [V] (R_f=22[kΩ]일 때)	
V_1	V_2	측정치	이론치	측정치	이론치
+1	+2				
+1	-2				
+2	+1				
+2	-1				
-2	-2				

〈표 2〉 척도 가산기

입력전압(V_{IN}) [V]		출력전압(V_{OUT}) [V]	
V_1	V_2	측정치	이론치
+1	+2		
+1	-2		
+2	+1		
+2	-1		
-2	-2		

토 의 내 용

실험 23

적 분 기

실험 목적

OP Amp의 적분기(integrator)는 함수의 면적을 구하는 수학적 과정이다. 따라서, 이 장에서는 적분기의 동작 및 적분 조건에 대한 이해를 도모한다.

기초 이론

[그림 23-1]은 기본적인 적분기 회로를 나타낸 것으로 귀환소자가 저항과 함께 *R-C* 회로를 구성한다.

전하량 $Q = I_C t$, $Q = CV_C$에서

$$V_C = \frac{Q}{C} = \left(\frac{I_C}{C}\right)t \tag{23-1}$$

이 식은 기울기가 I_C / C인 직선의 방정식을 의미한다.

한편, 입력전류는 $I_{in} = \frac{V_{in}}{R_i}$에서, V_{in}이 일정하다면 I_{in}도 일정하게 되므로 OP Amp의 높은 입력 임피던스를 고려하면 반전 입력전류는 무시할 수 있게 되어 $I_C = I_{in}$의 관계가 성립된다.

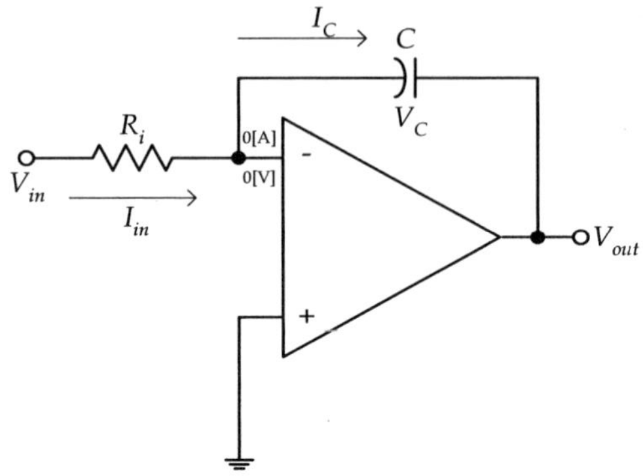

[그림 23-1] 적분기

$I_C = V_{in}/R_i$ 이므로 출력의 변화율은 다음과 같다.

$$\frac{\Delta V_{out}}{\Delta t} = -\frac{V_{in}}{R_i C} \tag{23-2}$$

소요 부품

품 목	정 격	소요량
저 항	10[kΩ] 20[kΩ] 100[kΩ]	2개 1개 1개
콘덴서	0.0022[μF] 0.1[μF]	1개 1개
OP Amp	741C	1개

실험 방법

① [그림 23-2]의 회로를 결선한 후, 다음의 식을 이용하여 임계 주파수(f_c)를 계산한다.

$$f_c = \frac{1}{2\pi R_S C} = \underline{\qquad\qquad} [\text{Hz}]$$

㉠ 입력 주파수(f_{in}) > 임계 주파수(f_c)일 때, 적분기로 작용

㉡ 입력 주파수(f_{in}) < 임계 주파수(f_c)일 때, $-R_S/R_1$의 전압이득을 갖는 반전 증폭기로 작용

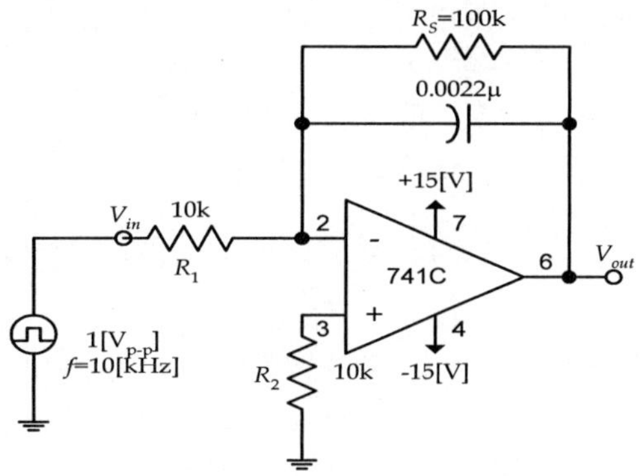

[그림 23-2] 회로도

② 오실로스코프를 DC couple로 놓고 입력전압(V_{in})과 출력전압(V_{out})을 관측하여 [그림 1]에 도시하고 피크-피크 출력전압을 측정하여 〈표 1〉에 기록한다.

③ 출력 삼각파의 반주기(t)를 측정하여 〈표 1〉에 기록한다.

④ 다음의 식을 이용하여 출력전압을 계산하여 〈표 1〉에 기록하고 측정치와 비교·검토한다.

$$V_{out} = -\frac{1}{R_1 C}\int_0^t V_{in}\, dt$$

⑤ 함수 발생기의 주파수를 4[㎑]로 전환하여 ②~④의 과정을 반복한다.

⑥ 함수 발생기의 주파수를 100[Hz]로 전환하여 ②~④의 과정을 반복한다.

실 험 결 과 보 고 서

실 험 일 자	년 월 일 ( )
제 출 일 자	년 월 일 ( )
실 험 제 목	적 분 기
담 당 교 수	

학 과	
조 편 성	
학 번	
성 명	

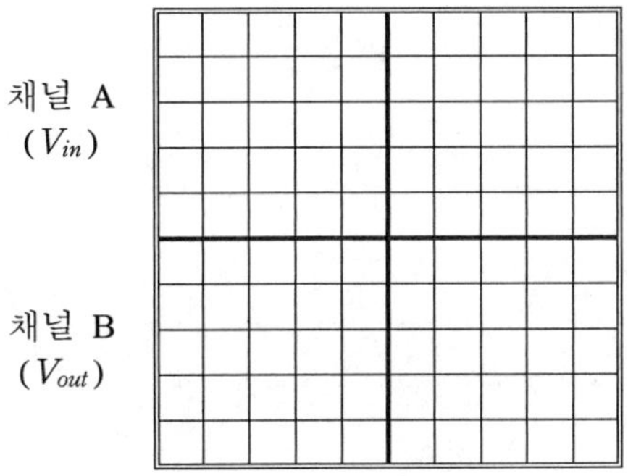

[그림 1] 입력 및 출력 파형

〈표 1〉 적분기

입력 주파수 (f_{in})	출력전압의 반주기(t)	출력전압(V_{out}) [V]		
		측정치	이론치	오차율
10[㎑]				
4[㎑]				
100[Hz]				

토 의 내 용

실험 24

미 분 기

실험 목적

OP Amp의 미분기(differentiator)는 함수의 순간적인 변화율을 구하는 수학적 과정이다. 따라서, 이 장에서는 미분기의 동작 및 미분 조건에 대한 이해를 도모한다.

기초 이론

[그림 24-1]은 기본적인 미분기 회로를 나타낸 것으로 적분기와 비교하면, 저항과 커패시터의 위치가 다름을 알 수 있고, 미분기는 입력전압의 변화율에 비례하는 출력을 낸다.

$V_C = \frac{Q}{C} = \left(\frac{I_C}{C}\right)t$ 에서,

$$I_C = \left(\frac{V_C}{t}\right)C = I_R \tag{24-1}$$

$$V_{out} = -I_R R_f = -I_C R_f = -\left(\frac{V_C}{t}\right)R_f C \tag{24-2}$$

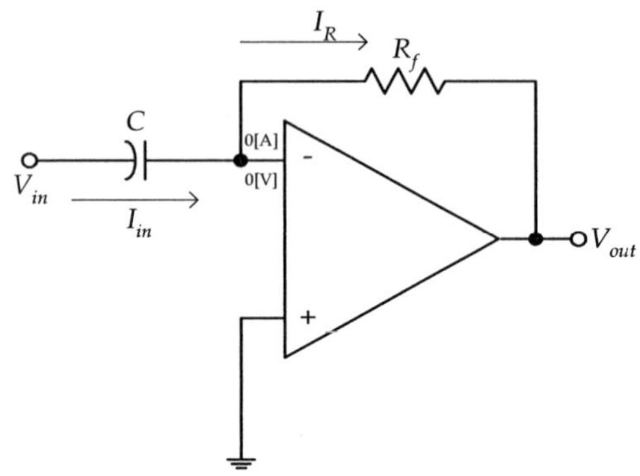

[그림 24-1] 미분기

소요 부품

품　　목	정　　　　격	소요량
저　항	2.2[kΩ] 22[kΩ]	1개 1개
콘덴서	0.0047[μF]	1개
OP Amp	741C	1개

실험 방법

① [그림 24-2]의 회로를 결선한 후, 다음의 식을 이용하여 임계 주파수(f_c)를 계산한다.

$$f_c = \frac{1}{2\pi R_S C} = \underline{\qquad\qquad} \text{[Hz]}$$

㉠ 입력 주파수(f_{in}) < 임계 주파수(f_c)일 때, 적분기로 작용

㉡ 입력 주파수(f_{in}) > 임계 주파수(f_c)일 때, $-R_f / R_S$의 전압이득을 갖는 반전 증폭기로 작용

② 오실로스코프를 DC couple로 놓고 입력전압(V_{in})과 출력전압(V_{out})을 관측하여 [그림 1]에 도시하고 피크-피크 출력전압을 측정하여 〈표 1〉에 기록한다.

③ 출력 구형파가 부(-)가 될 때의 주기(t_1)를 측정하여 〈표 1〉에 기록한다.

④ 다음의 식을 이용하여 출력전압을 계산하여 〈표 1〉에 기록하고 측정치와 비교 · 검토한다.

$$V_{out(peak)} = -\frac{2R_f C V_{in(peak)}}{t_1}$$

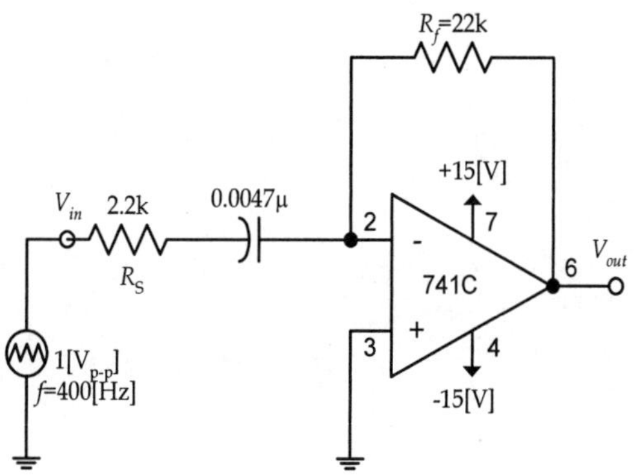

[그림 24-2] 회로도

⑤ 함수 발생기의 주파수를 1[㎑]로 전환하여 ②~④의 과정을 반복한다.

⑥ 함수 발생기의 주파수를 30[㎑]로 전환하여 ②~④의 과정을 반복한다.

실 험 결 과 보 고 서

실 험 일 자	년 월 일( )
제 출 일 자	년 월 일( )
실 험 제 목	미 분 기
담 당 교 수	

학 과	
조 편 성	
학 번	
성 명	

채널 A
(V_{in})

채널 B
(V_{out})

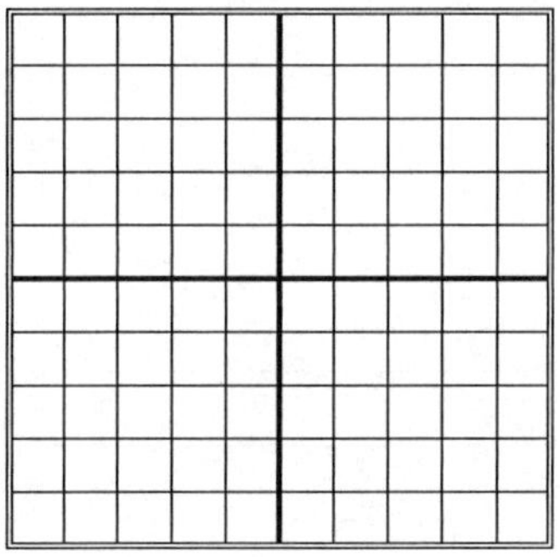

[그림 1] 입력 및 출력 파형

〈표 1〉 미분기

입력 주파수 (f_{in})	출력전압의 반주기(t)	출력전압(V_{out}) [V]		
		측정치	이론치	오차율
400[Hz]				
1[kHz]				
30[kHz]				

토 의 내 용

실험 25

R−*C* 귀환 발진기

실험 목적

발진기(oscillator)는 직류적인 전기 에너지를 교류적인 전기 에너지로 바꾸는 것으로서 기본적인 발진기는 이득을 위한 증폭기와 위상지연 및 감쇠를 나타내는 귀환회로로 구성된다. 따라서, 이 장에서는 *R-C* 귀환 발진기의 설계 및 동작에 대한 이해를 도모한다.

기초 이론

R-C 귀환 발진기는 1[㎒] 이하의 낮은 주파수의 발진에 적합하다.

1. 윈 브리지 발진기

윈 브리지(Wien bridge) 발진기는 다음의 [그림 25-1]에 나타낸 것처럼 회로 구성을 두 가지 형태로 만들 수 있다.

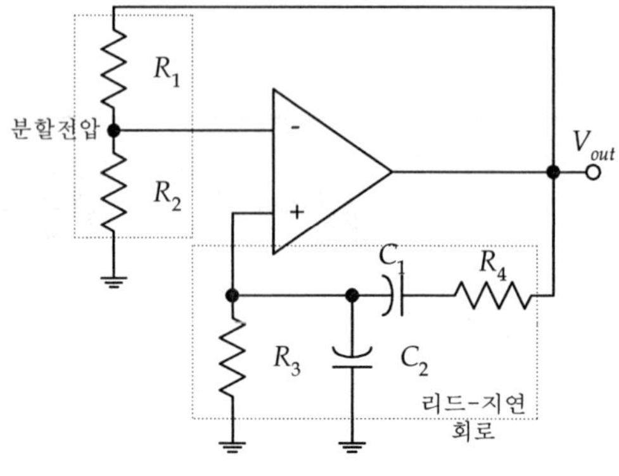

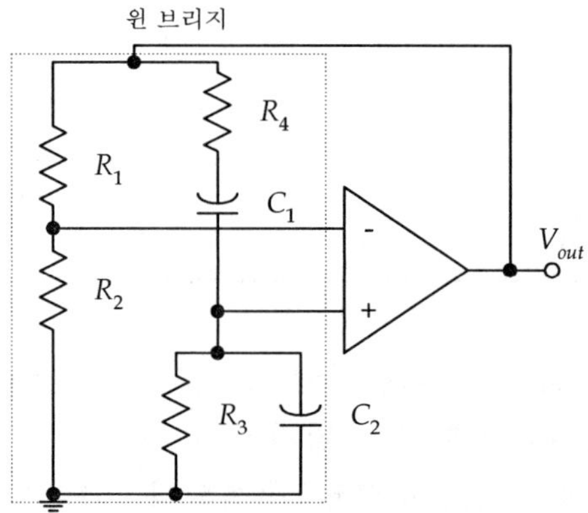

[그림 25-1] 윈 브리지 발진기

회로의 감쇠(V_{out} / V_{in})는 1/3로 주어지고, 발진 주파수는 다음의 식으로 구한다.

$$f_r = \frac{1}{2\pi RC} \tag{25-1}$$

발진을 위한 정귀환 조건은 폐루프 이득(A_d)이 3이어야 하는데 이를 만족하기 위해서는 다음의 조건이 필요하다.

$$A_d = \frac{1}{B} = \frac{1}{R_2/(R_1+R_2)} = \frac{R_1+R_2}{R_2} = 3$$

$$\therefore R_1 = 2R_2 \tag{25-2}$$

2. 이상 발진기

이상 발진기는 다음의 [그림 25-2]에 나타낸 것처럼 귀환 루프의 3개의 R-C 회로로 구성되며 각각 최대 90°의 위상차를 갖는다. 3개의 R-C 회로를 통한 전체의 위상차가 180° 되는 주파수에서 발진이 일어난다. 이때 OP Amp 자체의 위상지연이 180°, 귀환 회로망의 위상지연이 180°가 되므로 전체 360°의 위상지연이 발생하여 발진 조건을 만족한다.

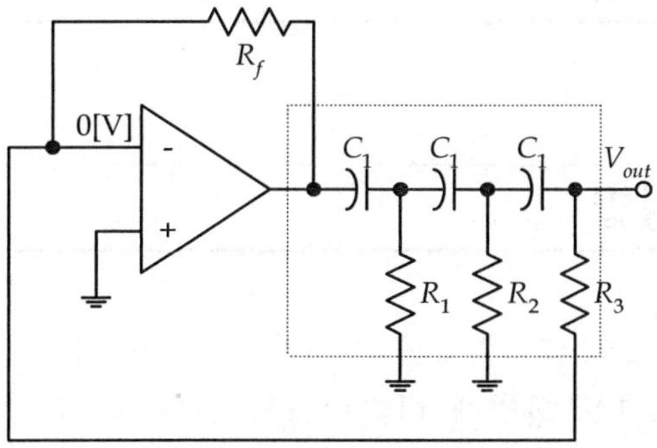

[그림 25-2] 이상 발진기

3개의 R-C 회로의 감쇠(V_{out} / V_{in})는 1/29로 주어지고, 발진 주파수는 다음과 같다.

$$f_r = \frac{1}{2\pi\sqrt{6}\,RC} \tag{25-3}$$

소요 부품

품　　목	정　　격	소요량
저　항	1[kΩ] 27[kΩ]	3개 1개
가변 저항	5[kΩ]	1개
콘덴서	0.1[μF]	3개
OP Amp	741C	1개

실험 방법

① [그림 25-3]의 회로를 결선한 후, 가변저항을 조절하여 사인파가 오실로스코프 화면에 나타나도록 한다.

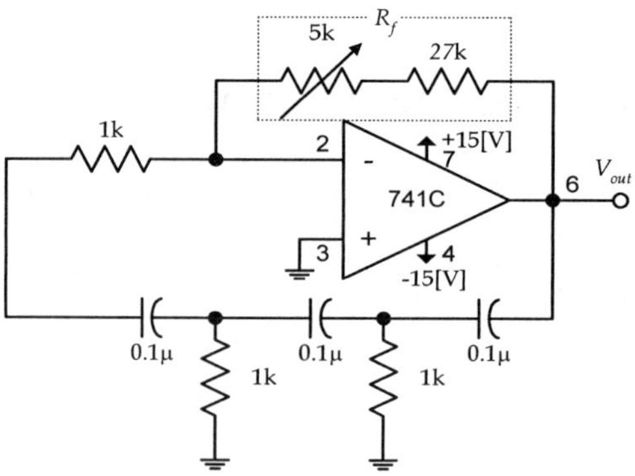

[그림 25-3] 회로도

② 오실로스코프를 이용하여 출력 주파수(발진 주파수 ; f_r)를 측정하고 식 (25-3)에 의해 계산한 값들을 각각 〈표 1〉에 기록한다.

③ 전원을 끄고 전체 저항(R_f)을 측정하여 〈표 1〉에 기록한다.

실 험 결 과 보 고 서

실 험 일 자	년 월 일 ( )
제 출 일 자	년 월 일 ( )
실 험 제 목	*R-C* 귀환 발진기
담 당 교 수	

학 과	
조 편 성	
학 번	
성 명	

〈표 1〉 *R-C* 귀환 발진기

파라미터	측정치	이론치	오차율
출력 주파수(f_r)			
전체 저항(R_f)		29[kΩ]	

토 의 내 용

Appendix

부 록

부록 A

디지털 멀티미터

A.1 디지털 멀티미터

디지털 멀티미터(digital multimeter)는 아날로그 멀티미터와는 달리 측정치가 직접 숫자로 표시되므로 사용하기에 편리하다. [그림 A-1]에 디지털 멀티미터의 전면부를 나타내었으며, 이 책의 실험을 수행하는 데 필요한 각 스위치 및 단자의 용도는 다음과 같다.

① LCD : 측정치를 단위와 함께 숫자로 나타내며, 또한 이의 크기를 바-그래프(bar-graph)로 표시한다. 이 외에 LCD상에 나타나는 마크는 다음과 같은 의미를 갖는다.

- DC ; 직류전압이나 전류를 측정하는 상태
- AC ; 교류전압이나 전류를 측정하는 상태
- — ; 측정된 직류값이 음(-)을 나타냄
- AUTO ; 범위가 자동적으로 조절되는 상태
- MANU ; 범위를 수동적으로 조절할 수 있는 상태
- mV, V ; 측정된 전압의 단위
- mA, A ; 측정된 전류의 단위
- Ω, kΩ, MΩ ; 측정된 저항의 단위
- kHz ; 측정된 주파수의 단위

- 바-그래프([그림 A-2]) ; 하나의 막대는 100의 크기를 나타내며, 이는 측정치를 숫자로 나타내는 것보다 10배나 빠르게 표시되기 때문에 측정치 크기의 증감 변화를 아날로그 멀티미터만큼 민감하게 나타낼 수 있다.

② 전원 스위치

③ 기능선택 스위치 : 측정하려는 기능을 선택하며, mA의 범위는 4[mA], 40[mA], 400[mA] 범위를 선택한다.

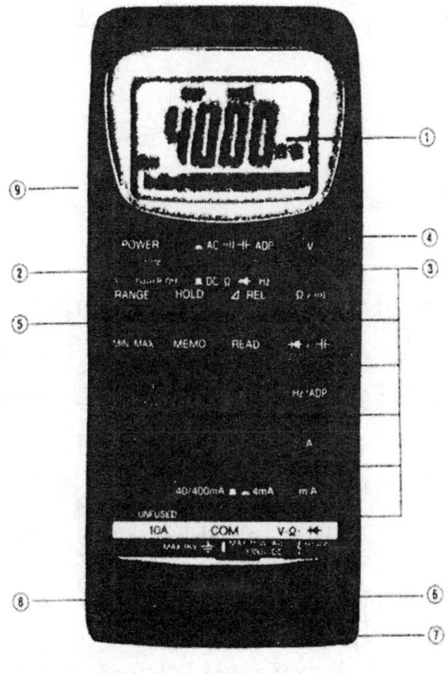

[그림 A-1] 디지털 멀티미터

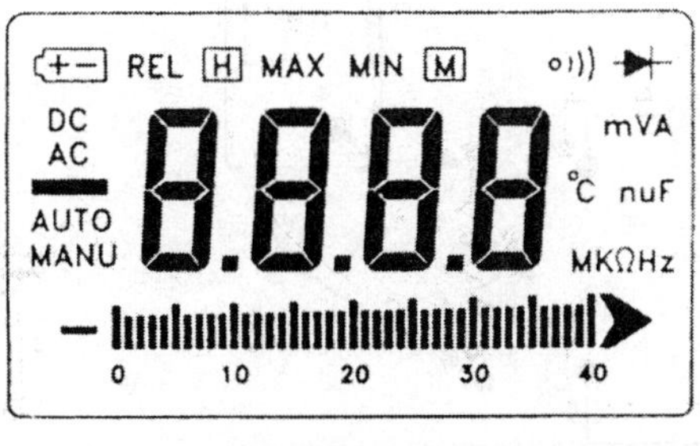

[그림 A-2] 바-그래프

④ 기능 모드 스위치 : 측정하려는 기능의 직류 또는 교류 모드를 선택한다.
⑤ 부기능 스위치
⑥ V, Ω, mA 입력단자 : 10[A]의 전류측정을 제외한, 모든 측정 모드의 양(+)의 단자이다.
⑦ COM 입력단자 : 모든 측정 모드의 접지(GND : ground) 단자로서 음(−)의 단자이다.
⑧ 10[mA] 입력단자 : 최대 10[mA]까지의 큰 전류를 측정하기 위한 입력단자이다. 이 단자에는 보호회로가 없고 내부저항이 매우 작으므로 높은 전압이 가해지면 매우 위험하다.
⑨ 케이스

A.2 저항측정

디지털 멀티미터로 저항을 측정하기 위해서는 ③번의 기능선택 스위치와 ④번의 기능 모드 스위치를 저항측정을 위한 'Ω' 모드에 둔다. 여기서 멀티미터에서 사용되는 테스트 리드선(test lead)은 일반적으로 적색(red)과 흑색(black)이며, 이러한 색깔은 어느 리드선이 멀티미터의 양(+) 또는 음(-)의 극성인가를 확인하는 데 도움을 준다. 이것은 직류값을 측정할 때 매우 중요하며, 적색은 양(+)의 극성을, 흑색은 음(-)의 극성을 나타낸다.

이제 적색 리드선은 멀티미터의 V, Ω, mA의 ⑥번 입력단자에 끼우고, 흑색 리드선은 ⑦번의 COM 입력단자에 끼운다.

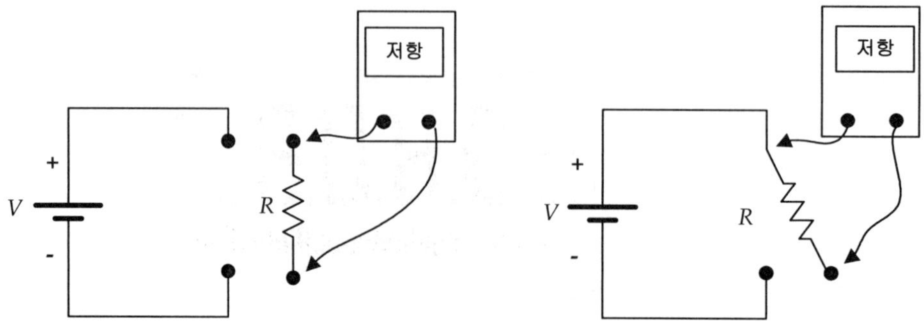

[그림 A-3] 저항측정 방법

이제 멀티미터로 저항을 측정하려면 극성에 관계없이 저항의 양단에 리드선을 접속시켜 저항값을 읽으면 된다. 만일 전기회로상의 저항을 측정하는 경우에는 [그림 A-3]과 같이 저항을 회로에서 완전히 분리하거나 저항의 한쪽을 회로에서 분리하여 측정하여야 한다. 이는 저항의 양쪽이 모두 회로에 연결된 상태로 측정하는 경우 저항에 연결된 주변회로로 인하여 저항값이 다르게 측정될 수 있기 때문이다.

A.3 전압측정

디지털 멀티미터로 직류전압을 측정하기 위해서는 ③번의 기능선택 스위치는 전압측정을 위한 'V' 모드에 두고, ④번의 기능 모드 스위치는 측정하는 전압에 따라 DC 또는 AC 모드에 둔다. 적색 리드선은 멀티미터의 V, Ω, mA의 ⑥번 입력단자에 끼우고, 흑색 리드선은 ⑦번의 COM 입력단자에 끼운다.

이제 전기회로의 특정 단자나 소자의 전압을 측정하려면 [그림 A-4]와 같이 회로가 완전히 연결된 상태에서 멀티미터를 측정하려는 단자나 소자에 그대로 병렬로 접속하여 측정치를 읽는다.

측정치가 0 이상으로 양(+)인 경우에는 실제의 전압 극성과 리드선이 나타내는 극성이 동일한 것이며, 측정치가 0 이하로 음(−)인 경우에 실제 전압의 극성은 리드선이 나타내는 극성과 반대이다. 즉 적색의 리드선이 접속된 단자가 음(−)의 극성이며, 흑색의 리드선이 연결된 단자가 양(+)의 극성이다.

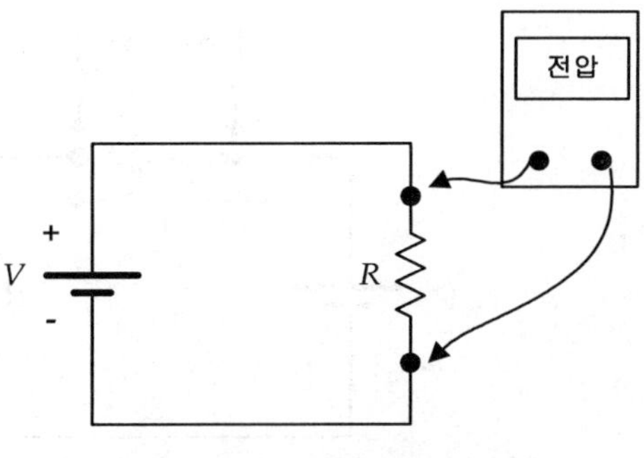

[그림 A-4] 전압측정 방법

A.4 전류측정

디지털 멀티미터로 직류전류를 측정하기 위해서는 ③번의 기능선택 스위치를 전류측정을 위한 'mA' 모드에 두고, ④번의 기능 모드 스위치는 전압에 따라 DC 또는 AC 모드에 둔다. 적색 리드선은 멀티미터의 V, Ω, mA의 ⑥번 입력단자에 끼우고, 흑색 리드선은 ⑦번의 COM 입력단자에 끼운다. 만일 10[A] 범위의 전류를 측정하려는 경우에는 적색 리드선을 ⑧번의 10A 입력단자에 끼우면 되는데, 이 책의 실험에서 측정되는 전류의 양은 대부분 [mA]의 범위이므로 적색 리드선을 V, Ω, mA의 입력단자에 끼우는 것으로 충분하며, 측정전류의 범위는 4[mA], 40/400 [mA] 스위치를 이용하여 선택한다.

이제 전기회로에서 특정한 경로의 전류를 측정하려면 [그림 A-5]와 같이 전류를 측정하려는 경로를 끊고(개방하고) 멀티미터의 두 리드선을 끊어진 단자에 직렬로 접속함으로 전류가 흐를 수 있도록 폐회로를 구성하여 측정한다. 전류는 양(+)의 단자에서 음(−)의 단자의 방향으로 흐른다.

따라서 측정치가 양(+)인 경우에는 실제의 전류가 흐르는 방향과 리드선이 나타내는 방향이 동일한 것이며, 측정치가 음(−)인 경우에는 실제 전류의 방향과 리드선이 나타내는 방향이 반대이다. 즉 실제의 전류는 흑색 리드선에서 적색 리드선 방향으로 흐른다.

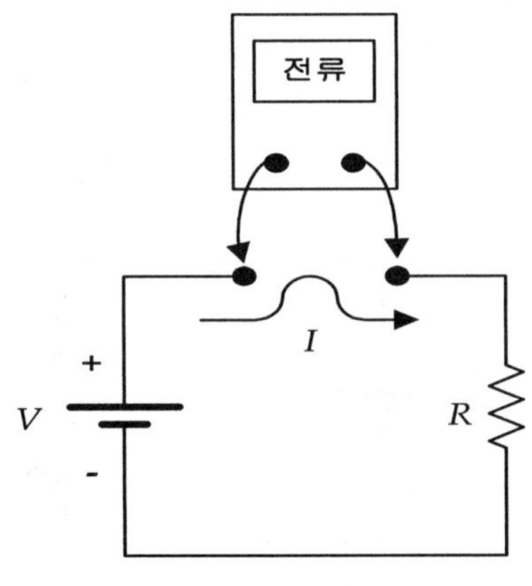

[그림 A-5] 전류측정 방법

부록 B

오실로스코프의 사용법

B.1 오실로스코프

오실로스코프는 음극선이 형광물질이 도포된 화면에 부딪혀 잔상으로 나타나는 현상을 이용하여 전기적인 신호를 시각적으로 볼 수 있도록 한 계측기이며, CRO(Cathode Ray Oscilloscope)라고도 불린다. 또한, 오실로스코프는 일반 계기로는 측정할 수 없는 높은 주파수나 여러 가지 파형들을 측정할 수 있고, 파형의 일그러짐(distortion)의 정도까지 관측할 수 있으며, 오차가 매우 작기 때문에 가장 널리 이용되는 주요 계측장비 중의 하나이다.

따라서 오실로스코프를 잘 이해하고 응용할 수 있다면 각종 실험들을 상당히 용이하게 수행할 수 있다.

B.2 오실로스코프의 종류

일반적으로 파형의 표시 방식과 음극선관(CRT)의 구조에 따라 다음과 같이 나누어진다.

(1) 실시간 방식

실시간(real time) 방식은 연속되는 전자의 흐름을 입력신호에 따라 즉시 화면에 조사하는 방식으로 잔상이 문제시되어 잘 이용되지 않는다.

(2) 표본 방식

표본(sampling) 방식은 고속으로 반복되는 파형을 일정 시간 간격으로 표본하여 오실로스코프의 음극선관에서 하나의 파형으로 합성하는 방식으로서 기기 내의 증폭기는 대역폭이 좁아도 되지만, 단현상에 대해서는 관측이 불가능한 단점이 있다.

(3) 비축적 방식

비축적(non-storage) 방식은 전자빔을 편향판의 전압에 대응시켜 그대로 음극선관의 화면상에 조사하는 방식으로 전자총을 2개로 한 dual beam 방식을 적용할 수도 있다.

(4) 축적 방식

축적(storage) 방식이 일반적인 음극선관과 다른 점은 전자총, 편향판, 형광면 이외에 plate gun, 컬렉터, storage mesh 등으로 구성되며, 단현상으로 발사된 전자가 storage mesh에 부딪히면 storage mesh는 2차 전자를 방출하고 양(+)으로 대전되며, plate gun에서 화면의 전체에 걸쳐 도포되듯이 안개상으로 방출된 전자는 양(+)으로 대전되지 않는 곳에서는 모두 컬렉터에 흡수되고, 대전된 곳에서는 컬렉터와 storage mesh를 통과하여 형광면에 부딪혀 입력신호를 재생한다.

B.3 오실로스코프의 구성

(1) 음극선관

다음의 [그림 B-1]에서와 같이 음극선관(CRT : Cathode Ray Tube)은 크

게 전자총, 편향판, 형광화면으로 구성된다.

전자총은 열전자를 발생시키는 캐소드와 전자를 가속시키는 가속전극, 전자빔의 초점을 조절하는 전자 렌즈로 구성된다.

편향판은 수평축 소인신호(horizontal sweep signal)와 연결된 수평 편향판 및 수직축 입력신호(vertical input signal)에 전계를 발생시키는 수직 편향판으로 각각 구성되어 있다.

형광화면은 신호에 따라 전자가 편향되어 화면에 부딪히면 형광물질의 잔광에 의해 일정 시간 동안 빛을 내도록 하는 형광면과 잔류전자를 모으는 컬렉터 및 눈금이 새겨진 화면(screen) 등으로 구성된다.

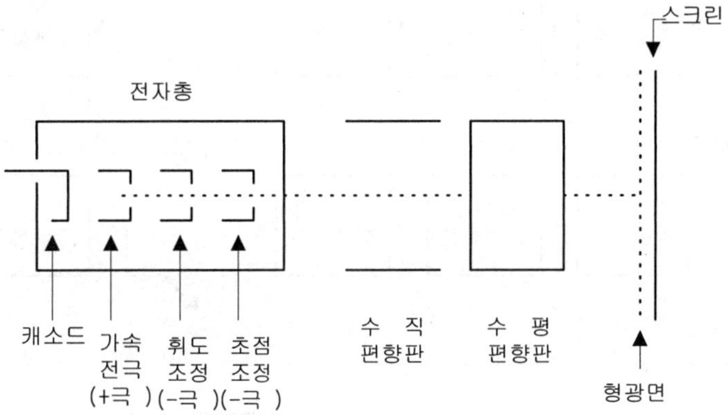

[그림 B-1] 음극선관의 구조

(2) 기본 구성

[그림 B-2]는 오실로스코프의 회로 구성으로 수직축과 수평축으로 나누어져 있는데, 측정대상 신호는 수직축 입력에 연결된다. 수직축에 입력된 신호는 측정에 필요한 레벨로 감쇄되거나 증폭되고, 입력 임피던스가 매우 높은 전치 증폭회로를 거쳐 수평축과 동기를 맞추기 위해 지연회로를 통과한다. 수직축 증폭회로는 지연회로에서의 신호를 음극선관의 편향에 필요한 레벨까지 증폭한다.

한편, [그림 B-2]에서 외부동기 입력으로서 'INT'는 입력된 신호로부터 내부에서 동기신호를 발생시키며, 'LINE'은 60[Hz] 상용 전원으로부터 동기신호를 취하며, 'CH 2'는 채널 2의 수직축 입력신호로부터 동기신호를 취하며, 'EXT'는 외부에서 직접 수평축 입력을 연결할 수 있다.

동기 펄스 회로는 신호가 트리거 레벨에 도달했을 때 동기 펄스를 발생시키는 회로로, 내부동기의 경우에는 수직축 전치 증폭회로의 신호로부터 동기신호를 취하고, 외부동기인 경우에는 외부동기 입력단자의 신호로부터 동기신호를 취한다. 트리거 펄스가 발생되면 게이트 신호 발생회로에서는 상승시간이 첨예한 펄스를 생성시키며, 이에 따라 톱니파 발생회로는 소인을 위한 톱니파를 만든다.

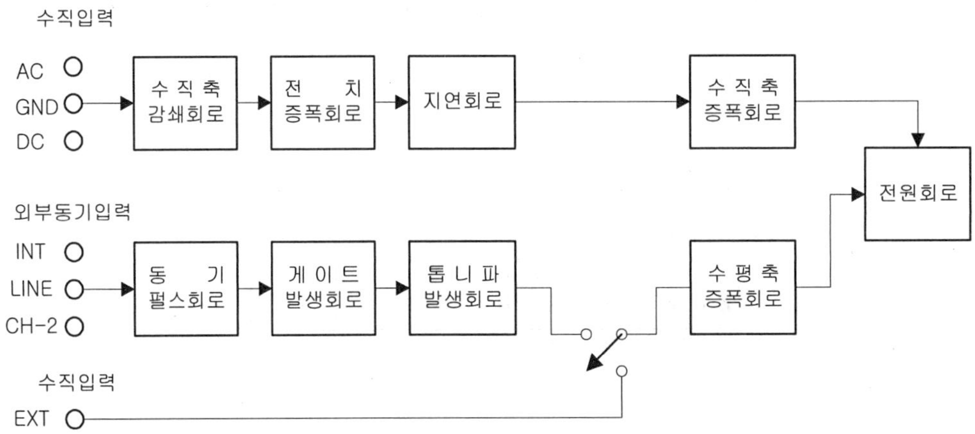

[그림 B-2] 오실로스코프의 구성

B.4 오실로스코프의 조작부

[그림 B-3]은 ㈜ 홍창물산 제품인 40[㎒] 오실로스코프(모델명 ; 6504)로서 이 제품의 전면부를 중심으로 조작 방법 및 기능을 세부적으로 요약하면 다음과 같다. ☞ 그림에 기입된 번호와 일치시켜 설명하였음.

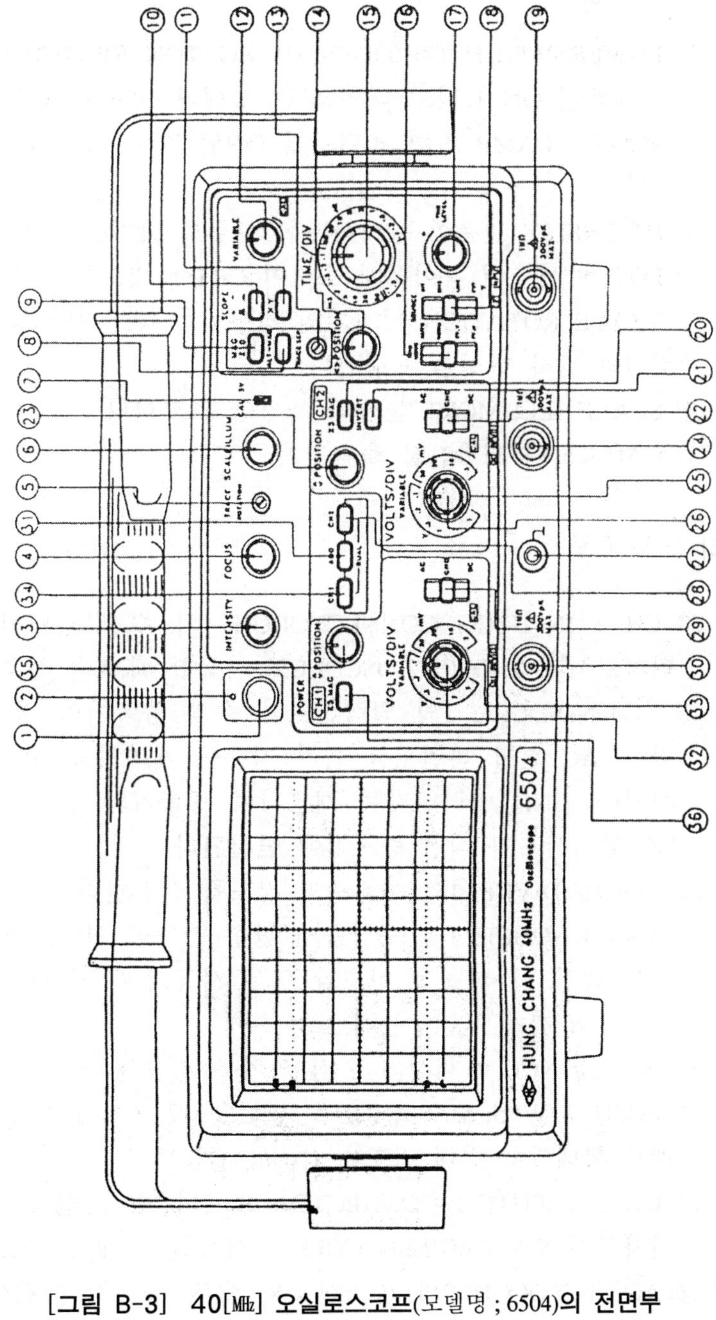

[그림 B-3] 40[㎒] 오실로스코프(모델명 ; 6504)의 전면부

(1) 음극선관(CRT)부

① POWERSWITCH ON/OFFPUSH BUTTON SWITCH이며, 눌려져 있는 상태가 ON이 되고 나와 있는 상태가 OFF가 된다.
② POWER LAMP 전원 스위치를 ON할 경우 상측 표시 램프가 점등한다.
③ INTENSITY 관측이 용이하도록 파형의 밝기를 조절한다.
④ FOCUS 관측이 용이하게 초점이 CRT에 맞도록 조절한다.
⑤ TRACE ROTATION 지자기의 영향이나 내부전압 불균형 등에 의한 휘선의 경사 현상을 교정한다.
⑥ SCALE ILLUMCRT 눈금의 조명을 조절한다.
⑦ CAL 0.5[V] 교정전압 출력단자

(2) 수직축부

㉚ CH 1 INPUT(X) CONNECTORCH 1의 수직 입력신호를 접속하는 단자로서 X-Y OSCILLOSCOPE로 사용할 때 X축 신호로 된다.
㉙ AC-GND-DCCH 1의 입력신호와 수직 증폭기의 결합 방식을 선택한다. AC 결합 콘덴서를 거쳐 직류를 제거하고 교류신호만을 통과시킨다. GND 입력단자는 개방되며 증폭기의 입력회로는 접지된다. DC 입력신호가 직접 증폭기에 연결된다.
㉝ VOLTS/DIVCH 1의 수직축의 감도를 선택한다.
㉜ VAR KNOBCH 1의 수직축의 편향 감도를 연속으로 가변한다. 2현상을 측정 시 파형을 비교할 경우 사용하며, 평상시에는 화살표 방향으로 끝까지 돌려놓는다.
㉟ POSITIONCH 1 휘선의 수직 위치를 조정한다.
㊱ PUSH S/W×5 MAGKNOB을 눌렀을 때, CH 1의 수직축 이득이 5배로 확대되고 최대 감도는 1[㎷/div]가 된다.
㉔ CH 2 INPUT(Y) CONNECTORCH 2의 수직 입력신호를 접속하는 단자로서 X-Y OSCILLOSCOPE로 사용할 때 Y축 신호로 된다.
㉒ AC-GND-DCCH 2의 입력신호와 수직 증폭기의 결합 방식을 선택하며 동작은 ㉙와 같다.

㉕ VOLTS/DIVCH 2의 수직축의 감도를 선택한다.

㉖ VAR KNOBCH 2의 수직축의 편향 감도를 연속으로 가변하며, 동작은 ㉜와 같다.

㉓ POSITIONCH 2 휘선의 수직 위치를 조정한다.

⑳ PUSH S/W×5 MAGCH 2용이며 동작은 ㊱과 같다.

㉑ PUSH S/W INVERTKNOB을 누른 상태에서 CH 2에 인가된 입력신호의 극성이 반전된다. 극성이 다른 2개의 파형을 비교할 때나 ADD를 사용해서 CH 1과 CH 2의 차를 관측할 때 이용하며 평상시에는 KNOB을 뺀 상태를 유지한다.

㉞ CH 1CH 1의 파형만 보인다.

㉘ CH 2CH 2의 파형만 보인다.

㉞+㉘ DUALCH 1과 CH 2의 각 수직 증폭기가 CHOP 및 ALT로 절환되고 2현상 OSCILLOSCOPE로 된다. 2현상 파형관측 시 SWEEP TIME이 늦을 때 사용한다.

㉛ ADDCH 1과 CH 2 파형의 합 또는 차를 보인다.

㉗ 접지단자 측정용 접지단자

(3) 수평축부

⑮ TIME/DIVSWEEP TIME 0.1[μs/div]~0.2[s/div] (20단)으로 절환할 수 있다.

⑪ XYX-Y OSCILLOSCOPE로 사용할 때 사용한다.

⑫ SWEEP VAR KNOB 화살표 방향을 다 돌리면 CAL로 되어 TIME/DIV의 지시치로 교정되며, 반시계 방향으로 다 돌리면 SWEEP은 1/2.5 이하로 늦어진다. 평상시에는 CAL쪽으로 돌려놓는다.

⑭ POSITION 휘선의 수평 위치를 조절한다.

⑨ PUSH×10 MAG 수평 방향으로 파형을 이동시키며, 파형의 시간 측정에 필수적으로 사용된다.

⑧ ALT MAG KNOBCH 1, CH 2에 인가된 입력신호의 SWEEP을 ×1(NORM)과 ×10(MAG)을 한번 SWEEP할 때마다 전환해서 관면에 ×1의 파형과 ×10의 파형을 동시에 관측할 수 있다.

⑱ SOURCE 트리거 신호의 트리거 신호원을 선택한다. INTCH 1 또는 CH 2에 인가된 입력신호가 동기 신호원이 된다. CH 2CH 2에 인가

된 입력신호가 동기 신호원이 된다. LINE 전원 주파수가 동기 신호원으로 된다. EXT 트리거에 인가된 외부동기 신호가 동기 신호원으로 된다. 수직축 신호와 별개로 특정 신호로 동기시킬 때 사용한다.

⑲ EXT INPUT CONNECTORSWEEP의 부동기 신호용 입력단자

⑰ TRIG LEVEL KNOB 트리거 레벨을 설정해서 파형의 SWEEP 시작부분을 결정한다.

⑯ TRIG MODE 트리거 모드를 절환한다. AUTO 자동 동기 SWEEP이 되어 계속적으로 SWEEP하며, 평상시에 이 모드로 설정한다. NORM 트리거가 동기 SWEEP으로 설정되었을 때만 SWEEP한다. TV-H 트리거 모드가 TV로 설정할 때만 사용한다(H 동기). TV-V 트리거 모드를 TV로 설정했을 때만 유효하고 TV 신호의 수직신호에 동기를 걸어서 관측할 때 사용한다.

기초 · 전자회로실험

2021년 2월 25일 1판 6쇄 발행

저 자 박건호 · 박영철
발행인 남 승 우

발행처 도서출판 상尙 학學 당堂

서울시 동작구 사당로9가길 6(사당동)
TEL : 02) 595-1692 ~ 4
FAX : 02) 595-1394
E-mail : namdoo6@unitel.co.kr
신고 : 2-155호 (1968. 11. 29)

정가 25,000원

ISBN 978-89-6587-029-6 93560

〈디자인〉 편집 이선경 / 표지 나아기획